普通高等教育“十一五”国家级规划教材

高等学校环境艺术设计专业教学丛书暨高级培训教材

住宅室内设计

（第三版）

清华大学美术学院环境艺术设计系

苏 丹 编著

凌秋月 参编

中国建筑工业出版社

图书在版编目（CIP）数据

住宅室内设计/苏丹编著. —3版. —北京：中国建筑工业出版社，2011.9（2022.8重印）

普通高等教育“十一五”国家级规划教材. 高等学校环境艺术设计专业教学丛书暨高级培训教材

ISBN 978-7-112-13447-2

Ⅰ.①住… Ⅱ.①苏… Ⅲ.①住宅—室内装饰设计—高等学校—教材 Ⅳ.①TU241

中国版本图书馆CIP数据核字（2011）第167947号

本书包括的内容有：住宅的空间特征，住宅室内设计的人体工程学要求，起居室的设计，餐厅的室内设计，厨房的设计，卧室的设计，书房的设计，卫生间的设计，公共走道及楼梯的设计，储藏空间的设置，照明设计，居室绿化，住宅空间的室内设计程序等内容。

本书面向各类高等院校环境艺术设计专业的教师、学生，同时也面向各类成人教育专业培训班的教学，也可作为专业设计师和各类专业从事人员提高专业水平的参考书。

* * *

责任编辑：姚荣华　胡明安
责任设计：陈　旭
责任校对：陈晶晶　刘　钰

普通高等教育“十一五”国家级规划教材

高等学校环境艺术设计专业教学丛书暨高级培训教材

住宅室内设计

（第三版）

清华大学美术学院环境艺术设计系

苏　丹　编著

凌秋月　参编

*

中国建筑工业出版社出版、发行（北京西郊百万庄）

各地新华书店、建筑书店经销

北京京点设计公司制版

北京中科印刷有限公司印刷

*

开本：880×1230毫米　1/16　印张：8　插页：24　字数：260千字

2011年12月第三版　2022年8月第三十二次印刷

定价：52.00元

ISBN 978-7-112-13447-2

（21206）

第三版编者的话

中国建筑工业出版社 1999 年 6 月出版的“高等学校环境艺术设计专业教学丛书暨高级培训教材”发行至今已有 12 年。2005 年修订后又以“国家十一五规划教材”的面貌问世，时间又过去 5 年。2011 年，也就是国家“十二五”规划实施的第一年，这套教材的第三版付梓。

环境艺术设计专业在中国高等学校发展的 22 年，无论是行业还是教育都发生了令人炫目的狂飙式的突飞猛进。教材的编写和人才的培养似乎总是赶不上时代的步伐。今年高等学校艺术学升级为学科门类，设计学以涵盖艺术学与工学的概念进入视野，环境艺术设计专业得以按照新的建构向学科建设的纵深扩展。

设计学是一门多学科交叉的、实用的综合性边缘学科，其内涵是按照文化艺术与科学技术相结合的规律，为人类生活而创造物质产品和精神产品的一门科学。设计学涉及的范围宽广，内容丰富，是功能效用与审美意识的统一，是现代社会物质生活和精神生活必不可少的组成部分，直接与人们的衣、食、住、行、用等各方面密切相关，可以说是直接左右着人们的生活方式和生活质量。

设计专业的诞生与社会生产力的发展有着直接的关系。现代设计的社会运行，呈现一种艺术与科学、精神与物质、审美与实用相融合的社会分工形态。以建筑为主体向内外空间延伸面向城乡建设的环境的设计，以产品原创为基础面向制造业的工业设计，以视觉传达为主导面向全行业的平面设计，按照时间与空间维度分类的方式建构，成为当代设计学专业的主体。

正因为此环境艺术设计成为设计学中，人文社会科学与自然科学双重属性体现最为明显的学科专业。设计学对于产业的发展具备战略指导的作用，直接影响到经济与社会的运行。在这样的背景下本套教材第三版面世，也就具有了特殊的意义。

清华大学美术学院环境艺术设计系

2011 年 6 月

第二版编者的话

艺术，在人类文明的知识体系中与科学并驾齐驱。艺术，具有不可替代完全独立的学科系统。

国家与社会对精神文明和物质文明的需求，日益倚重于艺术与科学的研究成果。以科学发展观为指导构建和谐社会的理念，在这里绝不是空洞的概念，完全能够在艺术与科学的研究中得到正确的诠释。

艺术与科学的理论研究是以艺术理论为基础向科学领域扩展的交融；艺术与科学的理论研究成果则通过设计与创作的实践活动得以体现。

设计艺术学科是横跨于艺术与科学之间的综合性边缘性学科。艺术设计专业产生于工业文明高度发展的20世纪。具有独立知识产权的各类设计产品，以其艺术与科学的内涵成为艺术设计成果的象征。设计艺术学科的每个专业方向在国民经济中都对应着一个庞大的产业，如建筑室内装饰行业、服装行业、广告与包装行业等等。每个专业方向在自己的发展过程中无不形成极强的个性，并通过这种个性的创造以产品的形式实现其自身的社会价值。

正是因为这样的社会需求，近年来艺术设计教育在中国以几何级数率飞速发展，而在所有开设艺术设计专业的高等学校中，选择环境艺术设计专业方向的又占到相当高的比例。在1999年，这套首版的教材可能还是环境艺术设计专业教材领域为数不多的一两套之列。短短的五六年间，各种类型不同版本的专业教材相继面世。编写这套教材的中央工艺美术学院环境艺术设计系，也在国家高校管理机制改革中迅即转换中成为清华大学的下属院系。研究型大学的定位和争创世界一流大学的目标，使环境艺术设计系在教学与科研并行的轨道上，以快马加鞭的运行状态不断地调整着自身的位置，以适应形势发展的需求，这套教材就是在这样的背景下修订再版的，并新出版了《装修构造与施工图设计》，以期更能适应专业新的形势的需要。

高等教育的脊梁是教师，教师赖以教学的灵魂是教材。优秀的教材只有通过教师的口传身授，才能发挥最大的效益，从而结出累累的教学成果。教师教材之于教学成果的关系是不言而喻的。然而长期以来艺术高等教育由于自身的特殊性，往往采取一种单线师承制，很难有统一的教材。这种方法对于音乐、戏剧、美术等纯艺术专业来讲是可取的。但是对作为科学与艺术相结合的高等艺术设计专业教育而言则很难采用。一方面需要保持艺术教育的特色；另一方面则需要借鉴理工类专业教学的经验，建立起符合艺术设计教育特点的教材体系。

环境艺术设计教育在国内的历史相对较短。由于自身的特殊性，其教学模式和教学方法与其他的高等教育相比有着很大的差异。尤其是艺术设计教育完全是工业化之后的产物，是介于艺术与科学之间边缘性极强的专业教育。这样的教育背景，同时又是专业性很强的高校教材，在统一与个性的权衡下，显然两者都是需要的。我们这样大的一个国家，市场需求如此之大，现在的教材不是太多，而是太少，尤其是适用的太少。不能用同一种模式和同一种定位来编写，这是摆在所有高等艺术设计教育工作者面前的重要课题。

今日的世界是一个以多样化为主流的世界。在全球经济一体化的大背景下，艺术设计领域反而需要更多地强调个性，统一的艺术设计教育模式无论如何也不是我们的需要。只有在多元的撞击下才能产生新的火花。作为不同地区和不同类型的学校，没有必要按照统一的模式来选定自己的教材体系。环境艺术设计教育自身的规律，不同层次专业人才培养的模式，以及不同的市场定位需求，应该成为不同类型学校制定各自教学大纲选定合适教材的基础。

环境艺术设计学科发展前景光明，从宏观角度来讲，环境的改善和提高是一个重要课题。从微观的层次来说中国城乡环境的设计现状之落后为学科的发展提供了广大的舞台，环境艺术设计课程建设因此处于极为有利的位置。因为，环境艺术设计是人类步入后工业文明信息时代诞生的绿色设计系统，是艺术与艺术设计行业的主导设计体系，是一门具有全新概念而又刚刚起步的艺术设计新兴专业。

清华大学美术学院环境艺术设计系
2005 年 5 月

第一版编者的话

自从1988年国家教育委员会决定在我国高等院校设立环境艺术设计专业以来，这个介于科学和艺术边缘的综合性新兴学科已经走过了十年的历程。

尽管在去年新颁布的国家高等院校专业目录中，环境艺术设计专业成为艺术设计科之下的专业方向，不再名列于二级专业学科，但这并不意味环境艺术设计专业发展的停滞。

从某种意义上来讲也许是环境艺术设计概念的提出相对于我们的国情过于超前，虽然十年间发展迅猛，在全国数百所各类学校中设立，但相应的理论研究滞后，专业师资与教材奇缺，社会舆论宣传力度不够，导致决策层对环境艺术设计专业缺乏了解，造成了目前这样一种局面。

以积极的态度来对待国家高等院校专业目录的调整，是我们在新形势下所应采取的惟一策略。只要我们切实做好基础理论建设，把握机遇，勇于进取，在艺术设计专业的领域中同样能够使环境艺术设计在拓宽专业面与融会相关学科内容的条件下得到长足的进步。

我们的这一套教材正是在这样的形势下出版的。

环境艺术设计是一门新兴的建立在现代环境科学研究基础之上的边缘性学科。环境艺术设计是时间与空间艺术的综合，设计的对象涉及自然生态环境与人文社会环境的各个领域。显然这是一个与可持续发展战略有着密切关系的专业。研究环境艺术设计的问题必将对可持续发展战略产生重大的影响。

就环境艺术设计本身而言，这里所说的环境，是包括自然环境、人工环境、社会环境在内的全部环境概念。这里所说的艺术，则是指狭义的美学意义上的艺术。这里所说的设计，当然是指建立在现代艺术设计概念基础之上的设计。

“环境艺术”是以人的主观意识为出发点，建立在自然环境美之外，为人对美的精神需求所引导，而进行的艺术环境创造。如大地艺术、人体行为艺术由观者直接参与，经过视觉、听觉、触觉、嗅觉的综合感受，造成一种身临其境的艺术空间，这种艺术创造不同于传统的雕塑，也不同于建筑，它更多地强调空间氛围的艺术感受。它不同于我们今天所说的环境艺术，我们所研究的环境艺术是人为的艺术环境创造，可以自在于自然界的环境之外，但是它又不可能脱离自然环境本体，它必须植根于特定的环境，成为融汇中与之有机共生的艺术。可以这样说，环境艺术是人类生存环境的美的创造。

“环境设计”是建立在客观物质基础上，以现代环境科学研究成果为指导，创造生态系统良性循环的人类理想环境，这样的环境体现于：社会制度的文明进步，自然资源的合理配置，生存空间的科学建设。这中间包含了自然科学和社会科学涉及的所有研究领域。因此环境设计是一项巨大的系统工程，属于多元的综合性边缘学科。

环境设计以原在的自然环境为出发点，以科学与艺术的手段协调自然、人工、社会三类环境之间的关系，使其达到一种最佳的运行状态。环境设计具有相当广的涵义，它不仅包括空间环境中诸要素形态的布局营造，而且更重视人在时间状态下的行为环境的调节控制。

环境设计比之环境艺术具有更为完整的意义。环境艺术应该是从属于环境设计的子系统。

环境艺术品也可称为环境陈设艺术品，它的创作是有别于艺术品创作的。环境艺术品的概念源于环境艺术设计，几乎所有的艺术与工艺美术门类，以及它们的产品都可以列入环境艺术品的范围。但只要加上环境二字，它的创作就将受到环境的限定和制约，以达到与所处环境的和谐统一。

为了不使公众对环境设计概念的理解产生偏差，我们仍然对环境设计冠以“环境艺术设计”的全称，以满足目前社会文化层次认识水平的需要。显然这个词组包括了环境艺术与设计的全部概念。

中央工艺美术学院环境艺术设计专业是从室内设计专业发展变化而来的。从五六十年代的室内装饰、建筑装饰到七八十年代的工业美术、室内设计再到八九十年代的环境艺术设计，时间跨越四十余年，专业名称几经变化，但设计的对象始终没有离开人工环境的主体——建筑。名称的改变反映了时代的发展和认识水平的进步。以人的物质与精神需求为目的，装饰的概念从平面走向建筑空间，再从建筑空间走向人类的生存环境。

从世界范围来看，室内装饰、室内设计、环境艺术、环境设计的专业设置与发展也是不平衡的，认识也是不一致的。面临信息与智能时代的来临，我们正处在一个多元的变革时期，许多没有定论的问题还有待于时间和实践的检验。但是我们也不能因此而裹足不前，以我们今天对环境艺术设计的理解来界定自身的专业范围和发展方向，应该是符合专业高等教育工作者的责任和义务的。

按照我们今天的理解，从广义上讲，环境艺术设计如同一把大伞，涵盖了当代几乎所有的艺术与设计，是一个艺术设计的综合系统。从狭义上讲，环境艺术设计的专业内容是以建筑的内外空间环境来界定的，其中以室内、家具、陈设诸要素进行的空间组合设计，称之为内部环境艺术设计；以建筑、雕塑、绿化诸要素进行的空间组合设计，称之为外部环境艺术设计。前者冠以室内设计的专业名称，后者冠以景观设计的专业名称，成为当代环境艺术设计发展最为迅速的两翼。

广义的环境艺术设计目前尚停留在理论探讨阶段，具体的实施还有待于社会环境的进步与改善，同时也要依赖于环境科学技术新的发展成果。因此我们在这里所讲的环境艺术设计主要是指狭义的环境艺术设计。

室内设计和景观设计虽同为环境艺术设计的子系统，但从发展来看室内设计相对成熟。从20世纪60年代以来室内设计逐渐脱离建筑设计，成为一个相对独立的专业体系。基础理论建设渐成系统，社会技术实践成果日见丰厚。而景观设计的发展则相对落后，在理论上还有不少界定含混的概念，就其对“景观”一词的理解和景观设计涵盖的内容尚有争议，它与城市规划、建筑、园林专业的关系如何也有待规范。建筑体以外的公共环境设施设计是环境设计的一个重要部分，但不一定形成景观，归类于景观设计中也完全合适，所以对景观设计而言还有很长一段路要走。因此我们这套教材的主要内容还是侧重于室内设计专业。

不管怎么说中央工艺美术学院环境艺术设计系毕竟走过了四十余年的教学历程，经过几代人的努力，依靠相对雄厚的师资力量，建立起完备的教学体系。作为国内一流高等艺术设计院校的重点专业，在环境艺术设计高等教育领域无疑承担着学术带头的重任。基于这样的考虑，尽管深知艺术类教学强调个性的特点，忌专业教材与教学方法的绝对统一，我们还是决定出版这样一套专业教材，一方面作为过去教学经验的总结；另一方面是希望通过这套书的出版，促进环境艺术设计高等教育更快更好地发展，因为我们深信21世纪必将是世界范围的环境设计的新世纪。

中央工艺美术学院环境艺术设计系

1999年3月

第三版前言

住宅室内设计既是室内设计的基础，也是任何一位室内设计师的专业出发点。居住既是基本的、简单的、静止的，又是不断变化的和复杂的行为。一切都从基本的、必需的生活开始，人类的生活方式尽管多种多样，但居住是导致一切变化的源头。

本书的编写从居住空间的复杂功能分析入手，来探讨空间的组织与生活的安排，使住宅内的生活能够有条理地展开，这是设计的第一个步骤。此部分的编写借鉴了大量建筑学中的设计规范和知识，目的有三：其一向建筑师学习空间组合的基本方法，以此为室内设计的进一步开展打下一个良好的基础；其二鼓励室内设计的学习者与职业者研究人的行为和空间关系，超越以装饰为主要方法的室内设计；其三空间和环境都是一种在视觉和物质构成上模糊的、没有边界的事物，用这种思维来引导具体的物质组织和视觉创造工作应当算作一种先进的方法，它是室内设计师能够胜任复杂的、规模化的室内设计任务的出发点。

建筑设计领域中的住宅设计专业已经积累了丰富的经验，并且许多经验已经转化为具体的数字，这些数字体系不仅是刚性的规范也有可供借鉴的价值。好的设计首先是合理的、科学的，这两种属性是超越个体差别的，它们都是来源于长期实践经验的总结。学习这些规范是创造丰富多彩的住宅室内形式的基础，或者我们也可以这样认为：科学合理的计算与布置是浮华的表象之结构。

近二十年以来，中国的居住状态发生了翻天覆地的变化，居住条件有了明显的改善。住宅的室内设计成为了一个庞大的产业，数以十万计的住宅室内设计师为亿万个家庭服务成为一道独特的风景。住宅室内设计的服务在中国完全不是个现代类型的事物，它是劳动密集型的产业，设计者和业主之间的联系与沟通是具体的。设计师必须面对来自业主的完全不同的要求给出解决问题的方案，这其实是一种难能可贵的社会关系。设计者用自己的思考和创造解答业主的疑惑和诉求，这其中有科学知识的介绍与推广，也有感情的表达与感受的表现，这就是居住空间设计的全部工作。

第二版前言

如果说第一次写《住宅室内设计》时，市场的目标仅仅是被动地依存于当时存在的住宅状况和设计规范对我们所生活的住所进行基本的修正的话，那么很显然它已完全不能满足今天的生活标准。这5年来中国建筑业最大的变化是什么？是住宅的建设，从规模到形式，从形式到品质，同样从生活方式的角度来看待住宅，其所承载的生活方式也发生了翻天覆地的变化，这种变化在住宅上的表现是多方面的，即格局（户型）、设施、单体空间的面积标准，装修材料，同时也表现在那些形式方面比如色彩、造型等。可以说由于这种巨大的变化，过去的标准很难适应今日的要求了。

这次修改的内容主要是案例的更替，即针对市场和环境的变化，挑选了大量的更具时代特征的或代表未来居住模式发展方向的案例，案例涉及新的户型，新的格局，新的设施，新的材料以及新颖的细部处理和新的陈设方法。这种以新替旧不仅仅是一种样式、风格、做法的创新，它们全方位的变化中也预示着居住生活向着越来越丰富，越来越健康的方向发展。除了装修和装饰的传统范畴中发生了巨大的变化，我们也惊喜地发现种类繁多的轻工产品也充斥于我们的生活之中，而且以装修的方式介入我们的设计，一个好的住宅室内设计师必须对市场上众多的优秀品牌的厨具、洁具、空调以及灯具、五金件等有一个全面和细致的了解，了解其技术参数，了解其技术性能，了解其形象气质甚至价格等，因为传统的建筑设计正在逐步和现代工业设计、未来的信息设计融入一个大系统中。因而我认为这次修订也仍然是未来不断修订中的一步，因为我们乐观地看到生活变化的潜力。本次修订工作得到了硕士研究生魏晓东同学的相助，使我倍感轻松，在此表示感谢！

第一版前言

随着信息产业广泛渗透到人们生活的各个层面，商品经济大众消费已步入了一个新的发展时代。中国改革开放20年所取得的显著成就之一就是人们物质生活水平的极大提高，随之而来的是人们对精神素质的困惑与需求进一步加强。在这个特定时代的必然需求中，首先人们被冲击的是住宅商品化概念的形成和住宅室内设计和理念的转变。人们对住宅概念的重新认识过程也是观念转变的过程。

近些年来，人们生活的改善使得住宅逐渐成为新的消费热点，这是经济社会协调发展的必要的具体过程。以前，人们在居住问题上主要是解决“有”与“无”的问题，根本无法顾及至原有的固定住宅模式上的诸多局限。住宅商品化概念的推出，强化了人们的参与意识，另外住宅建筑标准、住宅结构与平面布局上亦迎合了不同层次、不同文化背景、不同经济状况人的不同口味，于是人们在住宅功能的需求上呈现多元化倾向。人们除要求居室的布设突出个性又合理实用外，还要求整体局部一致，光和影的和谐，情与景在住宅空间的交融契合。

由于发达国家在住宅设计方面的认识要先我们几十年甚至时间更远，在住宅的设计理论与实践、住宅设备的开发和使用上积累了大量的经验。就整体而言，我国的室内设计与环境质量与发达国家相比，存在明显的差距。因而适当地学习和借鉴发达国家的设计理念对提高我们的设计能力，拓宽我们的思维视角是至关重要的。笔者通过阅读大量的中外设计资料与方案，并参观了很多国内外知名的建筑与室内设计作品，经分析和归纳，粗浅认为以下几个方面是住宅室内设计的重要组成部分。

1．住宅室内设计的功用性能

住宅室内设计是住宅内部固定表面设计和可移动布置所共同创造的整体效果，其中包含两方面内容：一方面指门、窗、墙壁、顶棚等建筑细部的固定设计；另一方面是指家具、帘幔、地毯和器皿等可移动的布置。住宅室内设计最重要的因素就是其各部分功能合理性与实用性。因而设计师在进行家居布设时必须遵从设计原则，即室内设计所涉及的大到全部空间，小到每个细节，全有其布设的理由，有其所具备的功用。居室环境在功能和效果改善的同时还要考虑居住者的身份与习惯，力争达到室内环境舒适、温馨而美观，也力争使每一个细部的布设看似随意却又无可挑剔。

2．住宅设计的经济意识

住宅空间设计优劣的评判不是简单以经济核算的多少、使用材料的昂贵与否为参考的，而充分发挥设计想像力和设计才智，大胆使用色彩、材料和结构，经济造价又相对低廉的设计是独树一帜的。优秀的设计师能将造价低廉、空间有限制和高设计标准神奇地结合，能利用便宜的材料，克服空间的局限，创造性地使用色彩、质感、肌理和细部，创造意想不到的效果。

3．住宅设计的个性化理念

现代社会的主要特征是多元化和多样化。富有时代气息、强调个人意识形态的室内设计风格备受瞩目。不可争的现实就是人们已越来越注重居室设计在格调上充分体现个人的品位、修养、意志与理念。这是人们企盼通过居室气氛的营造来展示个人的智慧、情感和理性，这是一种设计思维的进步，也充分体现设计者与居住者之间思想的沟通与互化。从某方面来讲，设计突出个性化能丰富人们的生活，也能改变人们的生活。

4．住宅室内设计的审美倾向

住宅室内的意境创作至关重要，它的核心是以三维空间形式展示一个与理想生存相契合的审美空间，使该空间境象成为意境的物质载体。居室布设实际上追求的是以色彩、光影、空间组合等因素作为寄情寓意并具有审美价值的物象，达到和谐统一的意境。现代的居室不仅只具备休息、居住的功用，它的功能逐步包含聚友、娱乐、健身等内容，因而其意境的创造涉及面更加宽泛。能恰到好处地使人们在繁忙一天之后进入到宁静、恬然又和谐的环境气氛中，关键取决于设计者与使用者的审美标准与趣味。

5．住宅设计的民族化

中国有丰厚的古建筑与居室设计文化遗产。现代设计师继承了传统的设计思路，古为今用，结合现代理念，开辟崭新的设计风格。设计作品民族性的亦是世界性的。家具、器皿的选配、布设点缀以传统的物件会使整个居室设计更具独特性与民族性。

本书力求完整阐述住宅设计理论和设计方法，同时附有大量实例、图片，旨在为读者提供设计依据。但由于时间仓促，水平有限，难免有许多误漏，敬请读者批评指教。

目 录

第 1 章 住宅的空间特征

第 2 章 住宅室内设计的人体工程学要求

第 3 章 起居室的设计

第 4 章　餐厅的室内设计

第 5 章　厨房的设计

第 6 章　卧室的设计

第 7 章　书房的设计

第 8 章　卫生间的设计

第 9 章　公共走道及楼梯的设计

第 10 章　储藏空间的设置

第 11 章　照明设计

第 12 章　居室绿化

第 13 章　住宅空间的室内设计程序

第1章　住宅的空间特征

1.1　住宅的空间组成

据国外家庭问题专家的分析，每个人也就是任何一个家庭成员在住宅中要度过一生的 1/3 时间。而一些成员如家庭主妇和学龄前儿童在住宅中居留的时间更长，甚至达到 95%，上学子女在住宅中消磨的时光也达 1/2 ～ 3/4。因而人在住宅中居留的时间比例越大，其对生活空间环境的要求也越多。住宅的空间内容也随着日益增加的要求变得愈加丰富。住宅的空间组成实质上是家庭活动的性质构成，范围广泛，内容复杂，但归纳起来，大致可分为两种性质空间（图 1.1 ～图 1.3）。

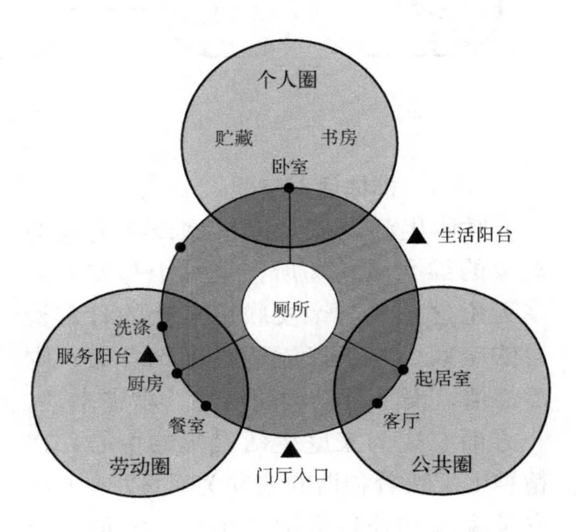

图1.1

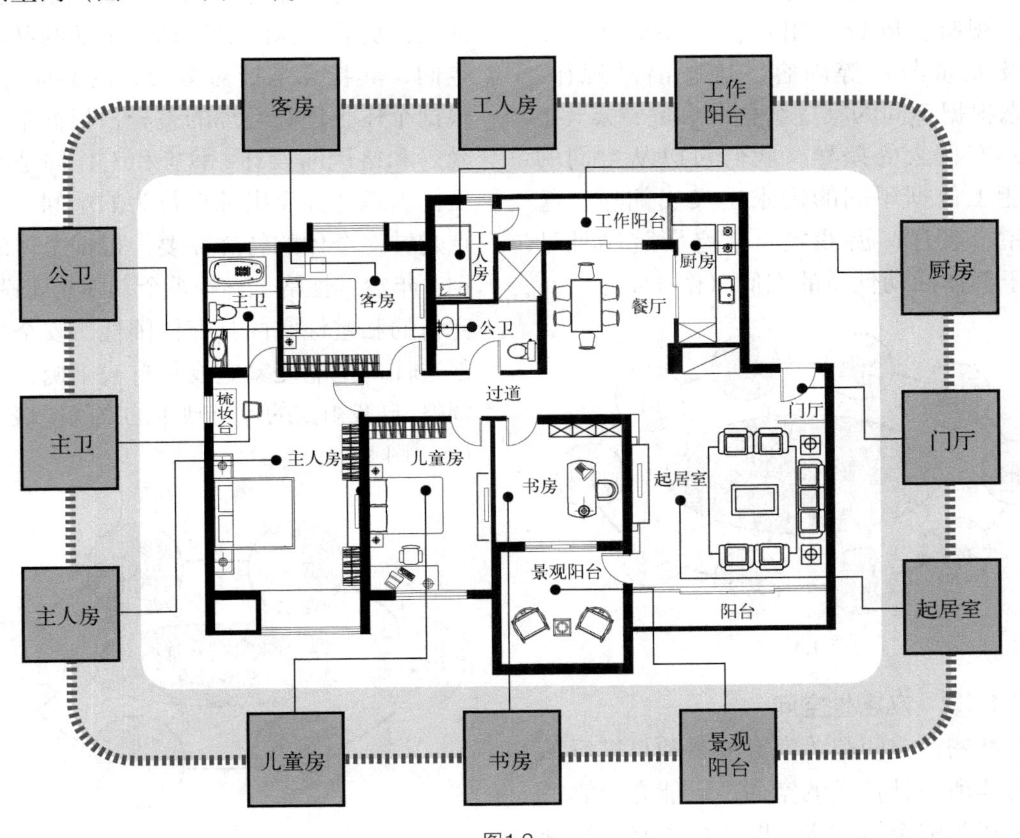

图1.2

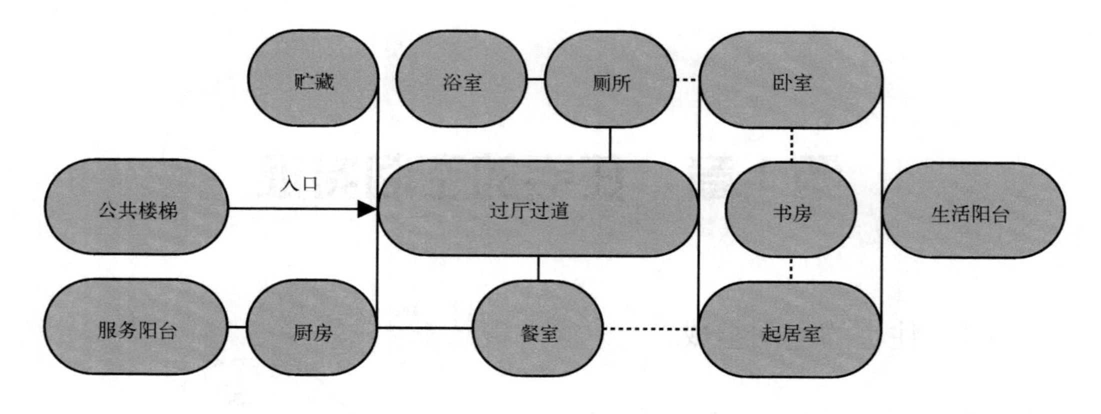

图1.3　住宅功能空间的组合关系

1.1.1　群体活动空间

群体生活区域是以家庭公共需要为对象的综合活动场所，是一个与家人共享天伦之乐兼与亲友联谊情感的日常聚会的空间，它不仅能适当调剂身心，陶冶性情，而且可以沟通情感，增进幸福。一方面它成为家庭生活聚集的中心，在精神上反映着和谐的家庭关系；另一方面它是家庭和外界交际的场所，象征着合作和友善。家庭的群体活动主要包括谈聚、视听、阅读、用餐、户外活动、娱乐及儿童游戏等内容。这些活动规律、状态根据不同的家庭结构和家庭特点（年龄）有极大的差异。我们可以从空间的功能上依据不同的需求定义出门厅、起居室、餐厅、游戏室、家庭影院等种种属于群体活动性质的空间（图 1.4）。

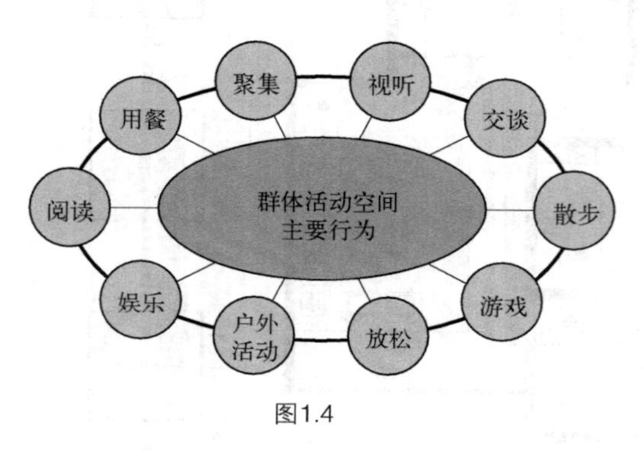

图1.4

1.1.2　私密性空间

私密性空间是为家庭成员独自进行私密行为所设计提供的空间。它能充分满足家庭成员的个体需求，既是成人享受私密权利的禁地，亦是子女健康不受干扰的成长摇篮。设置私密性空间是家庭和谐的主要基础之一，其作用是使家庭成员之间能在亲密之外保持适度的距离，可以促进家庭成员维护必要的自由和尊严，解除精神负担和心理压力，获得自由抒发的乐趣和自我表现的满足，避免无端的干扰，进而促进家庭情谊的和谐。私密性空间主要包括卧室、书房和卫生间（浴室）等处。卧室和卫生间（浴室）是供个人休息、睡眠、梳妆、更衣、沐浴等活动和生活的私密性空间，其特点是针对多数人的共同需要，根据个体生理和心理的差异，根据个体的爱好和格调而设计；书房和工作间是个人工作、思考等突出独自行为的空间，其特点是针对个体的特殊需要，根据个体的性别、年龄、性格、喜好等个别因素而设计。完备的私密性空间具有休闲性、安全性和创造性，是能使家庭成员自我平衡、自我调整、自我袒露的不可缺少的空间区域（图 1.5、图 1.6）。

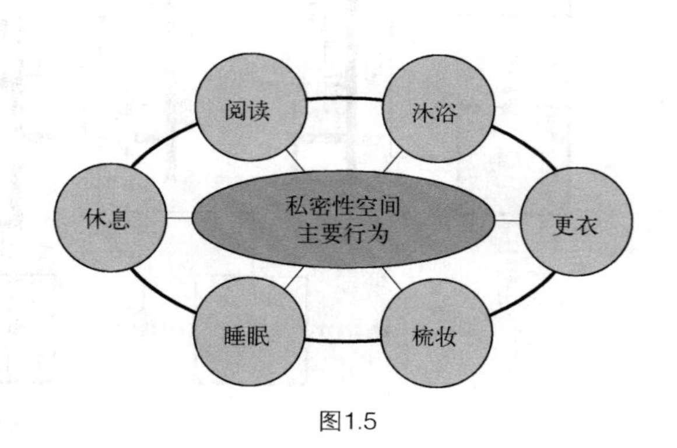

图1.5

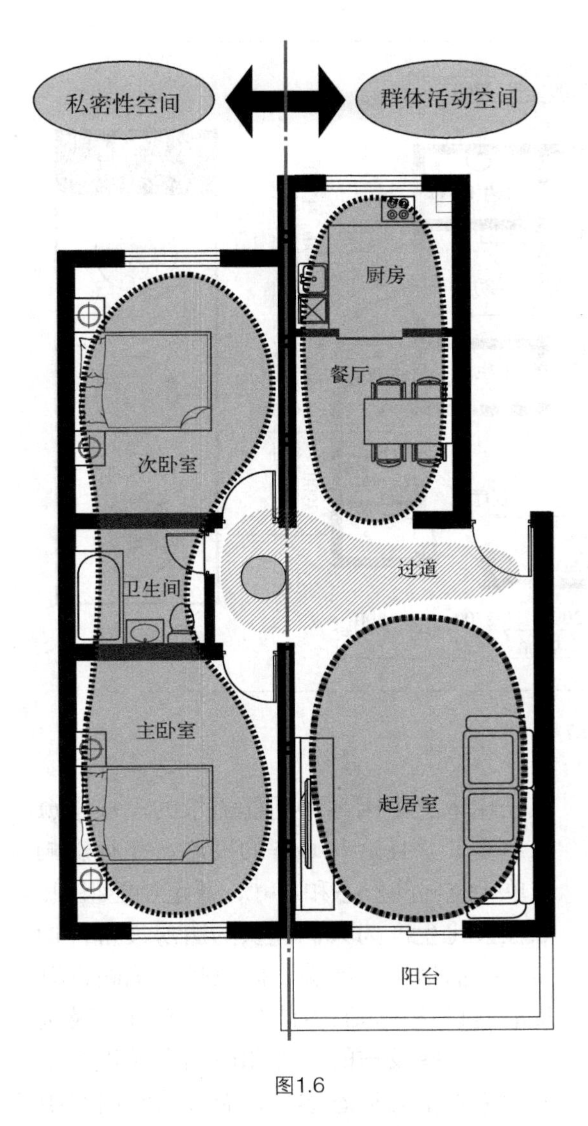

图1.6

1.2 住宅的实用功能

1.2.1 家务区域空间

一个住宅为人们提供了一整套的设施和空间，满足人们生活、休息、工作、娱乐等一系列的要求，是人们日常生活、工作的大本营。家务活动即是解决这如此之多的琐碎任务的工作——清洁、烹饪、养殖等等，为此需付出大量的时间和精力。假如不具备完善的有关家务活动的工作场地及设施，家庭主妇们必将忙乱终日，疲于应付，不仅会给个人身心招致不良影响，同时会给家庭生活的舒适、美观、方便等带来损害。相反如果家务工作环境能够提供充分的设施以及操作空间，不仅可以提高工作效率，给工作者带来愉快的心情，而且可以把家庭主妇从繁忙的事务中一定程度地解放出来，参加和享受其他方面的有益活动。家务活动以准备膳食、洗涤餐具、衣物、清洁环境、修理设备为主要范围，它所需要的设备包括厨房、操作台、清洁机具（洗衣机、吸尘器、洗碗机）以及用于储存的设备（如冰箱、冷柜、衣橱、碗柜等）。家务工作区域又可以移作家庭服务区，它是为一切家务活动提供必要的空间，以使这些家务活动不致影响住宅中其他的使用功能。同时良好的家务工作区域可以提高工作效率，使有关的膳食调理、衣物洗熨、维护清洁等复杂事务，都能在省时、省力的原则下顺利完成。因而家务工作区域的设计应当首先对每一种活动都给予一个合适的位置；其次应当根据设备尺寸及使用操作设备的人体工程学要求给予其合理的尺度；同时在可能的情况下，使用现代科技产品，使家务活动能在正确舒适的操作过程中成为一种享受。

1.2.2 生活区域空间

住宅作为家庭成员日常生活的重要场所，由起居室、卧室、餐厅、书房等多个子空间共同组成，生活区域包含了会客、休息、读书、就餐等诸多方面。因此，一个良好完善的住宅生活区域对于居住者就显得至关重要。

生活区域空间必须强化“家”的概念，强调亲切感，使空间首先保证人性化，然后要求个性化。由于考虑到居住者生理和心理上的差异，每个个体所要求的空间品质亦有所不同，能够保证居住者从公共空间的紧张感中解放出来。生活区域空间的设计重点在于空间的氛围营造要与使用者的审美要求相统一，同时要保证生活区域内各种构成要素（沙发、茶几、电视柜等）的设置具有一定的实用性，能够满足生活起居所碰到的所有问题。这些需要合理的空间布局，具有个性的色调以及空间层次的丰富来满足（图 1.7）。

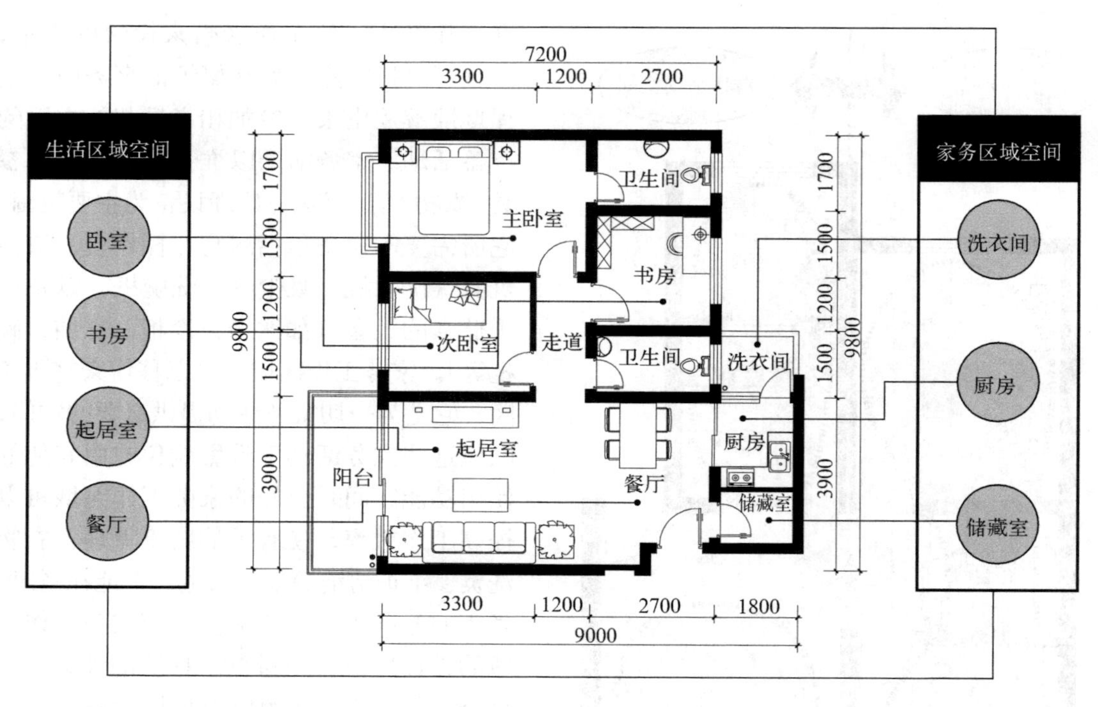

图1.7

对于多个居住者共同居住的生活区域空间，在空间条件允许的情况下，要考虑到会谈、就餐、阅读、娱乐、视听等多功能区域设置。原则上可将功能相近、活动性质类似的活动区域并为同一区域，从而加大单个活动的空间使用。

1.3 住宅的空间形态和装饰手段

1. 功能完备，组织丰富

随着社会不断进步以及人们生活质量的不断提高，住宅的空间在组织上、功能上、内容上也在不断地发生着变化。功能由单一到简单又到多样，并且还在随着生活内容的变化使其逐步走向完备。经过分析不难发现，住宅的功能已由单一的就寝、吃饭演化为集休闲、工作、清洁、烹饪、储藏、会客、展示等多种功能于一体的综合性空间系统（图 1.8 ~ 图 1.13）。并且，就寝、就餐之外的空间比重还在日趋增大。当前许多高标准的住宅中，满足居住者多样需求也已成为一种时尚。空间功能的划分走向更加细致和更加精确。细致在于住宅之中因各种功能需求的设施也愈来愈多，并且这些必备的设施，往往影响着单元空间的形态和尺寸，甚至功能组织。如社会化生产为人们提供的厨房设备、炉具、抽油烟机、冰箱、微波炉、洗碗机以及清洁设施；如卫生洁具、洗衣机、吸尘器等，这些设施的尺寸和使用方式规范不但约束着空间形态本身，而且给空间组织也带来许多制约。

同时随着住宅空间功能的多样化、设施化的完备发展，其空间系统的组织方式也更加多变，形成的空间在形态、层次上日趋多样，空间视觉观感也日渐丰富、精彩。复合性的空间形态，流动的空间形态，取代了单一、呆板的空间形态。室内空间形态在水平方向和垂直方向上都在不断丰富着，并且常常两者相互结合以产生更加动人的空间。也正是功能的多样化为空间的组织手法提供了变化的余地。

2. 动静分区明确，主次分明

住宅的空间无论功能变化有多少样，组织手法有多么丰富，但是剖开它呈现的表面，不难看出住宅在空间的动与静、主

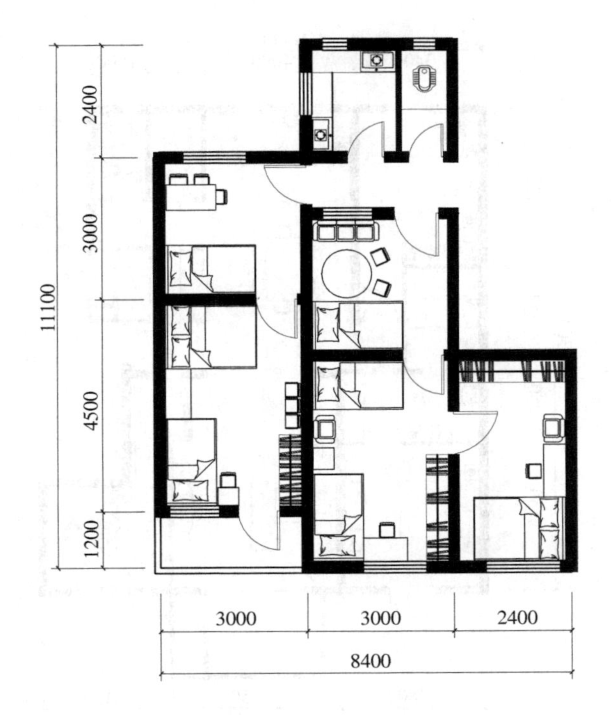

图1.8　20世纪50年代住宅功能空间组合关系

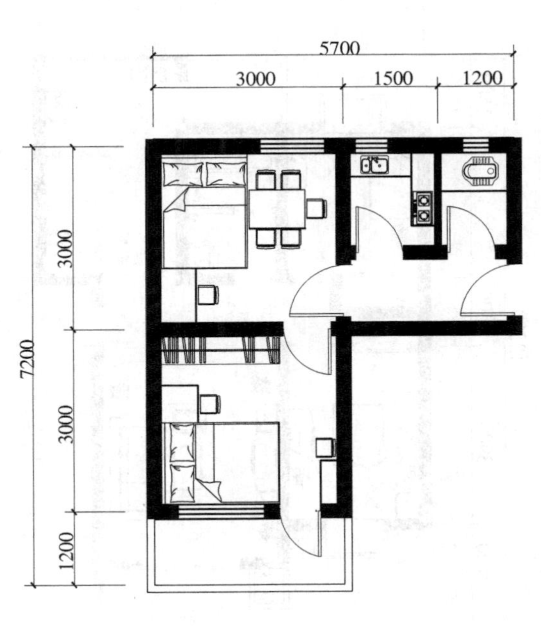

图1.9　20世纪60～70年代住宅功能空间组合关系

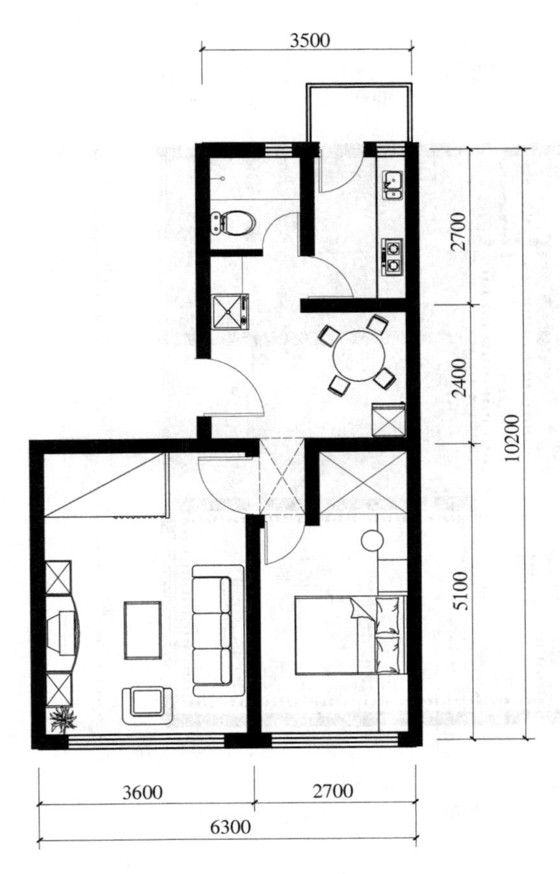

图1.10　20世纪70年代末～80年代住宅功能空间组合关系

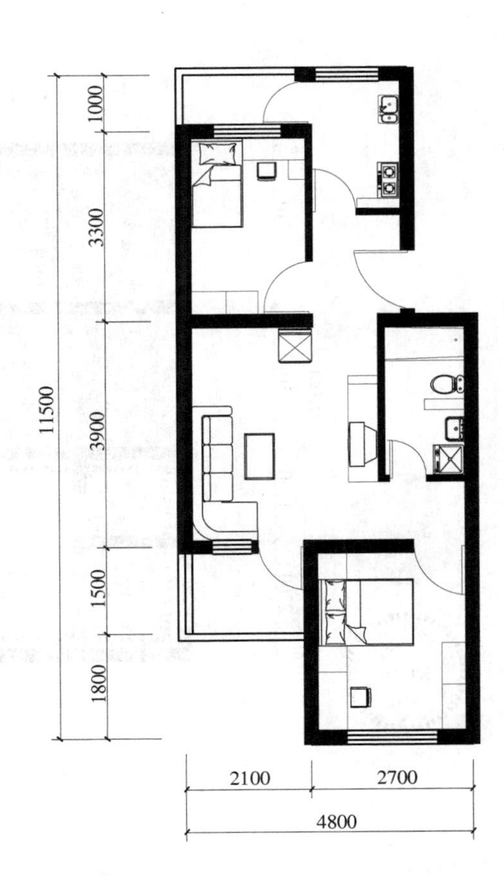

图1.11　20世纪90年代住宅功能空间组合关系

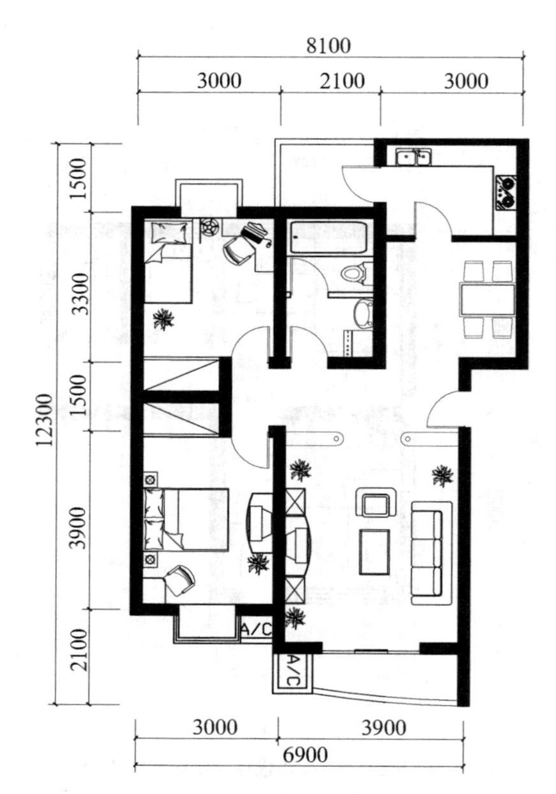

图1.12　1998年以后住宅功能空间组合关系

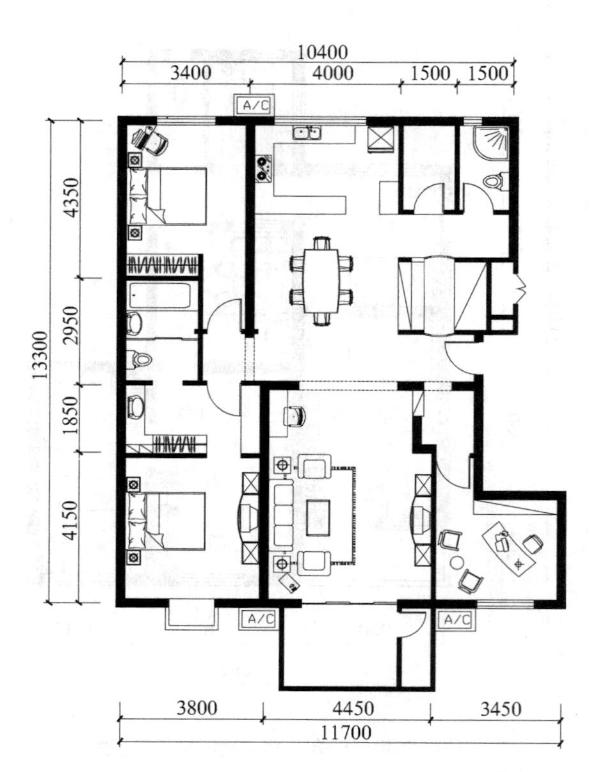

图1.13　2003年以后住宅功能空间组合关系

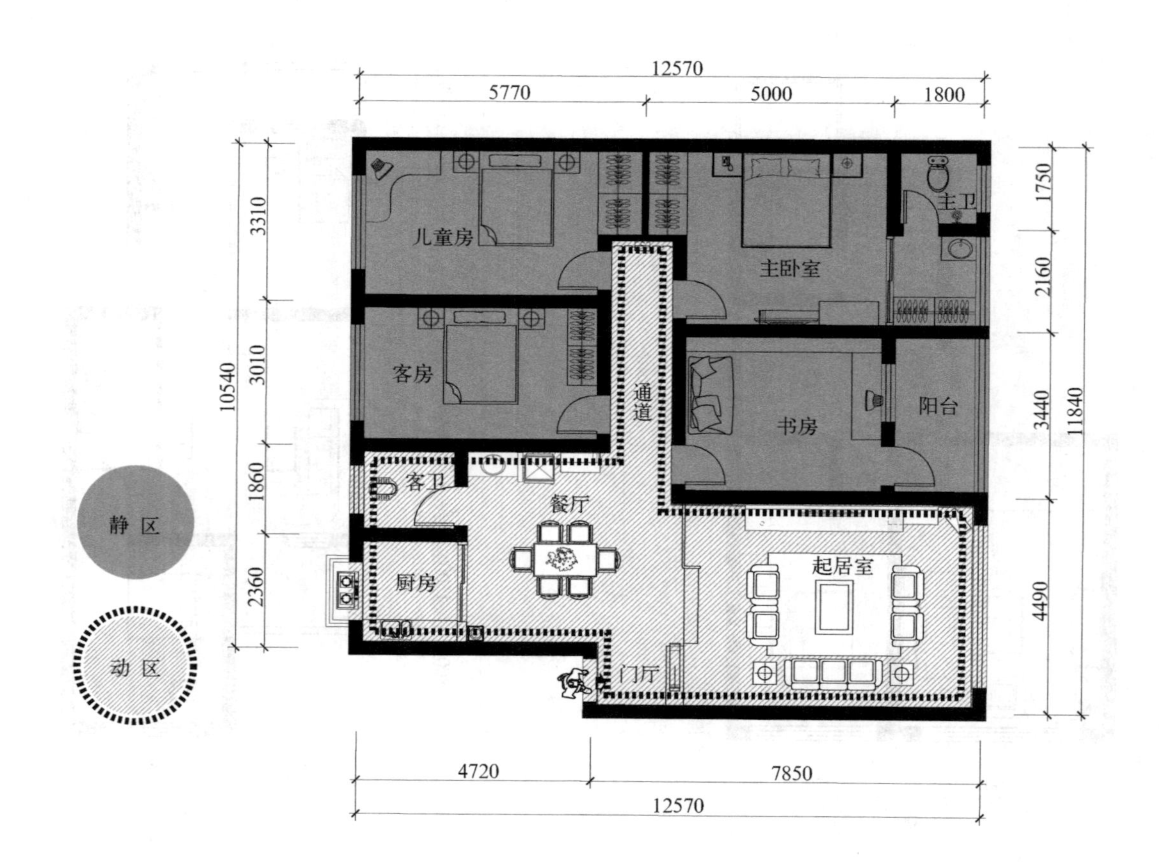

图1.14

与次的关系上是相当明确的（图 1.14）。首先来看动与静。在众多的功能中，公共活动部分如起居室、餐厅以及家务区域的厨房，都属于人的动态活动较多的范围，属于动区。其特点是参与活动的人多，群聚性强，声响较大，如看电视、听音乐、谈天说地、烹饪清洗等。这部分空间，可以靠近住宅的入口部分。而住宅空间中的另一类空间如卧室、卫生间、书房则需要安静和隐蔽，应该布置在远离入口的部位，并采取相应的措施如走廊、隔断、凹入等手段使其隐蔽、私密等要求得到保障和尊重。

在住宅的空间中，动的区域和静的区域必须在布局上和处理技术手段上采取多种和必要措施分隔，以免形成混杂穿套以至影响人的睡眠及心理。如卧室的门直接对着客厅，会使主客都感到不适，卫生间的门直接对着客厅，则会使人很尴尬。

另一方面，住宅空间无论大与小，层次丰富与简单，都有一个核心的部分，即一个家庭的中心。这个中心就是起居室，它凝聚着家庭，联系着外界。空间往往开敞，家具的布置以及生活用具的布设也常常多样、严谨。起居室的位置和规模是突出的，它统率着整个空间系统，一方面容纳了家庭中重要的活动；另一方面解决了众多联系、交通的问题。

3. 空间规模尺度小巧、精确

住宅空间与大多数其他民用的公共空间相比较，尺度都相对较小，这是经济和心理两方面所决定的。首先住宅在世界范围内是一种特殊商品，随着人多地少问题的日趋严重，人类居住的空间将成为愈来愈昂贵的商品。绝大多数人的经济条件约束着人们在住宅空间上的消费要求，而住宅的承造者和开发商也在想方设法降低开发住宅的成本。这两方面的要求使得住宅空间在高度和面积上都很严谨、精确，它既满足了人们对住宅功能的最基本要求和人体工学的要求，又吻合了人们的消费水平。小巧、精确是它尺度上的特征（图 1.15、图 1.16）。当今我国的商品住宅中，建筑层高大多数在 2.8m 左右，卧室的开间尺寸也多数在 3.3 ~ 4.2m 之间。随着住宅商品化的进一步发展，住宅的空间形态将和全社会经济发展、人们的收入、消费能力进一步挂钩，将会更加精确，住宅空间形态的这种特征使得家具的尺寸及布置的方式，装饰手法都随之发生变化，也逐步走向精确。

4. 空间形状简单实用，使用效率高

住宅空间是由卧室、起居室、卫生间、厨房等多个单元空间所组成。每个单元空间功能较为单一，同时受尺度、设施、设备以及经济性的要求约束，空间形状大多简单实用，呈规则的几何形，其中以矩形空间为主，以便于较为紧凑地布置家具和设施。如卫生间、厨房空间其形状应基本满足设施、设备的布置，以及人使用的尺

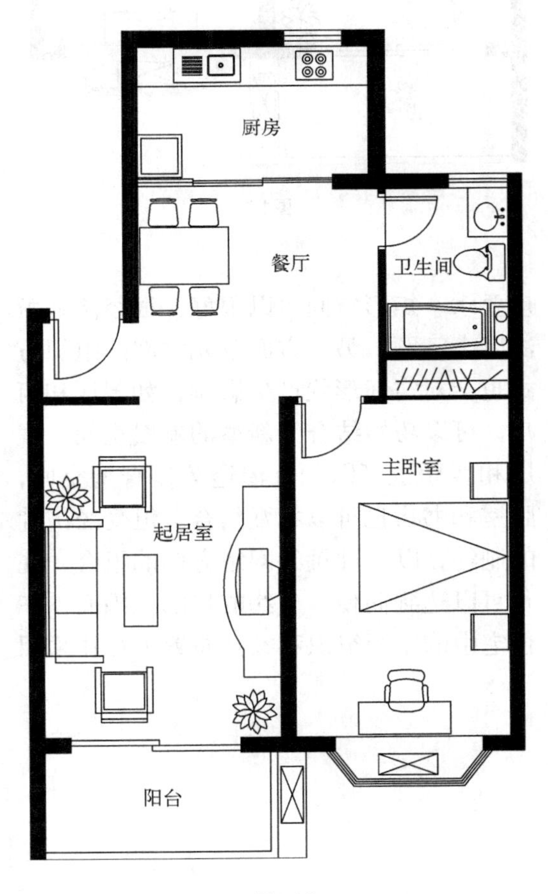

图1.15

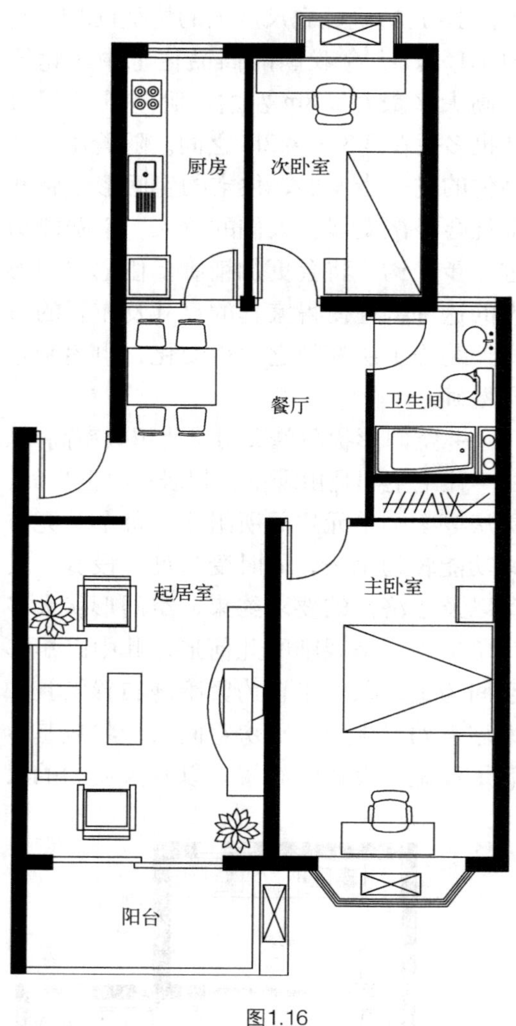

图1.16

度要求。矩形空间可以很好、很经济地解决以上问题。另一方面单元空间的组织方式也会对空间形状产生影响，如餐厅和厨房，可以巧妙结合为新型的就餐空间，餐厅和客厅也可以相互渗透为复合型空间，卧室和书房也可以相互结合。但受经济性的制约，以一种轴线网络方向的组合，往往可以达到简便、节约的目的。因而，在住宅中的空间组织和家具布置上往往采用单一的方向性，以避免为求变化而产生的浪费现象，提高住宅空间的使用效率。

5. 装饰手段的多样性

住宅室内设计的目的是为人们创造一个舒适的生活、学习与工作的环境。在这个环境中包括装修设计、家具与陈设艺术品的布置等。设计、施工、材料、界面处理，家具与陈设品的摆放结合起来综合处理，才能为空间提供完美的个性特点。

室内空间的装修设计包括墙面、地面、顶棚等界面的处理。这些界面决定了室内空间的结构、大小和格调。它们既遮风挡雨又为人们提供了私密性，并且对室内的光线、温度、声音和视野也产生重要的影响。

其中，家具是住宅室内设计中与人的各种活动关系最为密切的。家具的布置是住宅室内设计中重要的组成部分，与室内环境形成一个有机的统一体。家具普遍具有实用性与装饰性两方面功能。人们的室内空间活动大部分都是围绕着家具而展开的，家具的设计和组合布置成为室内空间的主体。不同的家庭有着不同的生活方式，家具的布置直接为人们的工作、学习、社交、娱乐等活动服务。家具的样式与摆放直接体现了人们在住宅中的生活方式。实现空间的使用功能、充分合理地组织利用空间和创造良好的空间氛围是家具组织布置的根本原则。在确定的空间环境中，无论家具的布置数量和形式如何变化，都不能偏离这一原则。

对空间环境进行艺术陈设的配置也是十分重要的。包括装饰织物、植物绿化、灯饰等。陈设艺术不是孤立存在于空间环境之中，必须与室内空间的其他构成形态相配合协调。

第2章　住宅室内设计的人体工程学要求

2.1　人体工程学的概念

随着人们生活水平的提高和科学技术的进步，对生活环境的舒适性、效率性和安全性等方面都有了更高的要求。室内设计师必须对“人”有一个科学全面的了解，人体工程学正是这样一门关于“人”的学问（图2.1、图2.2）。

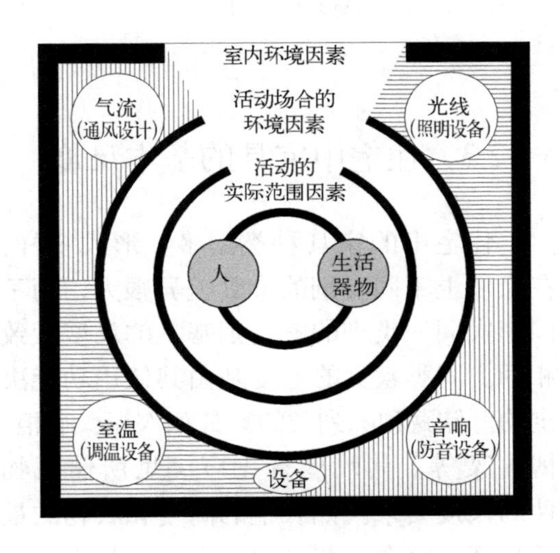

图2.1

人体工程学又叫人类工学或人类工程学，是第二次世界大战后发展起来的一门新科学。本义是“工作、劳动、规律、效果”，即探讨人们劳动工作效果、效能的规律性。它以人——机关系为研究的对象，以实测、统计、分析为基本的研究方法。

从室内设计的角度来说，人体工程学的主要功用在于通过对于生理和心理的正确认识，使室内环境因素适应人类生活活动的需要，进而达到提高室内环境质量的目标。人体工程学的中心应该完全放在“人”的上面，室内设计时人体尺度具体数据尺寸的选用，应考虑在不同空间与围护的状态下，人的动作和活动的安全，以及对大多数人的适宜尺寸，并强调其中以安全为前提。根据人的体能结构、心理形态和活动需要等综合因素，充分利用科学的方法，通过合理的室内空间和设施家具的设计，达到使人在室内的活动高效、安全和舒适的目的。

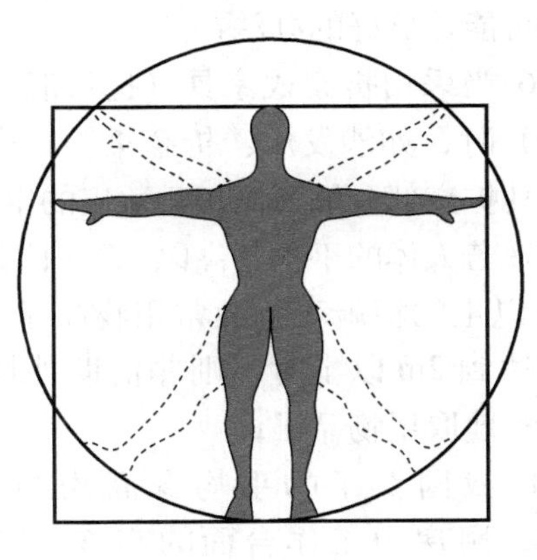

图2.2

2.2　人体在居住空间中活动的尺度要求

家具的布置方式和布置密度并不是随意的，在摆设家具时，必须为人们留出最基本的活动空间。如人们在座位上的坐、起等动作不能发生拥挤与磕碰，开门窗时不会发生碰撞家具等情况。下面所述的就是各种室内活动所需空间的基本尺度要求，在布置家具时，必须尽可能地予以保证，否则，将会给人的生活带来不便或使人产生不舒适的感觉。

1. 两个较高家具之间（例如书柜和书桌之间），一般应有600～750mm的间隔；

2. 两个矮家具之间（例如茶几与沙发之间），一般需要450mm的距离；

3. 双人床的两侧，均应留有400～600mm的空间，以保证上下床和整理被褥方便；

4. 当座椅椅背置于房间的中部时，它与墙面（或椅后的其他物体）间的距离宜大于700mm，否则在出入座位时将感到不便；若座位后还要考虑他人的过往，则在人就座后的椅位与墙面之间应留有610mm的距离；倘若过往的人又需端着器物穿行，则此距离还需加至780mm；要是只留400mm，仅可供人侧身通行；

5. 向外开门的柜橱及壁柜前，需留出900mm左右的空间；如果柜前的空间不够宽敞，而人们又常需在此活动时，采用推拉门可能是更好的办法；

6. 当采用折叠式家具（也可能是多功能的）时，如沙发床、折叠桌等，应备有与家具扩充部分展开面积相适应的空间；

7. 若人体的平均身高以1.7m计算，则1.7m以上的柜就不宜放常用物品了；而当柜高达到2m以上时，则非借助外物就不能顺利地取用物品了；

8. 我国女子的平均身高约为1.6m，因此，厨房中工作台面的高度，以定在800mm左右为宜；

9. 站在柜架前操作时，需要600mm左右的空间，而当人蹲在柜架前操作时，则需有800mm左右的空间才够用。

由此可见，人们在室内活动所需的基本空间尺寸不能忽视，在安排布置家具时，应参考表2.1提供的数据，尽可能予以保证。但遗憾的是，就目前国内绝大多数家庭的居住条件来说，无法做到摆放每一件（组）家具均考虑按要求提供所需的活动空间尺寸。这就提出了如何重复利用这些活动空间的问题，即涉及家具布置的技巧。如就一张写字台、一把座椅、一个单人沙发的组合而言，若用三种不同的方法布置，则会出现该组家具的实际占地面积各不相同的结果。

居室空间家具之间的布置尺寸

表2.1

室 别	净距名称	净距尺寸（cm）
起居室	交通主线	120~180
	次交通线	40~120
	沙发与茶几间距	30
	沙发或椅前伸脚空间	45~75
	写字台或钢琴前座椅空间	90
餐 室	餐桌与陈设间距	45~50
	就坐空间	50~90
	餐桌、椅周围供应交通线	45~60
	餐桌与墙壁间距	75
卧 室	铺床空间	45~60
	对床空间	45~70
	五斗柜前空间	90
	更衣空间（双面）	（各）90~120
	床与衣柜之间	150

注：表中的间距尺寸仅是一般情况下采用的经验数据，在大多数情况下是适用的，在处理特殊问题时，应与本书有关的设计资料配合使用。

2.3 住宅中家具的基本尺度

住宅中的家具种类繁多，形式多样，在尺度上不同类别的家具差异很大，而不同形式同一类别的家具则基本的尺度大致相同。同类家具的尺度是由其使用功能决定的。储藏和陈列类的家具如衣柜、书柜、博古架等，其尺度首先应满足所储藏物件的尺度要求。如衣柜的高度和衣物的最长尺度相吻合，其深度又和衣物基本宽度相吻合；书柜搁架的高度和深度应以书籍的高宽尺寸为参照。而另一类家具主要的服务对象是人，如桌、椅、床等家具尺度又要满足人在不同状态下的尺度要求（表2.2）。另一方面家具的尺度和形态又要和人在使用时的活动范围密切相关。如书架除了满足书籍收藏的要求以外，还要满足人取书时的高度要求。上下铺的床除了满足人就寝时的基本尺度以外（如人体的长宽），还要兼顾人上下床以及穿衣、看书等活动的要求（图2.3～图2.10）。

居室空间家具配置与尺寸 **表2.2**

室别	家具名称	平面尺寸（长×宽）(cm)	
		小型	大型
起居室	长沙发	75×180	90×270
	双人沙发	75×120	90×150
	安乐椅	75×71	100×97.5
	靠椅	46×46	60×60
	长茶几	45×90	90×150
	方茶几	60×60	120×120
	圆茶几	60（直径）	120（直径）
	娱乐台	75×75	90×90
	写字台	45×80	90×180
	柜式写字台	45×80	60×105
	直式钢琴	60×142.5	65×175
	大钢琴	175×145	270×155
	书架	25×75	—
餐厅	方形餐桌	75×75	150×150
	长方形餐桌	90×150	120×240
	圆形餐桌	67.5 (直径)	190(直径)
	餐椅	40×40	50×50
	扶手餐椅	55×55	60×60
餐厅	器皿柜	50×120	60×180
	碗柜	50×90	50×120
卧室	双人床（无床头）	185×135	210×180
	双人床（有床头）	195×135	225×180
	对床（无床头）	180×97.5	220×110
	对床(有床头)	195×97.5	225×110
	少年用单人床	172.5×90	—
	婴儿床	60×120	75×135
	床头柜	30×37.5	60×60
	五斗柜（带镜台）	45×75	52.5×150
	五斗柜	40×75	47.5×95
	梳妆台	45×100	50×120
	梳妆凳	37.5×55	45×60
	双门衣柜	45×95	55×120
	安乐椅	70×70	80×80
	靠椅	37.5×45	45×52.5
	衣物壁柜	60×120 (每人)	—

400~450
260~320
400~450
320~380
230~300
800~870
350~380
400~430
800~870
500~560
420~480
400~500
920~1100
400~500
780~850
500~550
600~640
760~840
660~780
660~780
760~800
Ø700~1500
800~870
350~380
400~430
1100~1200
350
350
850~900
580~850
950~1100
850~950
520~600
560~650
600~700
380~420
340~460
750~820
1600~1850
650~880
800~950
650~750
1050~1200
750~820
680~860
650~880
850~950
1900~2100
780~880
750~780
800~1250
550~650
1100~1300
1400~1600
600~650
760~800
700~900
700~900

图2.3

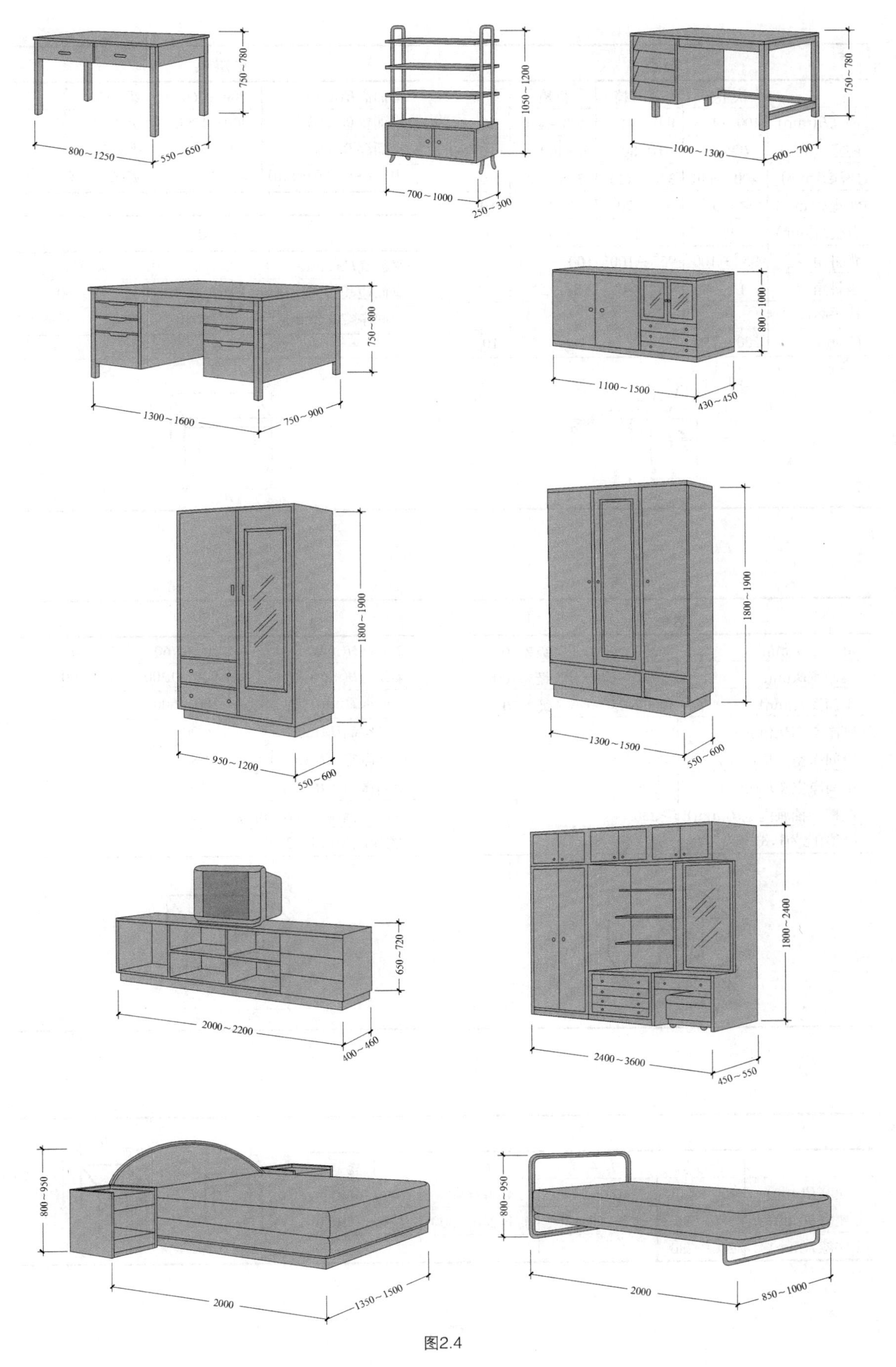
750～780
800～1250
550～650
1050～1200
700～1000
250～300
750～780
1000～1300
600～700
750～800
1300～1600
750～900
800～1000
1100～1500
430～450
1800～1900
950～1200
550～600
1800～1900
1300～1500
550～600
650～720
2000～2200
400～460
1800～2400
2400～3600
450～550
800～950
2000
1350～1500
800～950
2000
850～1000

图2.4

椅类

	扶手椅	靠背椅	折椅	级差
座高H(mm)	400～440	400～440	400～440	20
座宽B(mm)	B>460	B>380	B>400	10
座深T(mm)	400～440	340～420	340～400	10
背宽B_2(mm)	>400	>270	>270	10
背长L_1(mm)	>270	>270	>270	10
背斜角 β	95°～100°	95°～100°	100°～110°	1°
座斜角 α	1°～4°	1°～4°	3°～5°	1°
扶手高度				
H_2(mm)	200～250			10

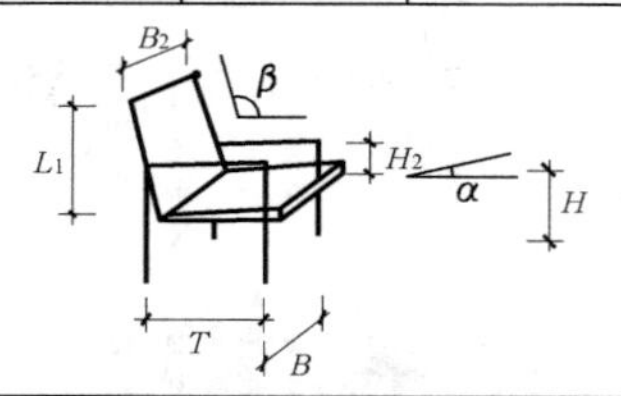

单层桌

桌面高H(mm)	700～760	级差20
桌面宽B(mm)	900～1200	级差200
桌面深T(mm)	500～600	级差50
中间净空高H_1(mm)	>580	宽深比1.8～2.0

方形桌

桌面高H_2(mm)	700～760	级差20
桌面边长(或直径)(mm)	750/1000	级差50
中间净空高(mm)	>580	

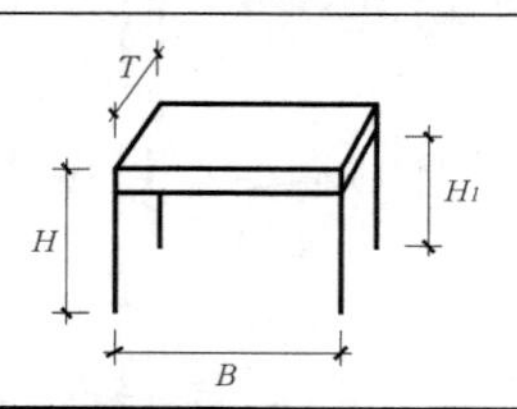

双柜桌

桌面高H(mm)	700～760	级差20
桌面宽B(mm)	1200～1400	级差100
桌面深T(mm)	600～750	级差50
脚净空高H_2(mm)	>100	
中间净空高H_1(mm)	>580	
中间净空宽B_4(mm)	>520	
侧柜、抽屉内宽B_3(mm)	>230	
(宽深比为1.8)		

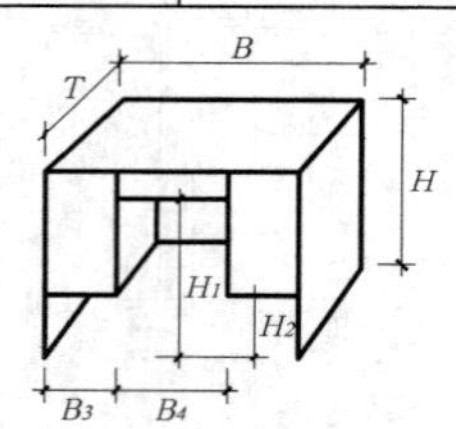

单柜桌

桌面高H(mm)	700～760	级差20
桌面宽B(mm)	900～1200	级差100
桌面深T(mm)	500～600	级差50
脚净空高H_2(mm)	>100	
中间净空高H_1(mm)	>580	
中间净空宽B_4(mm)	>520	
侧柜、抽屉内宽B_3(mm)	>230	
(宽深比为1.8～2.0)		

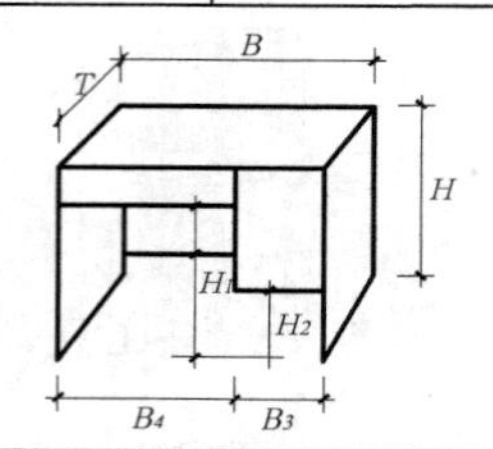

凳

	长方凳	方凳	圆凳	长凳
座高H(mm)	400～440	400～440	400～440	400～440
座宽B(mm)	320～380	边长260～300	直径260～300	长900～1050
座深T(mm)	240～280			

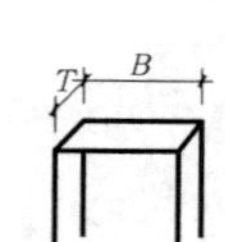

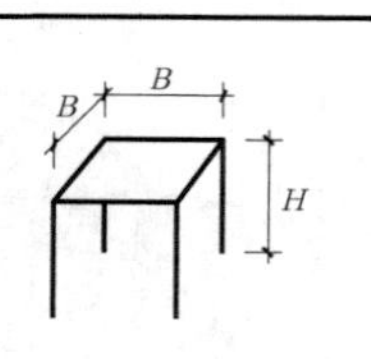

图2.5

衣柜		
挂衣辊下沿至底板内表面距离H_4(mm)	用于挂长外衣>1350	用于挂短外衣>850
挂衣辊下沿至顶板内表面距离H_5(mm)	40～60	
柜净空深T_2(mm)	用于挂衣净空深>500	用于摆放折叠衣物净空深>450
柜净空宽B_1(mm)	>500	
柜脚净空高H_7(mm)	亮脚净空高>100	包脚(塞脚)净空高>60

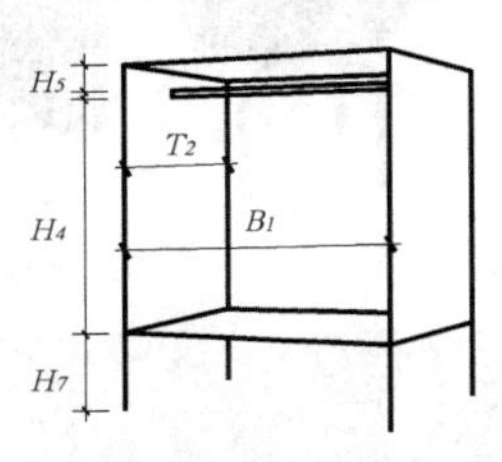

抽屉	
顶层屉面上沿离地面高H_8(mm)	<1250
底层屉面上沿离地面高H_9(mm)	>60
抽屉深度T(mm)	400～500

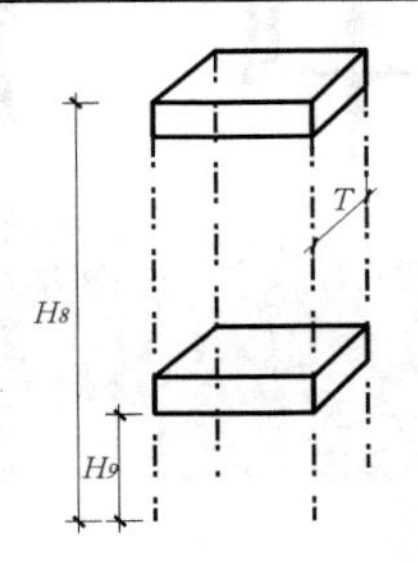

书柜	
高H(mm)	1200～1800
宽B(mm)	750～900
深T(mm)	300～400
层内高H_{10}(mm)	>220
脚净空高H_7(mm)	>60

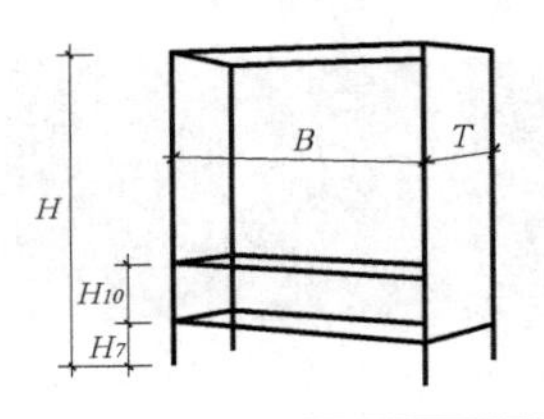

文件柜	
柜高H(mm)	1800
柜深T(mm)	400～450
柜宽B(mm)	900～1050
上层抽面上沿离地高度H(mm)	<1250
柜脚净空高H_7(mm)	>100

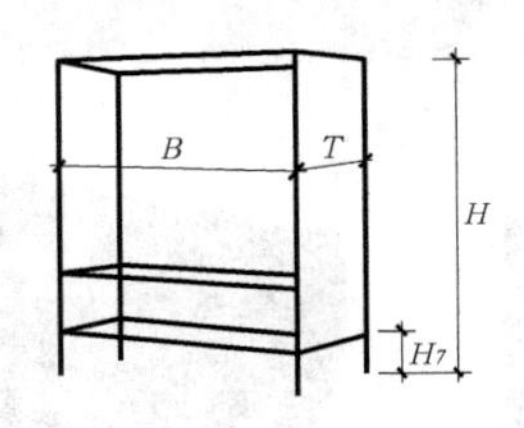

单层床
铺面净长L_2(mm)=1920
铺面宽B_8(mm)
单人床：800、900、1000
双人床：1200、1350、1500、1800
（铺面离地高现未作统一规定，根据各地区习惯而定，但一般为400～440，可以当凳坐）

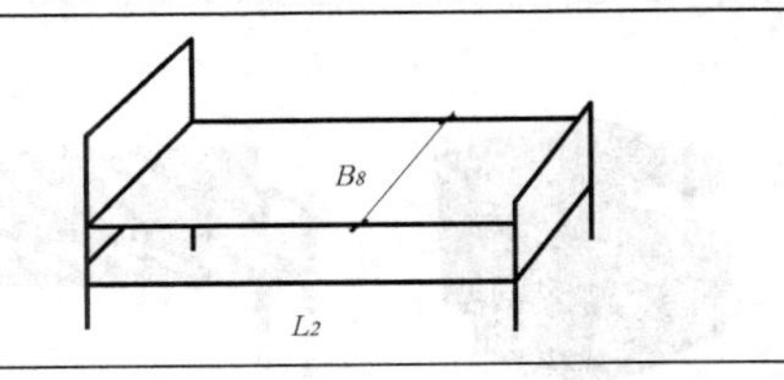

图2.6

勒·柯布西耶

赖特

密斯·凡·德·罗

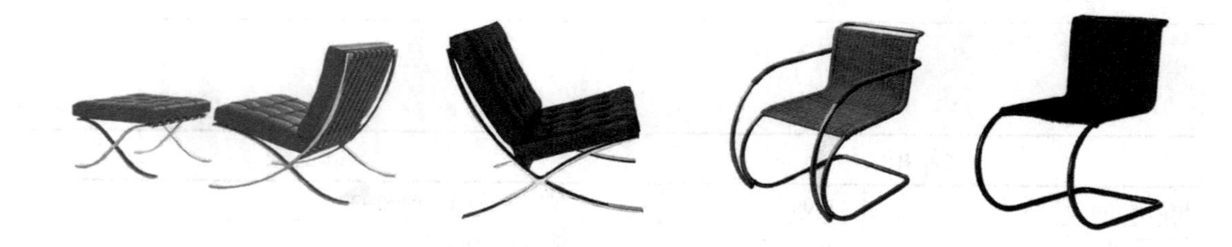

格罗皮乌斯

图2.7

沙里宁

阿尔瓦·阿尔托

约里奥·库卡波罗（芬兰）

弗兰克·盖里

维尔纳·潘顿（丹麦）

艾洛·阿尼奥（Eero Aarnio）（芬兰）

保罗·雅荷尔摩（丹麦）

图2.8

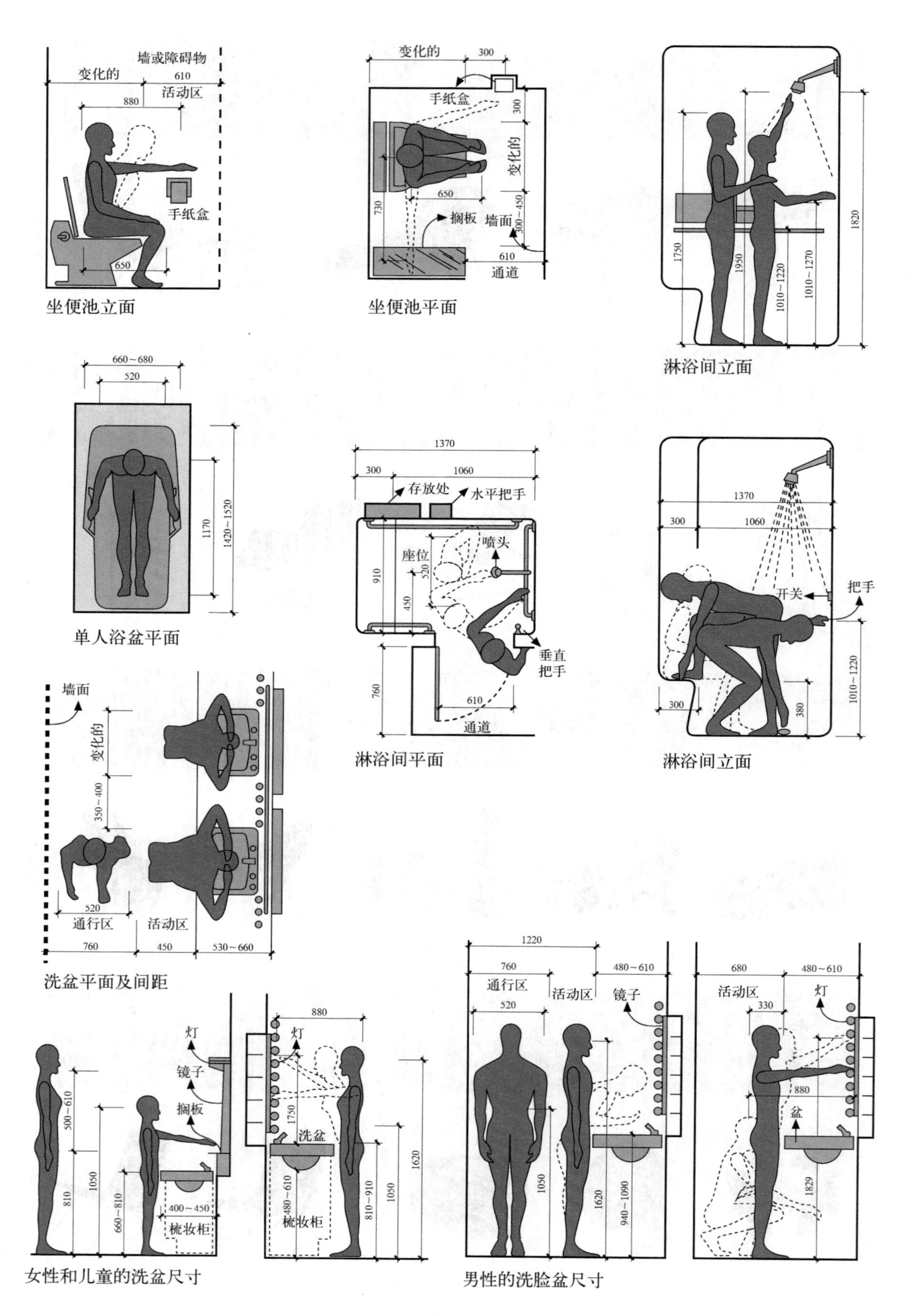
墙或障碍物
变化的
610
活动区
880
手纸盒
650
坐便池立面
变化的
300
手纸盒
300
变化的
650
730
搁板
墙面
300~450
610
通道
坐便池平面
1750
1950
1010~1220
1010~1270
1820
淋浴间立面
660~680
520
1170
1420~1520
单人浴盆平面
1370
300
1060
存放处
水平把手
座位
喷头
910
520
450
垂直把手
760
610
通道
淋浴间平面
1370
300
1060
开关
把手
300
380
1010~1220
淋浴间立面
墙面
变化的
350~400
520
通行区
活动区
760
450
530~660
洗盆平面及间距
灯
镜子
搁板
500~610
810
1050
660~810
400~450
梳妆柜
880
灯
1750
洗盆
480~610
梳妆柜
810~910
1050
1620
女性和儿童的洗盆尺寸
1220
760
480~610
通行区
活动区
镜子
520
1050
1620
940~1090
680
480~610
活动区
灯
330
880
盆
1829
男性的洗脸盆尺寸

图2.9

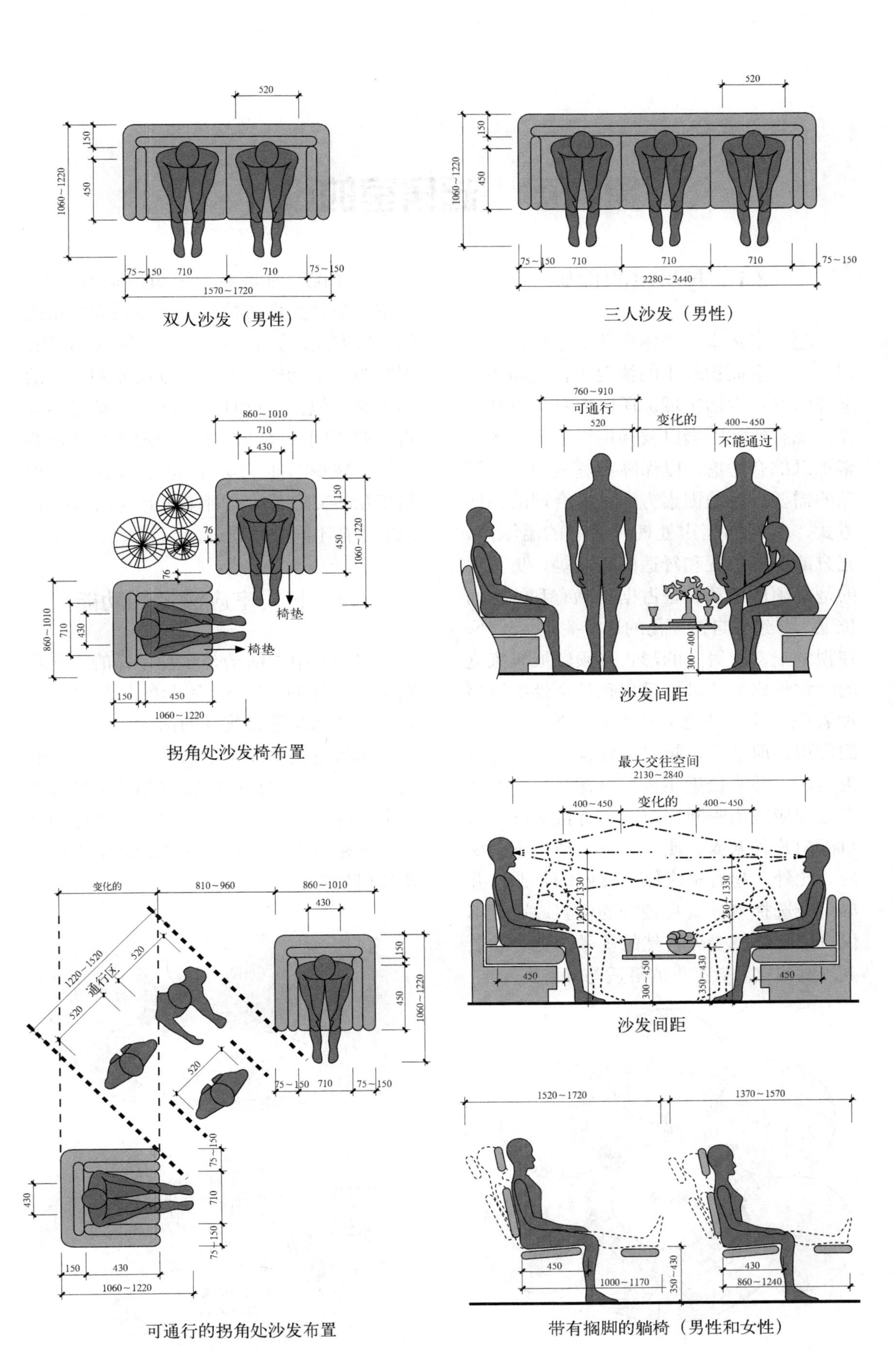
双人沙发（男性）
三人沙发（男性）
拐角处沙发椅布置
椅垫
沙发间距
可通行
变化的
不能通过
最大交往空间
可通行的拐角处沙发布置
通行区
带有搁脚的躺椅（男性和女性）
520
150
450
1060～1220
75～150
710
1570～1720
2280～2440
860～1010
430
76
760～910
400～450
300～400
2130～2840
1250～1330
350～430
810～960
1220～1520
1520～1720
1370～1570
1000～1170
860～1240

图2.10

第3章 起居室的设计

3.1 起居室的性质

起居室是家庭群体生活的主要活动空间。在居室面积较小的情况下，它即等于全部的群体生活区域。所以要利用自然条件、现有住宅因素以及环境设备等人为因素加以综合考虑，以保障家庭成员各种活动的需要。人为因素方面，如合理的照明方式，良好的隔声处理，适宜的温湿度，充分的储藏位置和舒适的家具等。更重要的是必须使活动设备占据正确有利的空间位置，并建立自然顺畅的连接关系。此外，在视觉上，起居室的形式必须以展露家庭的特定性格为原则，采用独具个性的风格和表现方法，使之充分发挥“家庭窗口”的作用。原则上，起居室宜设在住宅的中央地区，并应接近主入口（图 3.1），但两者之间应适当隔断，应避免直接通过主入口而向户外暴露，使人心理上产生不良反应。此外，起居室应保证良好的日照，并尽可能选择室外景观较好的位置，这样不仅可以充分享受大自然的美景，更可感受到视觉与空间效果上的舒适与伸展。

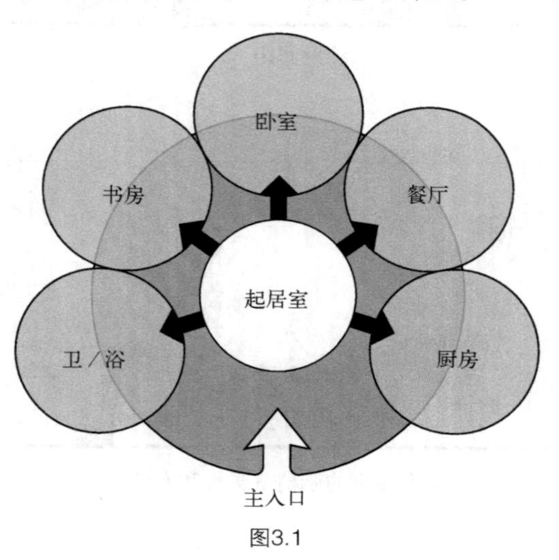

图3.1

为了配合家庭各个成员活动的需要，在空间条件允许的情况下，可采取多用途的布置方式，分设会谈、音乐、阅读、娱乐、视听等多个功能区域。在分区原则上，活动性质类似，进行时间不同的活动可尽量将其归于同一区域，从而增加单项活动的空间，减少功能重复的家具。反之，对性质相互冲突的活动，则宜设于不同的区域，或安排在不同的时间进行。

3.2 起居室应满足的功能

起居室中的活动是多种多样的，其功能是综合性的，图 3.2 所示的是起居室中的主要活动及常常兼具的活动内容。可以看出起居室几乎涵盖了家庭中八成以上的内容，同时它的存在使家庭和外部也有了一个良好的过渡，下面分门别类地详细分析一下起居室中所包容的各种活动的性质及其相互关系。

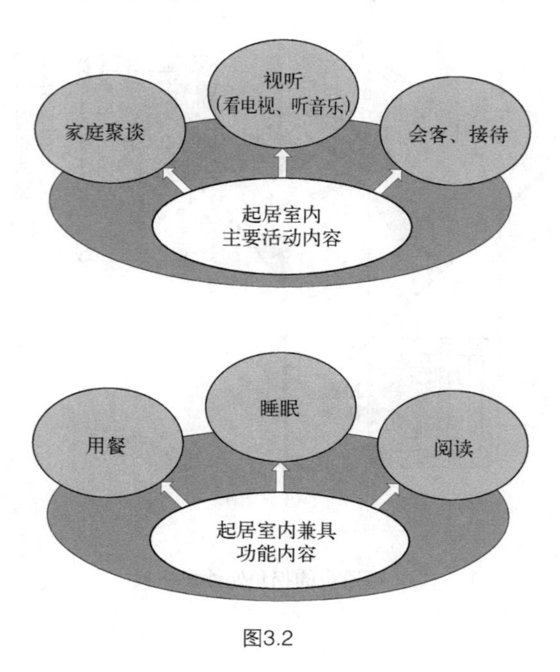

图3.2

3.2.1　家庭聚谈休闲

起居室首先是家庭团聚交流的场所，这也是起居室的核心功能，是主体，因而往往通过一组沙发或座椅的巧妙围合形成一个适宜交流的场所。场所的位置一般位于起居室的几何中心处，以象征此区域在居室中心位置（图 3.3）。在西方起居室是以壁炉为中心展开布置的，温暖而装饰精美的壁炉构成了起居室的视觉中心，而现代壁炉由于失去了功能已变为一种纯粹的装饰而被电视机取而代之了（图 3.4、图 3.5）。家庭的团聚围绕电视机展开休闲、饮茶、聊天等活动，形成一种亲切而热烈的氛围。

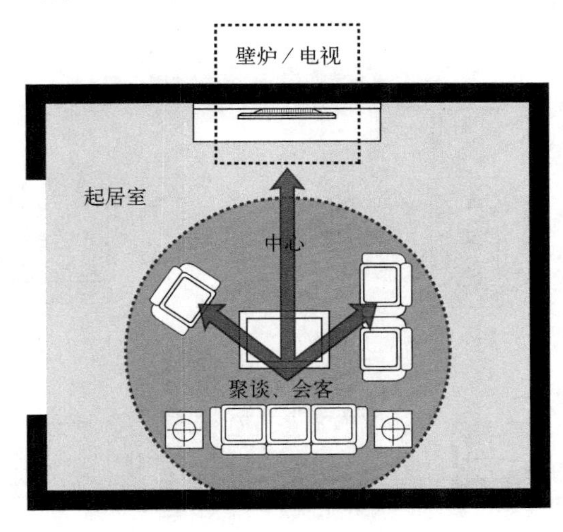

图3.3

图3.4

3.2.2　会客

起居室往往兼顾了客厅的功能，是一个家庭对外交流的场所，是一个家庭对外的窗口。在布局上要符合会客的距离和主客位置上的要求，在形式上要创造适宜的气氛，同时要表现出家庭的性质及主人的品位，达到微妙地对外展示的效果。在我国传统住宅中会客区域是方向感较强的矩形空间，视觉中心是中堂画和八仙桌，主客分列八仙桌两侧。而现代的会客空间的格局则要轻松得多，它位置随意，可以和家庭聚谈空间合二为一，也可以单独形成亲切会客的小场所。围绕会客空间可以设置一些艺术灯具、花卉、艺术品以调节气氛。会客空间随着位置、家具布置以及艺术陈设的不同可以形成千变万化的空间氛围。

图3.5

3.2.3 视听

听音乐和观看表演是人们生活中不可缺少的部分（图 3.6）。西方传统的住宅起居室中往往给钢琴留出位置，而我国传统住宅的堂屋中常常有听曲看戏的功能（图 3.7、图 3.8）。随着科学技术的发展人们生活也在不断变化着，收音机的出现，曾一度影响了家居的布局形式。而现代视听装置的出现对其位置、布局以及与家居的关系提出了更加精密的要求。电视机的位置与沙发座椅的摆放要吻合，以便坐着的人都能看到电视画面。另外电视机的位置和窗的位置有关，要避免逆光以及外部景观在屏幕上形成的反光，对观看质量产生影响。

音响设备的质量以及最终造成的室内听觉质量也是衡量室内设计成功与否的重要标准，音箱的摆放是决定最终听觉质量的关键。音箱的布置要使传出的音响造成声学上的动态和立体效果。

图3.7

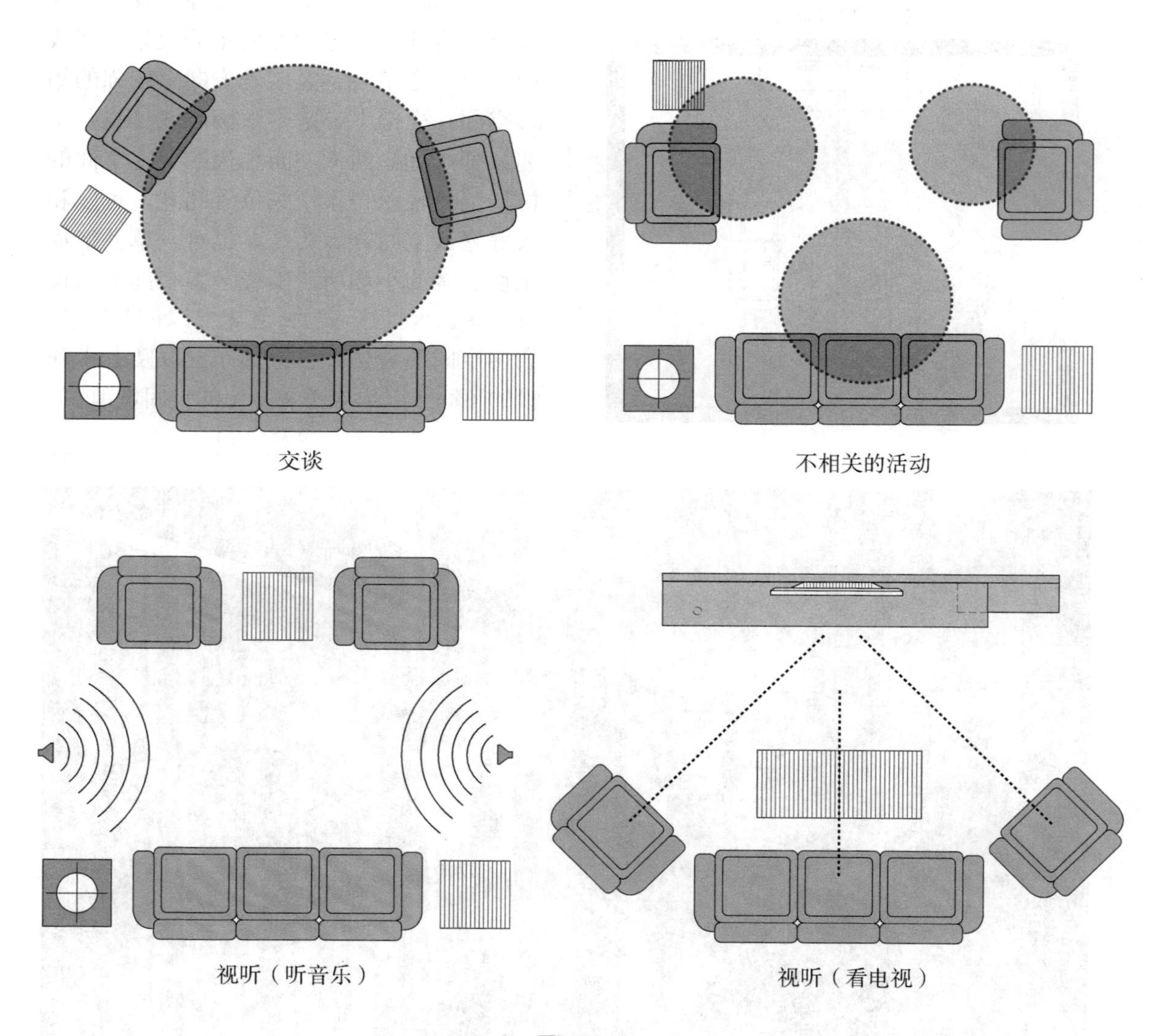

图3.6

图3.8

3.2.4 娱乐

起居室中的娱乐活动主要包括棋牌、卡拉OK、弹琴、游戏机等休闲活动。根据主人的不同爱好，应当在布局中考虑到娱乐区域的划分，根据每一种娱乐项目的特点，以不同的家具布置和设施来满足娱乐功能要求。如卡拉OK可以根据实际情况或单独设立沙发、电视，也可以和会客区域融为一体来考虑，使空间具备多功能的性质。而棋牌娱乐则需有专门的牌桌和座椅，对灯光照明也有一定的要求，一般它的家具布置，根据实际情况也可以处理成为和餐桌餐椅相结合的形式。游戏的情况则较为复杂，应视具体种类来决定其区域位置以及面积大小。如有些游戏可以利用电视来玩，那么聚谈空间就可以兼作游戏空间。有些大型的娱乐器具则需较大的空间来布置（图3.9）。

3.2.5 阅读和上网

在现代的家庭休闲活动中，阅读和上网占有相当大的比重，以一种轻松的心态去浏览报刊、杂志或查阅资料对许多人来讲是一件愉快的事情。这些活动没有明确的目的性，时间规律很随意很自在，因而也不必在书房进行。这部分区域在起居室中存在，但其位置并不固定，往往随时间和场合而变动。如白天人们喜欢靠近有阳光的地方阅读，晚上希望在台灯或落地灯旁阅读，而伴随着聚会所进行的阅读活动形式更不拘一格。阅读区域虽然说有其变化的一面，但其对照明的要求和座椅的要求以及藏书的设施要求也是有一定规律的。必须准确地把握分寸，以免把起居室设计成书房。

3.2.6 陈列和收纳功能

起居室还应具备一些储藏与收纳的功能。由于起居室使用很频繁，容易出现

图3.9

杂乱的现象，从审美的角度讲，杂乱的空间容易产生烦躁与厌恶感，如到访客人的衣物、音响设备、茶具等物件的收纳。在起居室的设计时，可以选择带有储藏功能的家具，如底部带有储藏功能的茶几或沙发，也可以利用电视背景墙上的视听柜，或在起居室的转角等空间结合储藏家具来设计。另一方面，还可以在起居室里增加一些陈列展示柜，展示住宅主人的收藏品，反映主人的文化品位。

3.3 起居室的布局形式

3.3.1 起居室应主次分明

以上对起居室的室内功能进行详细分析和陈述，可以看出起居室是一个家庭的核心，可以容纳多种性质的活动，可以形成若干个区域空间。但是有一点需要注意的是众多的活动区域中必然是有一个区域为主的，以此形成起居室的空间核心，在起居室中通常以聚谈、会客空间为主体，辅助以其他区域而形成主次分明的空间布局。而聚谈、会客空间的形成往往是以一组沙发、座椅、茶几、电视柜围合形成，又可以以装饰地毯、顶棚造型以及灯具来呼应达到强化中心感。

3.3.2 起居室交通要避免斜穿

起居室在功能上作为住宅的中心，在交通上则是住宅交通体系的枢纽，起居室常和户内的过厅、过道以及客房间的门相连，而且常采用穿套形成。如果设计不当就会造成过多的斜穿流线，使起居室的空间完整性和安定受到极大的破坏(图 3.10)。因而在进行室内设计时，尤其在布局阶段一定要注意对室内动线的研究，要避免斜穿，避免室内交通路线太长。措施之一是对原有的建筑布局进行适当的调整，如调整户门的位置；之二是利用家具布置来巧妙围合、分割空间，以保持区域空间的完整性（图 3.11 ～图 3.13）。

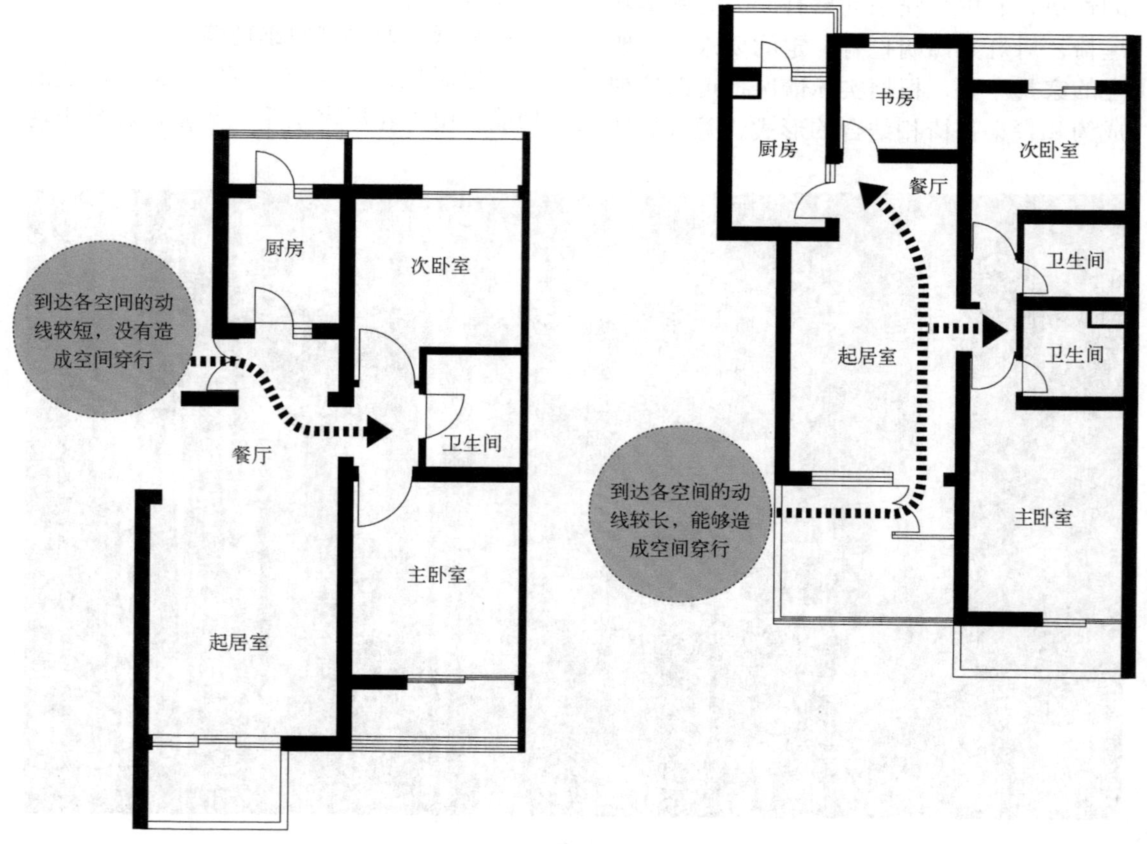

图3.10

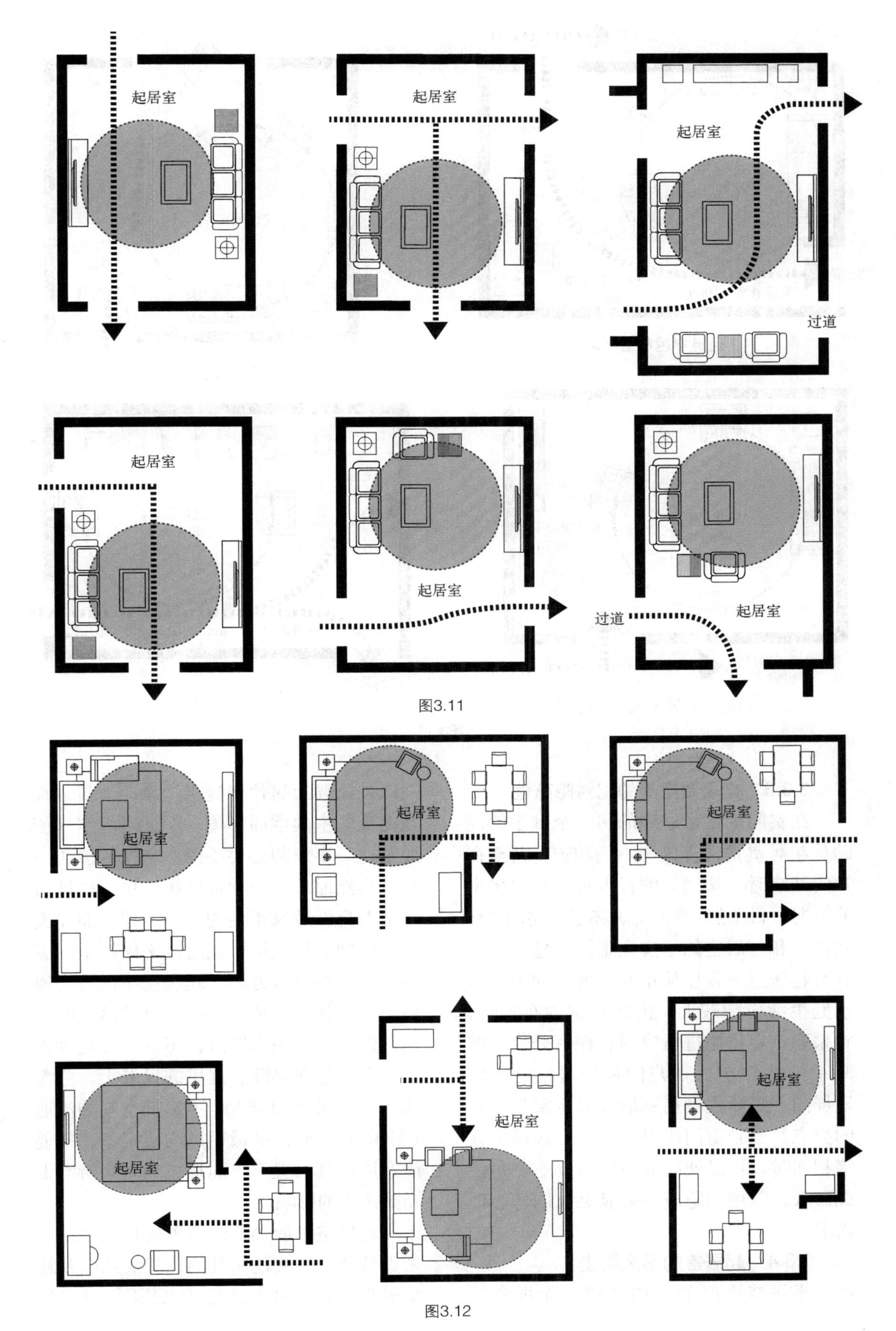

图3.11

图3.12

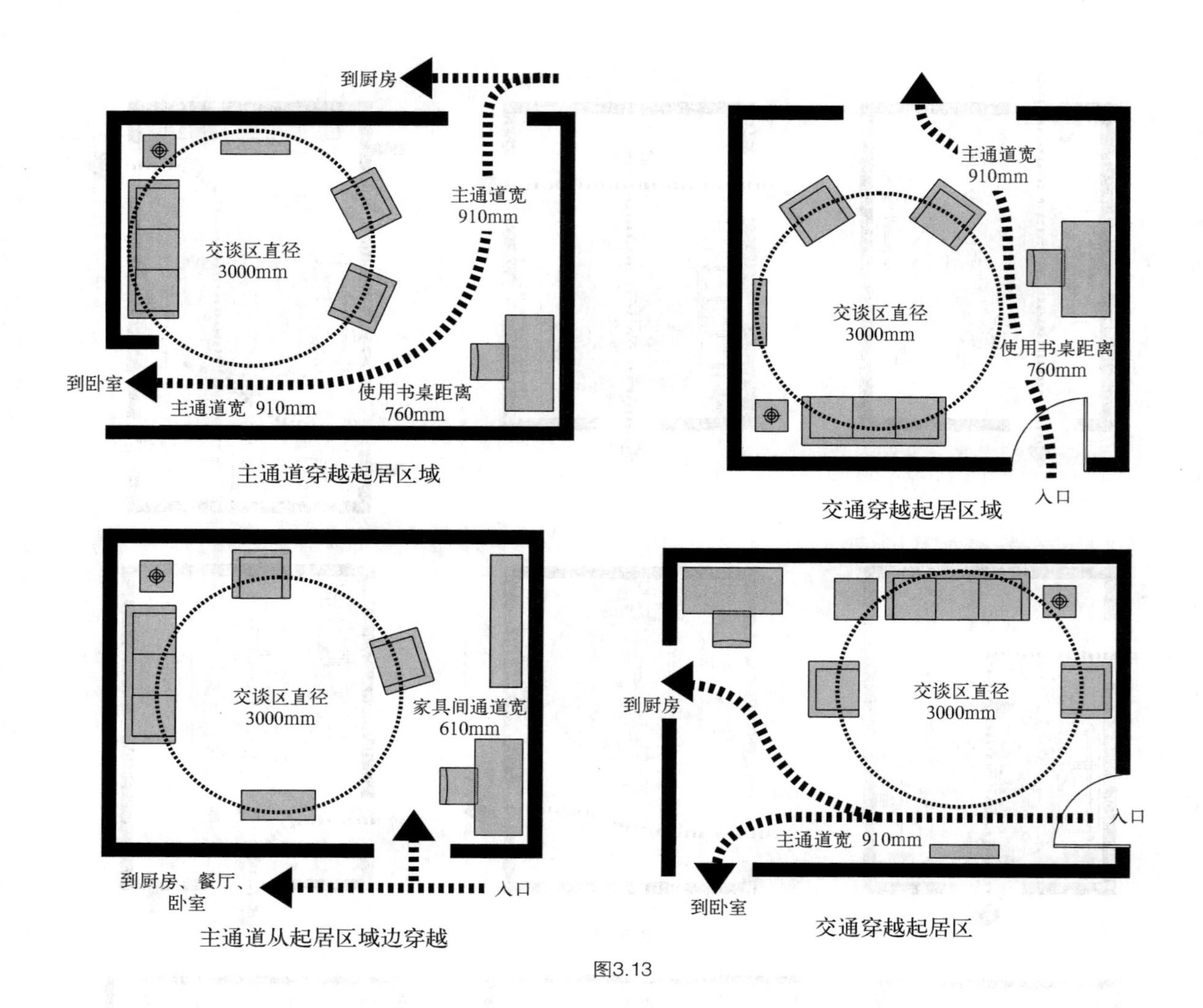

图3.13

3.3.3 起居室空间的相对隐蔽性

在实际中常常遇到的另一个棘手的问题是起居室常常直接与户门相连，甚至在户门开启时，楼梯间的行人可以对起居室的情况一目了然，严重地破坏了住宅的“私密性”和起居室的“安全感”、“稳定感”。有时起居室兼餐厅使用时，客人的来访对家庭生活影响较大。因此在室内布置时，宜采取一定措施进行空间和视线分隔（图3.14 ~ 图 3.16）。在户门和起居室之间应设屏门、隔断或利用隔墙或固定家具形成的交点。当卧室门或卫生间门和起居室直接相连时，可以使门的方向转变一个角度或凹入，以增加隐蔽感来满足人们的心理需求。

3.3.4 起居室的通风防尘

要保持良好的室内环境，除视觉美观以外还要给居住者提供洁净、清新、有益健康的室内空间环境。保证室内空气流通是这一要求的必要手段。空气的流通一种是自然通风，一种是机械通风，机械通风是对自然通风不足的一种补偿。而在炎热地区则必须利用机械通风来保持室内温度。在自然通风方面，起居室不仅是交通枢纽，而且常常是室内组织自然通风的中枢，因而在室内布置时，不宜削弱此种作用，尤其是在隔断、屏风的设置上，应考虑到它的尺寸和位置，不影响空气的流通（图 3.17）。而在机械通风的情况下，也要注意因家具布置不当而形成的死角对空调功效产生的影响。

起居室中散热器的位置安排，要综合考虑散热器与其他家具的位置关系以及视觉效果。布置时应满足几点原则：首先散

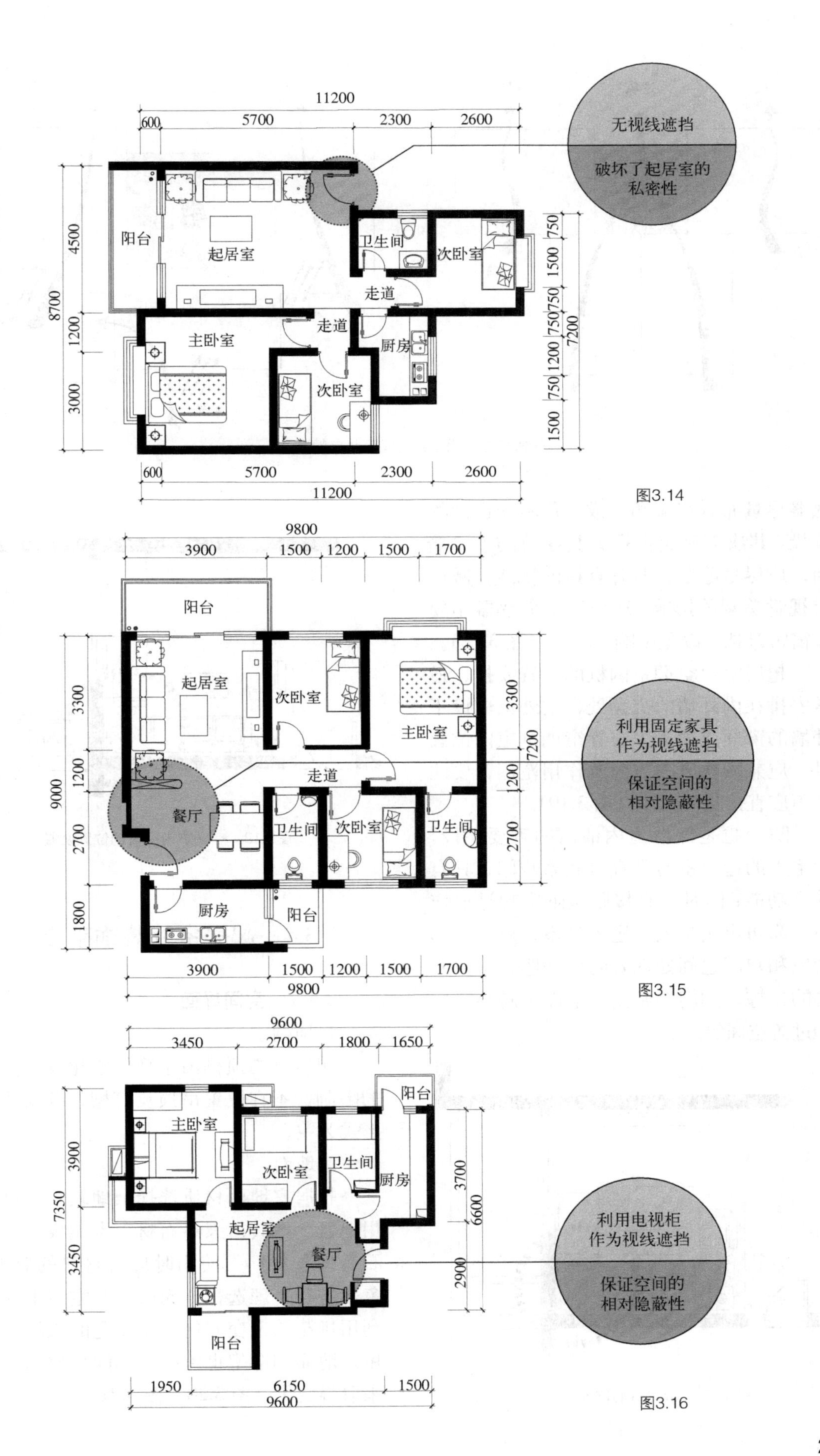

图3.14

图3.15

图3.16

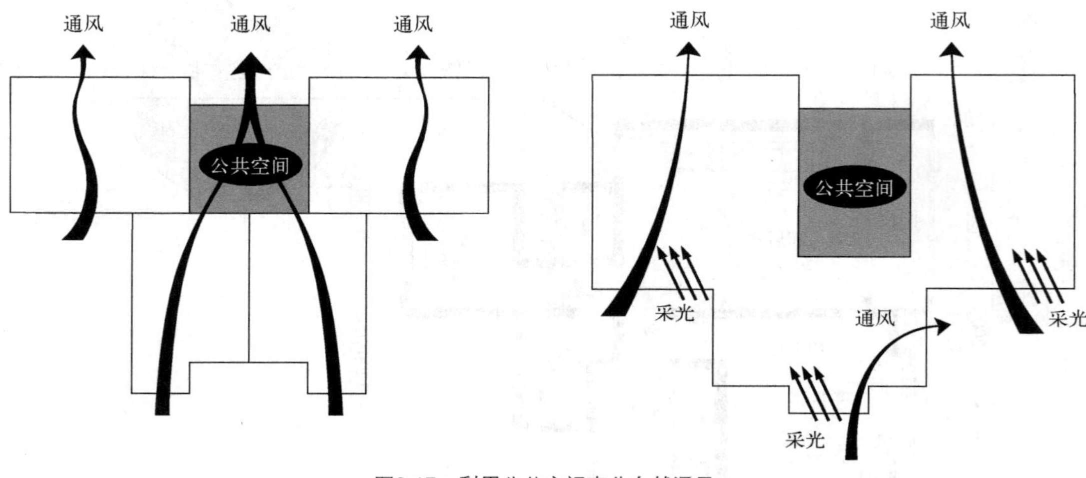

图3.17　利用公共空间南北自然通风

热器尽量布置在墙角，或是依附于窗间的墙垛；其次应避免占据家具摆放的主要墙面，应尽量隐蔽，避开直接的视线，减少对视觉美观的影响；还应注意散热器不要被窗帘遮挡，以免影响其功效（图 3.18）。

起居室中空调室内机的位置安排，通常安排在内外墙的交角处，室外机应设于外墙的窗间或窗下。布置空调机室内位置时，应兼顾吹风的方向及作用范围，要注意不应直接吹向人体（图 3.19）。

防尘也是保持室内清洁的重要手段，住宅中的起居室常常直接联系户门，具有前室功能；同时又直接联系卧室起过道作用，为防止灰尘入户进入卧室，应当在起居室和户门之间处理好防尘问题，采取必要的措施，如门的密封，地面加脚垫，增加过渡空间等。

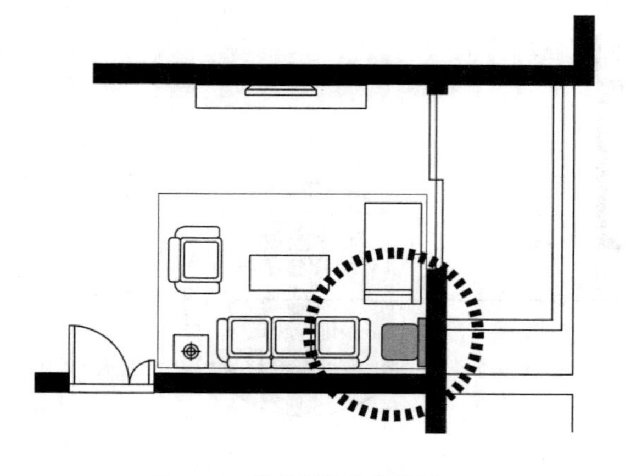
图3.18　散热器的位置设置

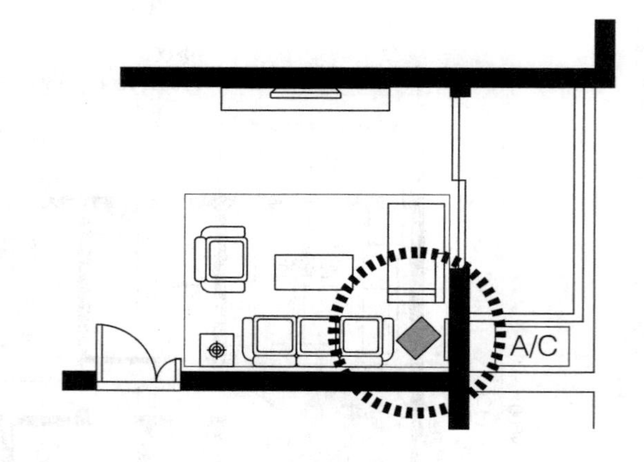

图3.19　空调室内柜机的位置设置

3.4　起居室的装饰手段

3.4.1　空间界面

1. 顶棚

起居室的顶棚由于受住宅建筑层高低的限制，不宜设置吊顶及灯槽，以简洁的形式为主。

2. 地面

起居室地面材质选择余地较大，可以用地毯、地砖、天然石材、木地板、水磨石等多种材料，使用时应对材料的肌理、色彩进行合理选择，而像公共空间中那样利用拼花的千变万化强化视觉的做法应慎用。地面的造型也可以用不同材质的对比来取得变化（图 3.20、图 3.21）。

图3.20

图3.21

3. 墙面

起居室的墙面是起居室装饰中的重点部位，因为它面积大，位置重要，是视线集中的地方，对整个室内的风格、式样及色调起着决定性作用，它的风格也就是整个室内的风格。因此起居室墙面的装饰是很重要的方面。

对起居室墙面的装饰最重要的是从使用者的兴趣、爱好出发，发挥主人的聪明才智，体现不同家庭的风格特点与个性，这样才能装饰成有个性、多姿多彩的起居室空间。但设计必须遵循一定的原则，在这个基础上融入个性，其结果将是成功的。

首先应从整体出发，综合考虑室内空间、门、窗位置以及光线的配置，色彩的搭配和处理等诸多因素。起居室墙面及整个室内装饰和家具布置的背景起衬托作用，因此装饰不能过多过滥，应以简洁为好，色调最好用明亮的颜色，使空间明亮开阔（图 3.22、图 3.23）。同时应该对一个主要墙面进行重点装饰，以集中视线，表现家庭的个性及主人的爱好。西方传统起居室是以壁炉为中心的主要墙面为重点装饰的部位。同时壁炉上摆放小雕塑、瓷器、肖像等工艺品，壁炉上方悬挂绘画或浮雕、兽头、刀剑、盾牌等进行装饰，有的还在墙面上做出造型（图 3.24、图 3.25）。而我

图3.22

图3.23

国传统民居中应以正屋一进门的南立面为装饰中心，悬挂中堂、字画、对联、匾额，有些还做出各种落地罩、隔扇或设立屏风等进行装饰以强调庄重的气氛。

现代住宅装饰中，起居室的作用依旧很重要。可以用造型、壁画、艺术品的悬挂来加以美化，也可以利用材质的对比来取得丰富的视觉效果。总之起居室是家庭装饰装修的重点，而起居室主要墙面的设计又是重点之中的重点，设计者应从每个家居的特殊性及主人的兴趣爱好出发，发挥出创造性，达到更好的装饰效果（图3.26 ～图 3.28）。

图3.25

图3.26

图3.24

图3.27

图3.28

3.4.2 陈设

从专业的角度出发，室内设计是由空间环境、装修构造、装饰陈设三大部分构成的一个整体概念。空间环境的氛围是由建筑的地面、墙体、顶棚、门窗等基本要素构成的空间整体形态及尺度，加上采光、照明、空调、通风等设备的设计与安装共同营造完成的。装修构造是围合组成空间的界面结构，换句话说是空间界面的包装。装饰陈设是对已装修完毕的界面进行的附着于其上的布置以及空间中的活动物品的点缀与布置。

我国目前的住宅建设现状是空间的高度受到很大限制，一般在2.8m左右，在大多数情况下，空间环境的界定在建筑设计时已完成，留给室内设计发展的余地已很小，不宜再进一步地分隔、包装。因而给设计师提出一个问题，那就是在目前的情况下，居室室内设计的重点应放在何处，是以装修为主还是以陈设为主。其实装修和陈设之间的关系是辩证统一的，装修有一定的技术性和普遍性，而陈设则更高地表现为文化性和个性。可以说，陈设是装修后进一步的升华。

从设计原理而言，室内设计中的装修和陈设之间不能一刀切式的划分。它们之间的很多联系，是相辅相成的。装修的风格制约着陈设，而陈设有时对装修又起着很大的辅助和影响作用。不同的民族、地域，有不同的传统特点和思维习惯，而每个居室不同主人的审美要求和文化品位更是千差万别，设计师如果试图单独以装修的手段来表现或满足户主的要求，代价将是昂贵的，而且是不可能的。装修与陈设的主次关系往往随着空间的变化也会发生变化，在我国目前的居住环境的结构条件下，把陈设提到一个较高的位置上来无疑会使设计师的思路更加开阔，手法更加丰富，作品也会更加有生命力。

在住宅空间中，陈设手法应用的范围很广，门厅、起居室、阳台、书房，甚至卫生间，但最多的应用之处，便是起居室空间。我们不妨分析一下陈设在起居室中的作用以及种类和手法，以便其他章节借鉴。

1. 起居室的陈设艺术风格

任何一个起居室，其风格即反映着整个住宅的风格。装修的风格，因空间、地域、主人的喜好而风格迥异，导致陈设手法也大相径庭。在室内设计中，装修的风格有欧式、中式、古典、现代之分。

在欧式风格中，陈设应以雕塑、金银、油画等为主（图3.29）；在中式风格中，陈设应以瓷器、扇、字画、盆景等为主（图3.30）；古典风格的起居室中，陈设艺术品大多制作精美，比例典雅，形态沉隐，如古典的油画，精巧华丽的餐具、烛台，而现代的起居室中的陈设艺术品则色彩鲜艳，讲求反差、夸张（图3.31）。

图3.29

图3.30

图3.31

2. 起居室陈设艺术品的种类

可用于起居室中的装饰陈设艺术品品种很多，而且没有定式。室内设备、用具、器物等只要适合空间需要及主人情趣爱好，均可作为起居室的装饰陈设。装饰织物类是室内陈设用品的一大类别，包括地毯、窗帘、陈设覆盖织物、靠垫、壁挂、顶棚织物、布玩具、织物屏风等。如今织物已渗透到室内设计的各个方面，由于织物在室内的覆盖面大，所以对室内的气氛、格调、境界等起很大作用。织物具有柔软、触感舒适的特性，所以又能有效地增加舒适感。在起居室中手工的地毯可以划分出会客聚谈的区域，以不同的图案创造不同的区域氛围。壁毯又能在墙面上形成中心使人产生无穷的想像。沙发座椅上的小靠垫则往往以明快的色彩，调节着色整体节奏。同时织物的吸声效果很好，有利于创造安静的环境。

可应用于起居室中的艺术陈设品还包括：灯具造型、家具造型、动物标本、壁画、字画、油画、钟表、陶瓷、现代工艺品、面具、青铜器、古玩、书籍以及一切可以用来装饰的材料，如石头、细纱、铁艺、彩绘等（图 3.32 ~图 3.36)。

当然面对如此之多的选择，设计者应保持冷静清醒的头脑，陈设用品的选择要与室内设计整体风格相协调一致，否则会使起居室有种凌乱的感觉。室内设计在满足功能的前提下，是各种室内物体的形、色、质、光的组合，这个组合是一个非常和谐统一的整体。在整体之中每一种要素

图3.32

图3.33

图3.34

图3.35

图3.36

必须在总体的艺术效果的要求下，充分展现自然的魅力，共同创造出一个使用效率高、艺术品位高的起居室空间环境。室内陈设物品的选择与设计必须有整体的观念，不能孤立地评价物品的材质优劣，而关键在于看它是否能融入起居室整体环境，搭配得当的话，即使是粗布乱麻，也能使室内生辉。而如果品格相差甚远，选择不当，哪怕是金银珠宝，也只能是一种堆砌，显得多余累赘。

起居室中的陈设艺术品有些是可以根据个人的喜好，因材制宜自己动手来制作完成的，如字画、主人的肖像、自己制作的玩具等。

3. 陈设艺术品的摆放位置

以上介绍了陈设艺术品在室内设计中的重要性以及它的种类，但如何在起居室中恰当地摆放布置种类繁多的陈设则又是摆在设计师面前的新问题。首先将众多的陈设归为实用型和美化型两类，比如艺术灯具造型，它有实用的照明功能兼具美观作用；又如精致的烟灰缸，它为主人和客人提供了盛放烟灰的空间，同时其造型又为区域空间增加了情趣。古典的家具在现代生活空间中既有实用的功效，又具展示的效果。这类陈设的布设应从使用功能出发，根据室内人体工程学的原则，确定其基本的位置，如灯具的位置高低不能影响其照明功效，烟缸的位置令使用者很方便地使用。家具的摆放既应符合起居室中的家具布置一般原则，又要使其位于显眼处，以发挥其展示功能。

另一类陈设则属于纯粹视觉上的需求，没有实用的功能，它们的作用在于充实空间，丰富视觉。如墙面上的字画、油画，作用在于丰富墙面，瓷器主要用于充实空间，玩具用来增添室内情趣。这类陈设的位置则要从视觉需要出发，结合空间形态来设置。同时起居室空间中虽然拥有多种多样的陈设，但也必须遵循对立统一原则来合理配置，即设立主要的统率全局的陈设和充实、丰富空间的小陈设。主要的陈设往往位于起居室空间中的醒目位置，起视觉中心的作用，而次要和从属性的陈设则摆放比较随意，主要是依据其造型表达来和区域空间配套（图 3.37）。

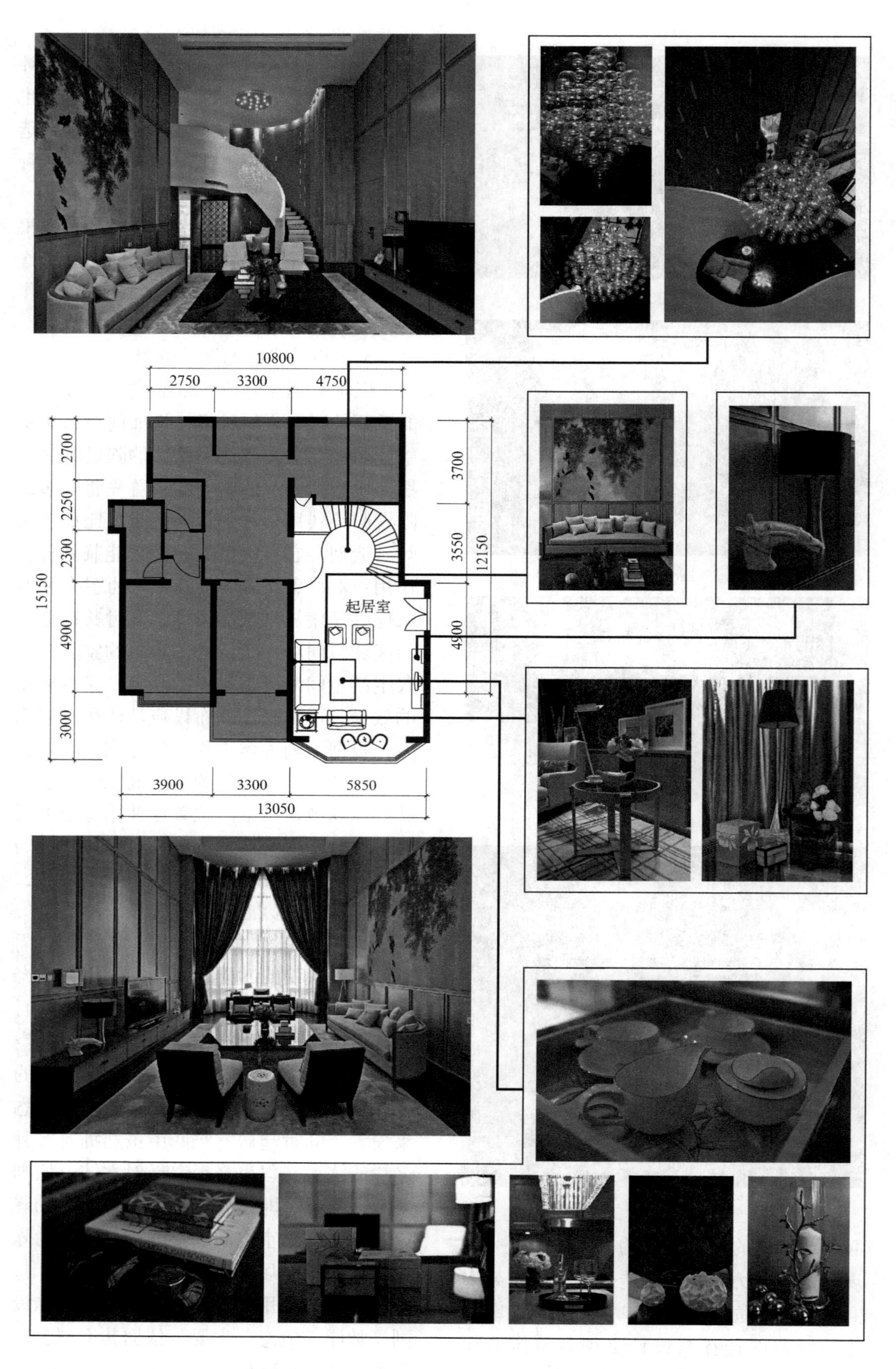

图3.37　起居室的陈设摆放示意图

第4章　餐厅的室内设计

4.1　餐厅的功能及空间的位置

餐厅是家人日常进餐并兼作欢宴亲友的活动空间（图4.1、图4.2）。这个区域可以与起居室或厨房混合在一起，也可以是独立的房间。从合理需要看，每一个家庭都应设置一个独立餐厅，住宅条件不具备设立餐厅的也应在起居室或厨房设置一个开放式或半独立的用餐区位。倘若餐厅处于一个闭合空间，其表现形式可自由发挥；倘若是开放型布局，应和与其同处一空间的其他区域保持格调的统一。无论采取何种用餐方式，餐厅的位置居于厨房与起居室之间最为有利，这在使用上可节约食品供应时间和就座进餐的交通路线。在布设上则完全取决于各个家庭不同的生活与用餐习惯。在固定的日常用餐场所外，按不同时间，不同需要临时布置各式用餐场所，阳台上、壁炉边、树荫下、庭院中无一不是别具情趣的用餐所在。

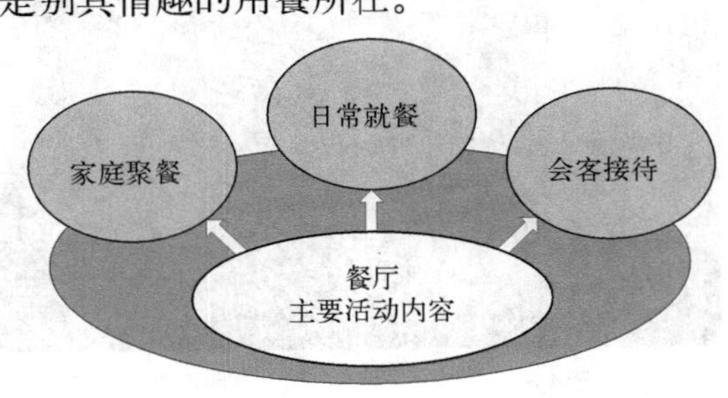

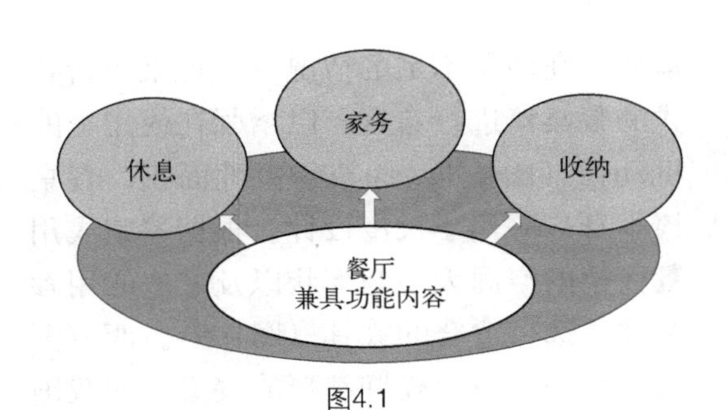

图4.1

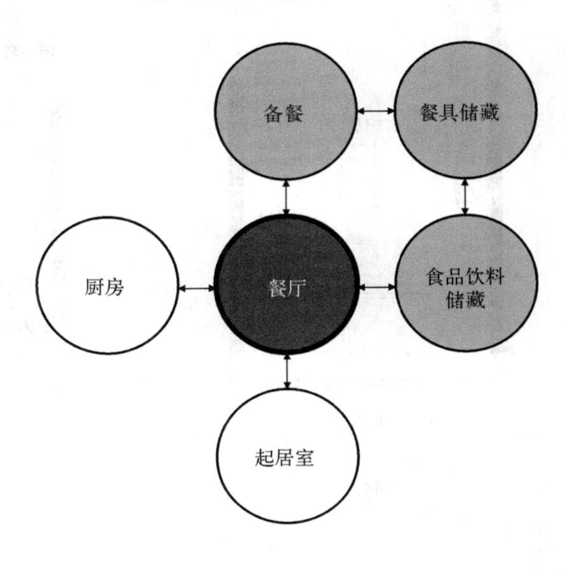

图4.2

下面是餐厅与起居室的三种位置关系：

1.“分离式的布置”（独立式）：餐厅与起居室被分割成两个独立的空间，空间不可互相利用，占用面积较多，但私密性较强，餐厅的表现形式可自由发挥，不同活动空间行为互不干扰（图4.3）。

2.“半分离式的布置”（半开放式）：餐厅与起居室之间以入口为通路连接，空间之间相互渗透，有延伸的感觉。可以通过地面或顶棚的处理来限定就餐的空间（图4.4）。

3.“综合式的布置”（开放式）：餐厅与起居室布置在同一个空间中，面积相互利用，既节约面积又增大视觉效果。餐厅的装饰风格要与起居室的风格相统一（图4.5）。

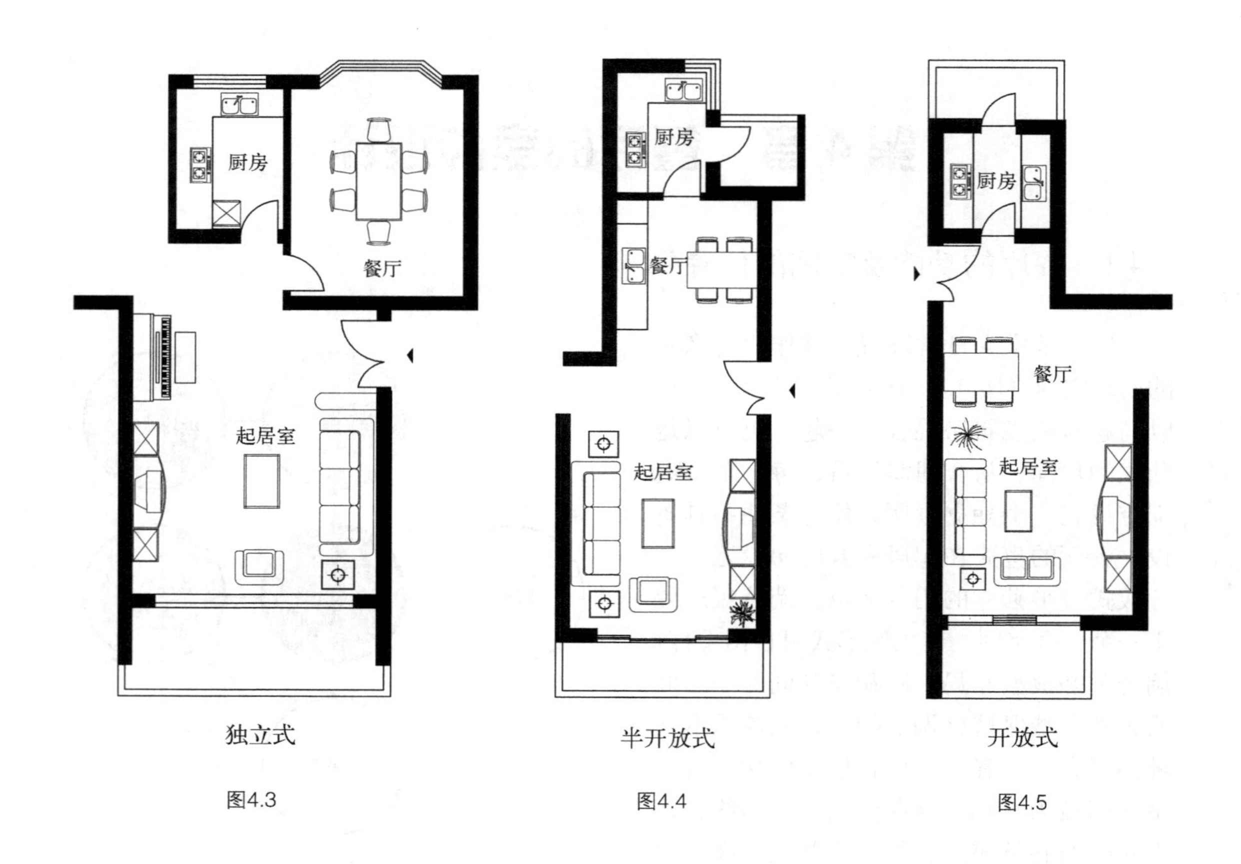

图4.3　图4.4　图4.5

4.2　餐厅的家具布置

我国自古就有“民以食为天”的说法，所以用餐是一项较为正规的活动，因而无论在用餐环境还是在用餐方式上都有一定的讲究；而在现代观念中，则更强调幽雅的环境以及气氛的营造。所以，现代家庭在进行餐厅装饰设计时，除家具的选择与摆设位置外，应更注重灯光的调节以及色彩的运用，这样才能作出一个独具特色的餐厅。在灯光处理上，餐厅顶部的吊灯或灯棚属餐厅的主光源，亦是形成情调的视觉中心。在空间允许的前提下，最好能在主光源周围布设一些低照度的辅助灯具，以丰富光线的层次，用以营造轻松愉快的气氛（图 4.6、图 4.7）。在色彩上，宜以明朗轻快的调子为主，用以增加进餐的情趣。在家具配置上，应根据家庭日常进餐人数来确定，同时应考虑宴请亲友的需要。在面积不足的情况下，可采用折叠式的餐桌椅进行布置，以增强在使用上的机动性（图 4.8）；为节约占地面积，餐桌椅本身应采用小尺度设计。根据餐室或用餐区位的空间大小与形状以及家庭的用餐习惯，选择适合的家具（图 4.9）。西方国家多采用长方形或椭圆形的餐桌，而我国

图4.6　图4.7

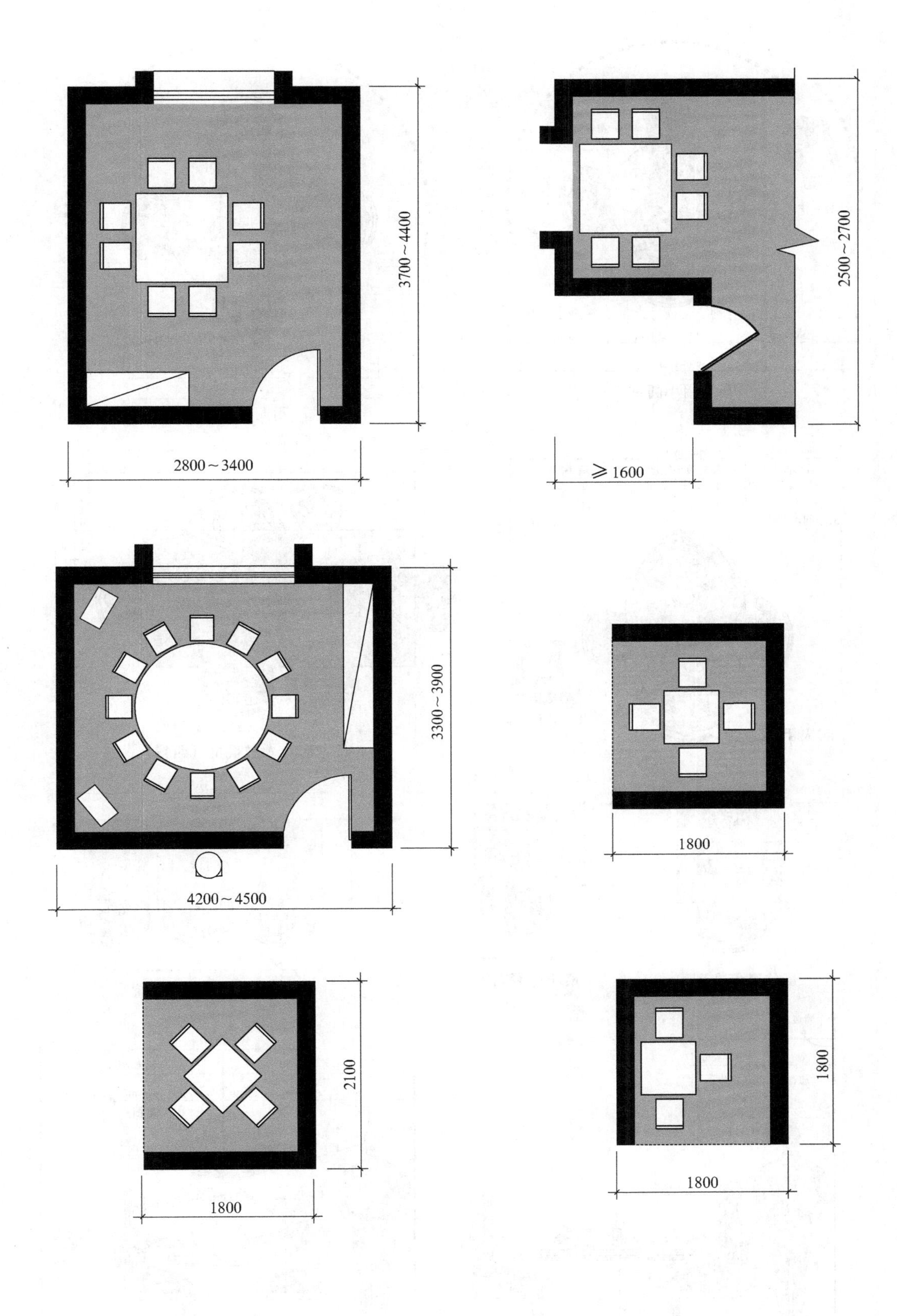

图4.8　餐厅常见的平面尺度

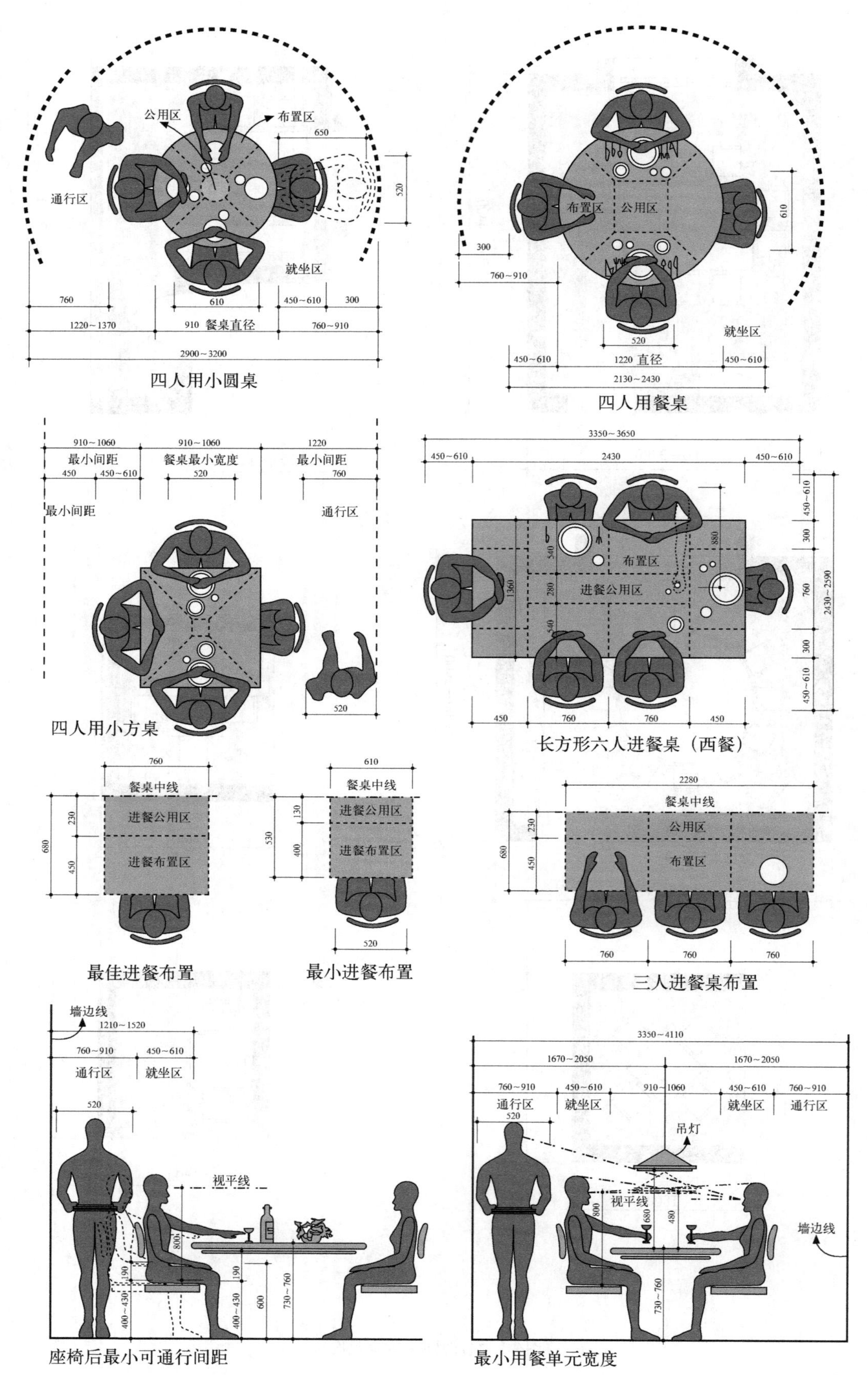
公用区
布置区
650
520
通行区
就坐区
760
610
450～610
300
1220～1370
910 餐桌直径
760～910
2900～3200
四人用小圆桌
布置区
公用区
610
300
760～910
就坐区
520
450～610
1220 直径
450～610
2130～2430
四人用餐桌
910～1060
910～1060
1220
最小间距
餐桌最小宽度
最小间距
450
450～610
520
760
最小间距
通行区
520
四人用小方桌
3350～3650
450～610
2430
450～610
布置区
进餐公用区
880
540
280
540
1360
450～610
300
760
300
450～610
2430～2590
450
760
760
450
长方形六人进餐桌（西餐）
760
餐桌中线
进餐公用区
进餐布置区
680
230
450
最佳进餐布置
610
餐桌中线
进餐公用区
进餐布置区
530
130
400
520
最小进餐布置
2280
餐桌中线
公用区
布置区
680
230
450
760
760
760
三人进餐桌布置
墙边线
1210～1520
760～910
450～610
通行区
就坐区
520
视平线
800
190
90
400～430
600
730～760
座椅后最小可通行间距
3350～4110
1670～2050
1670～2050
760～910
450～610
910～1060
450～610
760～910
通行区
就坐区
就坐区
通行区
520
吊灯
视平线
800
680
480
墙边线
730～760
最小用餐单元宽度

图4.9

多选择正方形（图 4.10）与圆形的餐桌（图 4.11）。此外，餐厅中的餐柜造型与酒具的陈设，优雅整洁的摆设也是产生赏心悦目效果的重要因素，更可在一定程度上规范以往不良进餐习惯（图 4.12、图 4.13）。

4.3 餐厅的造型及色彩要求

4.3.1 空间界面设计

餐厅的功能性较为单一，因而室内设计必须从空间界面的设计、材质的选择以

图4.10

图4.11

图4.12

图4.13

及色彩灯光的设计和家具的配置等方面全方位配合来营造一种适宜进餐的气氛（图4.14）。当然一个空间格调的形成，是由空间界面的设计来形成的，下面来分析讨论一下餐厅空间界面组成及特性。

图4.14

1. 顶棚

餐厅的顶棚设计往往比较丰富而且讲求对称，其几何中心对应的位置是餐桌，因为餐厅无论在中国还是西方、无论圆桌还是方桌，就餐者均围绕餐桌而坐，从而形成了一个无形的中心环境。由于人是坐着就餐，所以就餐活动所需层高并不高，这样设计师就可以借助吊顶的变化丰富餐厅环境，同时也可以用暗槽灯的形式来创造气氛。顶棚的造型并不一律要求对称，但即便不是对称的，其几何中心也应位于中心位置。这样处理有利于空间的秩序化。顶棚是餐厅照明光源主要所在，其照明形式是多种多样的，灯具有吊灯、筒灯、射灯、暗槽灯、格栅灯等。应当在顶棚上合理布置不同种类的灯具，灯具的布置除了满足餐厅的照明要求以外，还应考虑家具的布置以及墙面饰物的位置，以使各类灯具有所呼应。顶棚的形态除了照明功能以外，主要是为了创造就餐的环境氛围，因而除了灯具以外，还可以悬挂其他艺术品或饰物（图 4.15、图 4.16）。

2. 地面

较之其他的空间，餐厅的地面可以有更加丰富的变化，可选用的材料有石材、地砖、木地板、水磨石等。而且地面的图案样式也可以有更多的选择，均衡的、对称的、不规则的等，应当根据设计的总体设想来把握材料的选择和图案的形式。餐厅的地面材料选择和做法的实施还应当

图4.15

图4.16

考虑便于清洁这一因素，以适应餐厅的特定要求。要使地面材料有一定防水和防油污的特性，做法上要考虑灰尘不易附着于构造缝之间，否则，难以清除（图 4.17、图 4.18）。

图4.17

图4.18

3. 墙面

在现代社会中就餐已日益成为重要的活动，餐厅空间使用的时间段也愈来愈长，餐厅不仅是全家人日常共同进餐的地方，而且也是邀请亲朋好友，交谈与休闲的地方。因此对餐厅墙面进行装饰时应从建筑内部把握空间，根据空间使用性质，所处位置及个人爱好，运用科学技术与文化手段、艺术手法，创造出功能合理、舒适美观、符合人的生理、心理要求的空间环境（图 4.19、图 4.20）。

餐厅墙面的装饰除了要依据餐厅和居室整体环境相协调、对立统一的原则以外，还要考虑到它的实用功能和美化效果的特殊要求。一般来讲，餐厅较之卧室、书房等空间所蕴含的气质要轻松活泼一些，并且要注意营造出一种温馨的气氛，以满足家庭成员的聚合心理。

4.3.2 色彩要求

色彩对人们在就餐时的心理影响较大。据科学分析，不同的色彩会引发人们就餐时不同的情绪，因此墙面的装饰决不能忽视色彩的作用。虽然说不同的人对色彩有很大的喜好差别，但总的来说，餐厅墙面色彩应以明朗轻松的色调为主，而橙色以及相同色相的颜色，据分析统计是餐厅最适宜也是使用较普遍的色彩。因为这类色彩有刺激食欲的功效，它们不仅能给人温馨的感觉，而且可以提高进餐者的兴致，促进人们之间的情感交流，活跃就餐

图4.19

图4.20

气氛。当然人们对色彩的认识和感知并非长久不变的，不同的季节、不同的心理状态，对同一种色彩都会产生不同的反应，这时设计师可以用其他手段来巧妙地调节，如灯光的变化，餐巾、餐具的变化，装饰花卉的变化等，处理得当的话，效果会是很明显的（图 4.21 ～图 4.24）。

图4.21

图4.22

图4.23

图4.24

餐厅墙面的装饰手法多种多样，但必须根据实际情况，因地制宜，才能达到良好的效果。有的住宅中餐厅面积很小，可以在墙面上安装镜面以此在视觉上造成空间增大的感觉。另外墙面的装饰要突出个性，要在选择材料上下一定功夫，不同材料质地、肌理的变化会给人带来不同的感受。如显露天然纹理的圆木会透露出自然淳朴的气息；金属和皮革的巧妙配合会表现强烈的时代感；白色的石材或涂料配以金饰会表现出华丽的风采。

餐厅墙面的饰物也会调节室内环境气氛，但切不可信手拈来，盲目堆砌。要根据餐厅的具体情况灵活安排，用以点缀，不能喧宾夺主，杂乱无章。

第5章 厨房的设计

在人们的传统观念中，厨房常常和昏暗、杂乱、拥挤联系在一起。在住宅中厨房的位置也往往较为隐蔽，现在人们已逐步认识到厨房的质量已经密切关系到整个住宅的质量。首先今天的住宅中厨房正在由封闭式走向开敞式，并越来越多地渗透到家居的公共空间中；其次先进的厨房设备也在改变着厨房的形象以及厨房的工作方式。同时世界范围内各种生活方式的不断融合，给厨房的布局和内容也带来了更大的选择余地，也对设计者的知识结构以及造型、功能组织能力提出更高的要求。要想合理地安排厨房空间的功能以及创造富有活力和更具人情味的空间氛围，首先应对厨房内容及活动规律进行深入了解。

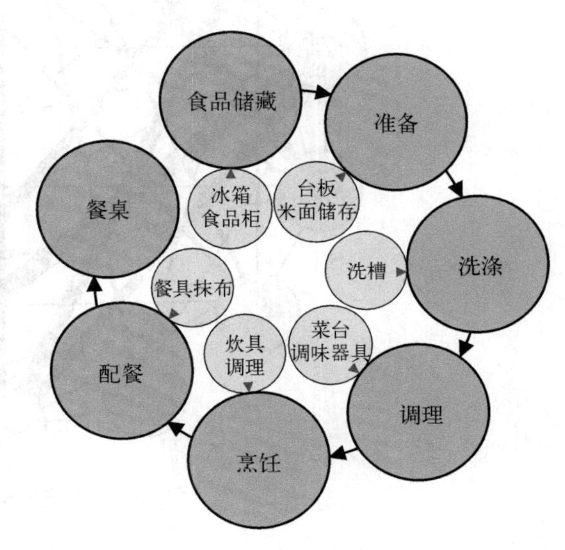

图5.1 厨房作业基本流程

5.1 厨房的功能及动线分析

厨房是住宅中重要的不可忽视的组成部分。许多家庭却认为厨房占据的是隐蔽空间而缺乏热情来设计它，其实这是一种误区。厨房的设计质量与设计风格，直接影响住宅的室内设计风格、格局的合理性、实用性等住宅内部的整体效果及装修质量。

厨房是住宅中功能比较复杂的部分（图5.1），是否适用不仅取决于有足够的使用面积，而且也取决于厨房的形状、设备布置等。它是人们家事活动较为集中的场所，厨房设计是否合理不仅影响其使用效果，同时也影响整个户内空间的装饰效果。

5.1.1 功能分析

厨房的功能，可分为服务功能、装饰功能和兼容功能三大方面（图5.2）。其中服务功能是厨房的主要功能，是指作为厨

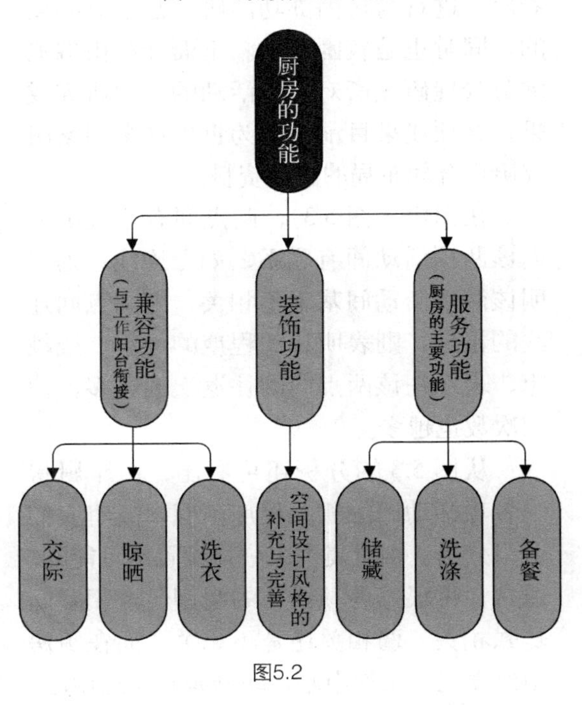

图5.2

房主要活动内容的备餐、洗涤、储藏等；厨房的装饰功能，是指厨房设计效果对整个室内设计风格的补充、完善作用；厨房兼容功能主要包括可与工作阳台衔接而发生的洗衣、晾晒、交际等作用。由此可以

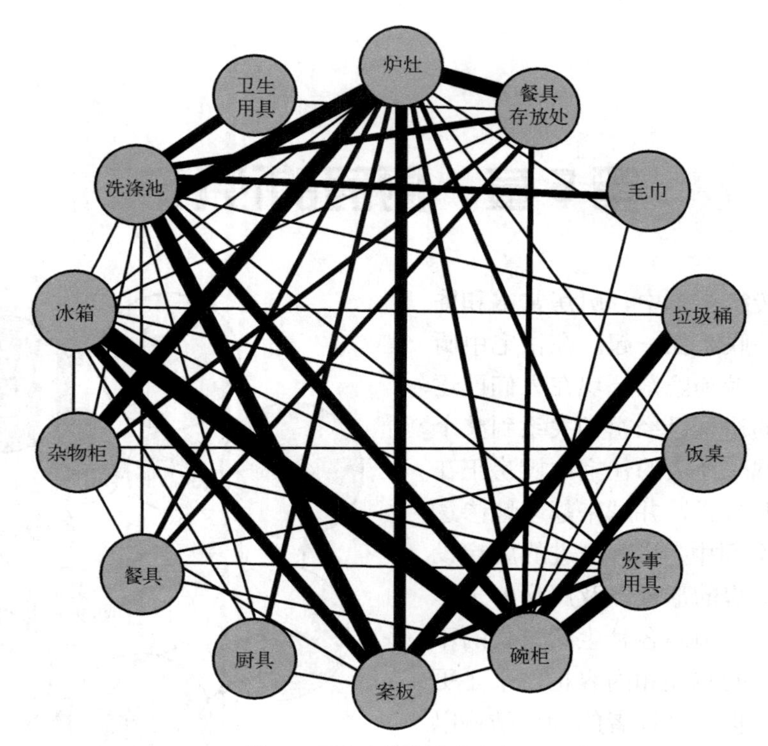

图5.3　厨房内操作活动联系图

看出，进行厨房内部功能研究是十分必要的，同时也是较困难的。下面介绍由瑞典家务管理研究所对厨房活动的一项研究成果，这项成果目前已成为世界许多国家研究厨房合理布局的原始资料。

在图中（图5.3），两点间有连线则表明该两项活动间有联系，如无连线，则表明该两项活动间基本不相关。而两点间连线的粗细，则表明相关程度的大小。线越粗，表示在该两点间的往返次数越多，使用次数也越多。

从图5.3的分析还可看出，由于厨房中各项活动间的相关程度不同，故将它们适当分类、相对集中、分片设置是可能的。通常，可根据各项活动的类型，及相互间是强相关、弱相关还是不相关，而在厨房中建立三个工作中心，即储藏和调配中心、清洗和准备中心及烹调中心（图5.4）。

5.1.2　动线分析

厨房中的活动内容繁多，如不能对厨房内的设备布置和活动方式进行合理的安排，即使采用最先进的设备，也可能会

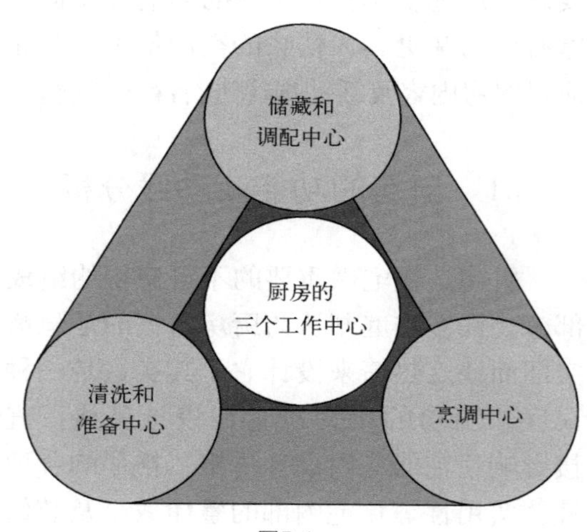

图5.4

使主人在其中来回奔波，既没有保证设备充分发挥作用，又使厨房显得杂乱无章。而美国曾对较为有代表性的走廊式、L式及U形三种厨房布置方案的室内动线进行过研究，其结果表明，当在三种厨房中完成同内容、同数量的工作时，如以走廊式所需时间及完成工作总路程为1，则在L式厨房中，总路程可缩至63%，所需时间可降至0.64；而在U形厨房中，总路程更可缩至58%，时间也缩短至40%。一

般认为，将经过精心考虑，合理布局的厨房与其他厨房相比，完成相同内容家事活动的劳动强度、时间消耗均可降低 1 / 3 左右（动线分析图见图 5.5）。

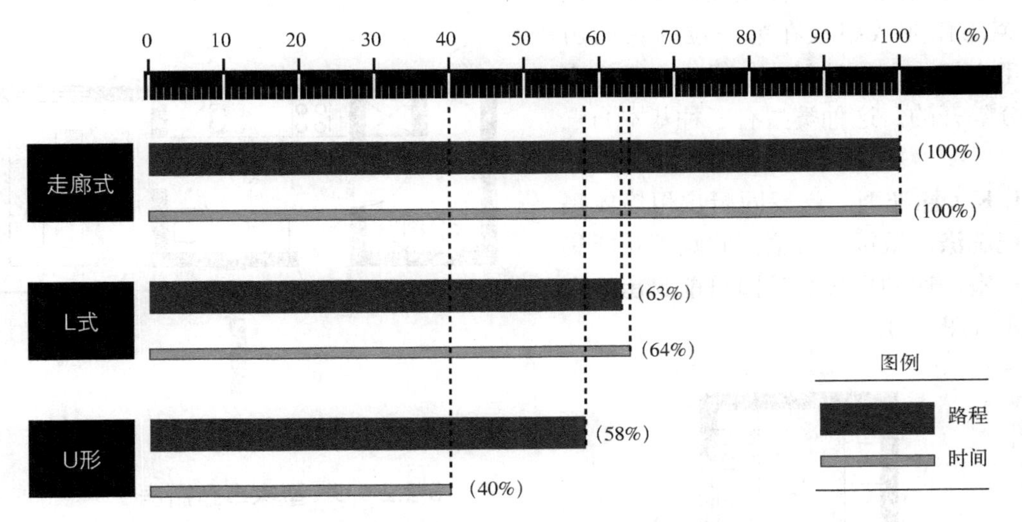

图5.5 完成同样工作量和内容的情况下U形厨房的劳动强度和消耗的时间最低

5.2 厨房的基本类型

在进行厨房室内布置时，必须注意厨房与其他家庭活动的关系。因为厨房不仅具有多种功能，而且可根据其功能将它划分为若干不同的区域。厨房的布置要关注的是，厨房与其他空间的渗透、融合。换句话讲，在现代住宅中，厨房正逐步从独立厨房空间向与其他空间关联融合转变，厨房的活动功能不仅是简单的做饭烧菜，更重要的是能将就餐、起居和其他家庭活动变为相融洽的和谐关系。

我们对厨房空间及功能组织的一些基本类型进行一些介绍。在介绍中，引入了 K、U、D、L 四个简称：K 代表烹调空间；U 代表洗涤等其他家务活动空间；D 代表就餐空间；L 代表起居空间。

厨房的基本类型可以分为"开放型"、"半开放型"和"封闭型"（图 5.6）。在此基础上，又常将其分列为 4 种基础类型，即：K 型独立式厨房；UK 型家事式厨房；DK 型餐厅式厨房；LDK 型起居式厨房。

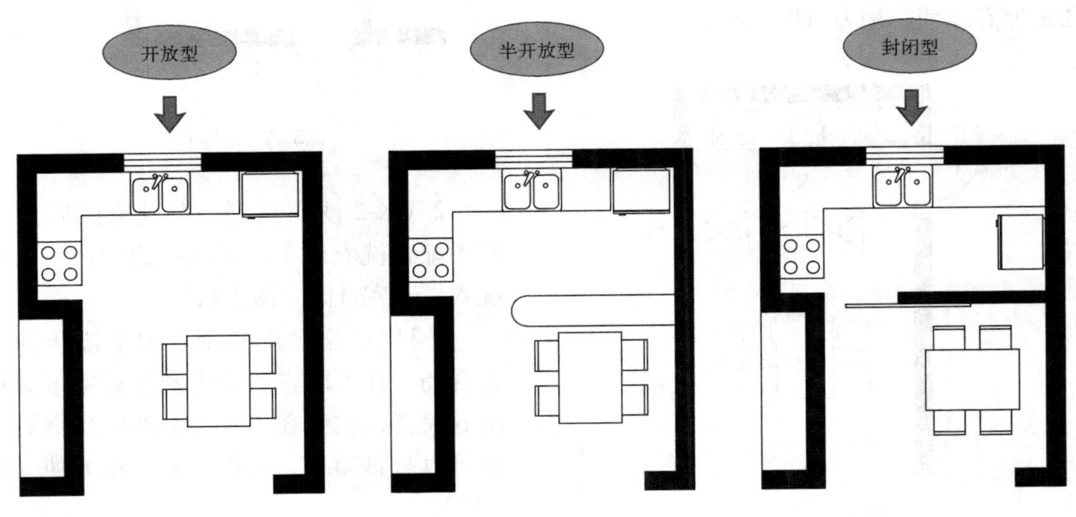

图5.6

5.2.1 K 型独立式厨房

通常的厨房，多为封闭型的。

K 型独立式厨房　独立式厨房是把做饭做菜的作业效率放在第一位考虑的厨房专用空间，它与就餐、起居、家事等空间是分隔开的。这种类型有三种基本布置方式。

1. K-1 标准型　就餐同厨房用墙体隔开，把洗涤、做饭、做菜、储藏等功能集中于一室。这种形式是我国目前厨房的主要形式（图 5.7）。

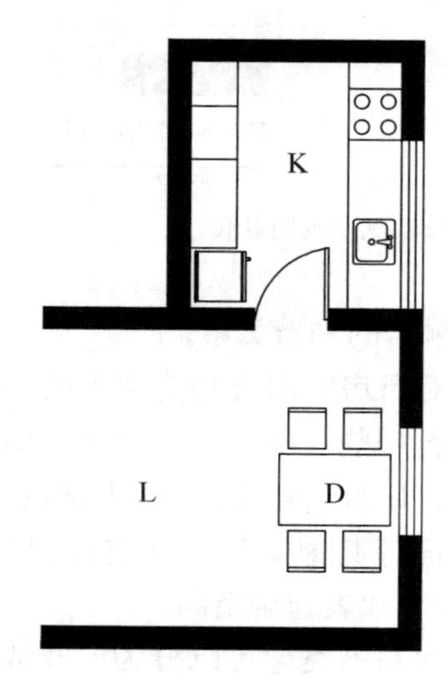

图5.7　K–1

2. K-2 柜台隔断型　就餐同厨房之间用低矮的柜台隔开，从厨房向餐桌传递饭菜很方便，内外空间混为一体。同时柜子还是储存东西的地方（图 5.8）。

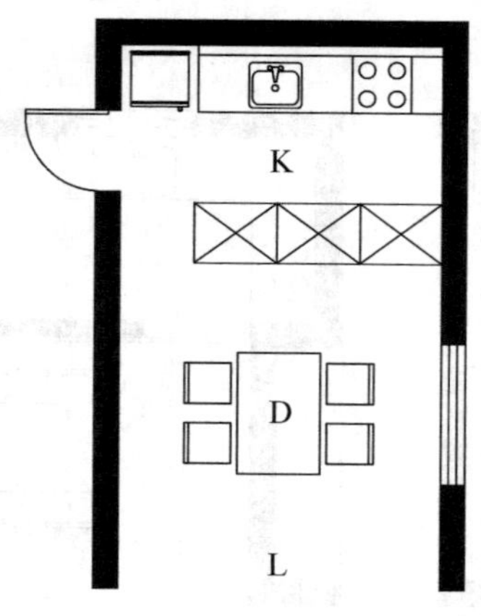

图5.8　K–2

3. K-3 食品储存型　把食品储藏和做饭准备作为一个独立空间与厨房分开（图 5.9）。

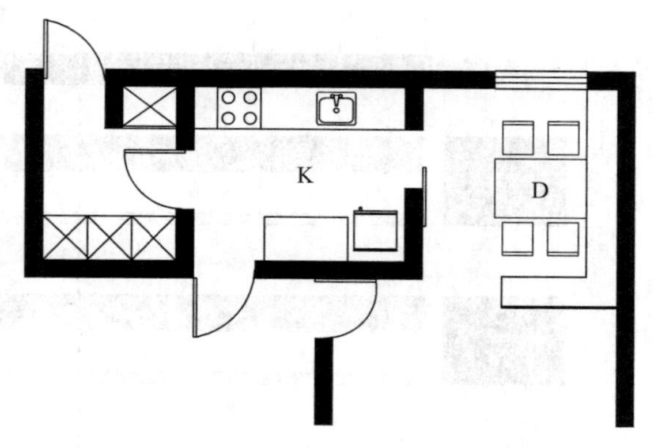

图5.9　K–3

5.2.2 UK 型家事型厨房

把做饭同家事劳动集中于一个空间。

1. UK-1 家事角型　在厨房里配备了做家事桌子，供家庭主妇一边做饭，一边写写算算、看看书。其特点是厨房漂亮（图 5.10）。

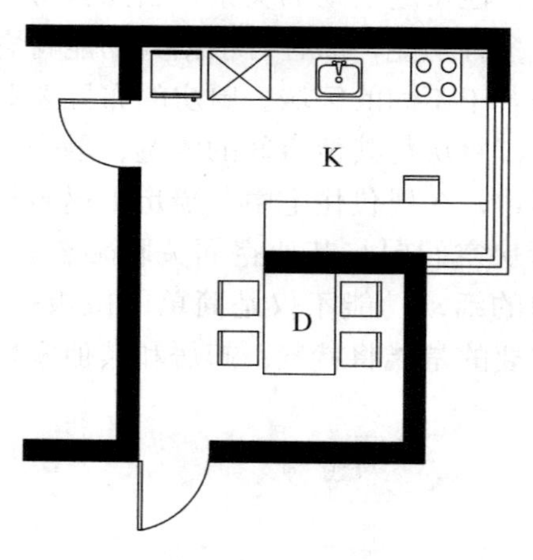

图5.10　UK–1

2. UK-2 洗衣角型　在独立的厨房空间中配备洗衣设备，可以一边做饭，一边洗衣，节省时间（图 5.11）。

3. UK-3 家事洗衣型　把上述两种形式合为一体，即在厨房中配备有家事桌和洗衣设备，主妇在一个独立的厨房空间中既可以抄抄写写，又能洗衣，很方便（图 5.12）。

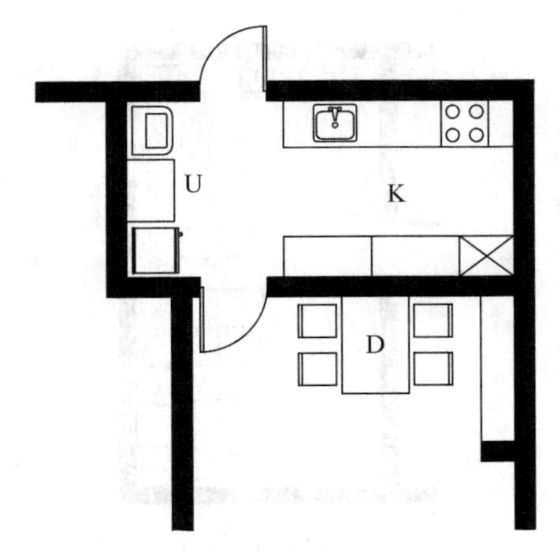

图5.11 UK-2

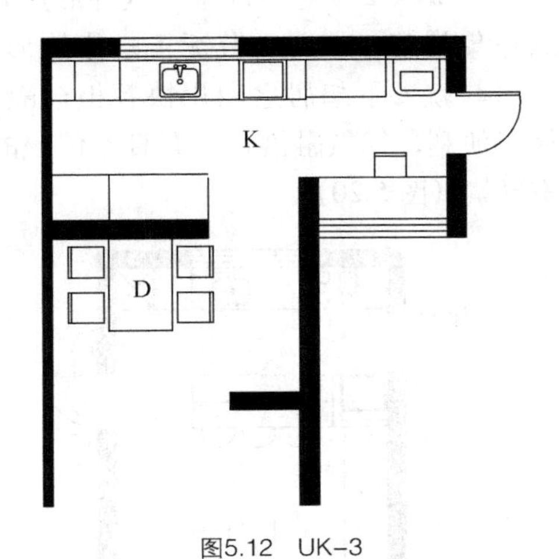

图5.12 UK-3

4. UK-4 夫人房间型　在厨房中除放有洗衣设备，同时还设有休息空间，供主妇利用间隙休息（图 5.13）。

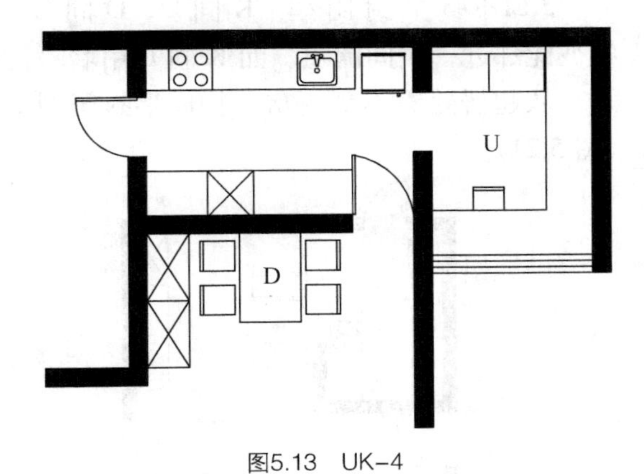

图5.13 UK-4

5.2.3 DK 型餐室式厨房

DK 型餐室同厨房并列型　把做饭和就餐团聚作为重点考虑的形式。共分五种基本布置形式。

1. DK-1 标准型　此种形式最常见。一般在厨房中设有餐桌，集做饭就餐于一个空间（图 5.14）。

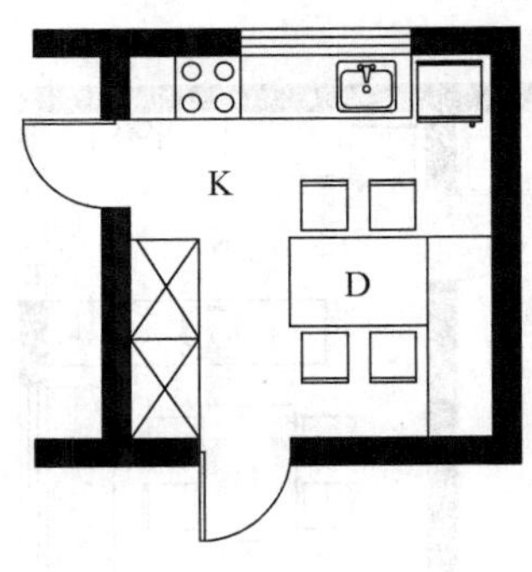

图5.14 DK-1

2. DK-2 柜台餐桌　在一个厨房空间里用柜台把厨房与餐室连接起来，构成一个共同空间，联系方便（图 5.15）。

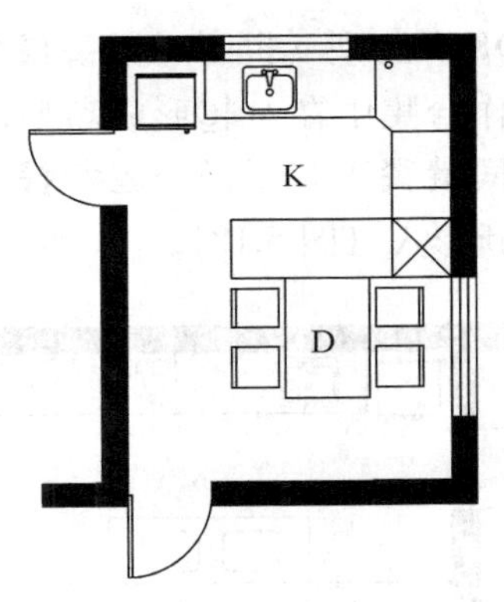

图5.15 DK-2

3. DK-3 快餐桌型　在厨房设有餐桌和快餐柜台，早上吃早点和吃便食很方便（图 5.16）。

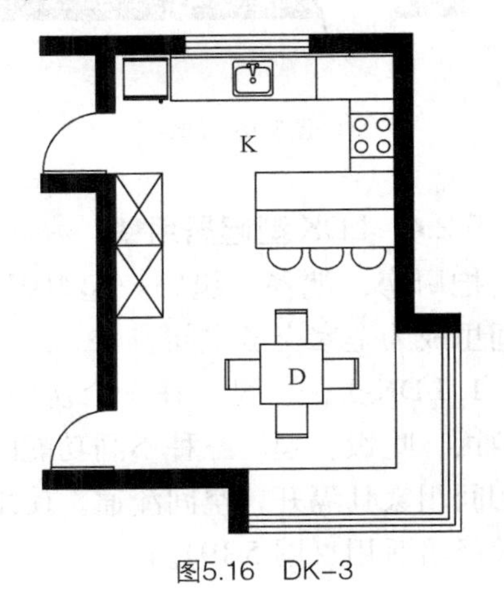

图5.16 DK-3

4. DK-4 半岛型（也叫对面作业型）把水槽对着餐桌，主妇可以一边洗着菜一边看看正在吃饭的家人，还可以同他们聊天，使家庭的气氛很融洽，是一种新的形式（图 5.17）。

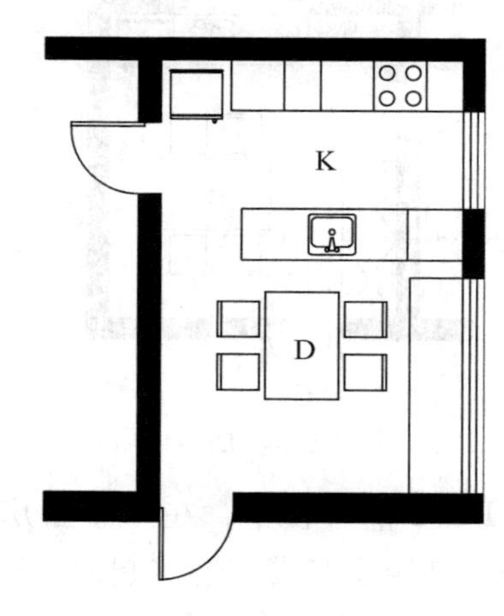

图5.17 DK-4

5.DK-5 岛型（也叫对话备餐型）把餐桌同操作台集中在一起形成岛型，主人可以一边同就餐人聊天，一边备餐，是一种有趣的新形式（图 5.18）。

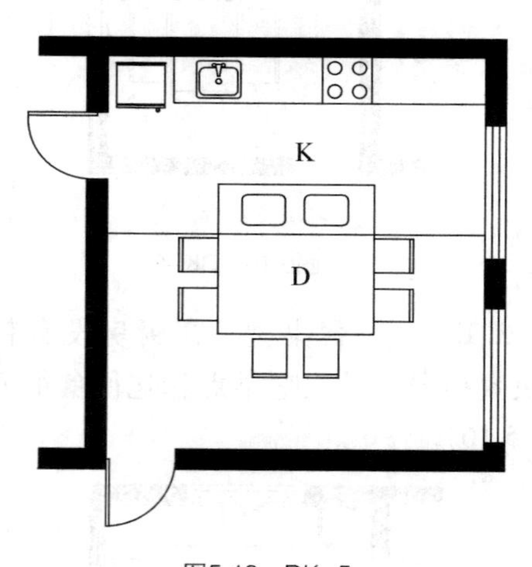

图5.18 DK-5

5.2.4 LDK 型起居用餐

把厨房、就餐、起居一起组织在一个房间里成为全家交流空间。

1. LDK-1 一间型 在一个房间里集中了做饭、吃饭、起居三种不同功能的空间，互相间用家具隔开，空间流通。使用方便，比较经济适用（图 5.19）。

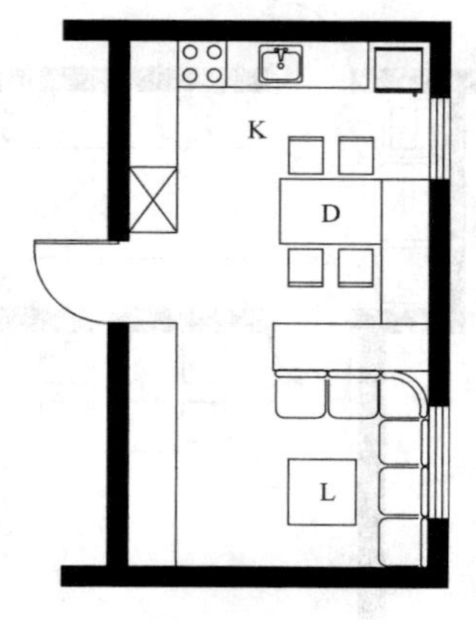

图5.19 LDK-1

2. LDK-2 家庭空间型 这种形式的特点是集就餐、休息、做饭于一体的形式，厨房与就餐、起居之间用快餐柜台隔开，使用便利，气氛融洽，具有日本传统的茶室气氛（图 5.20）。

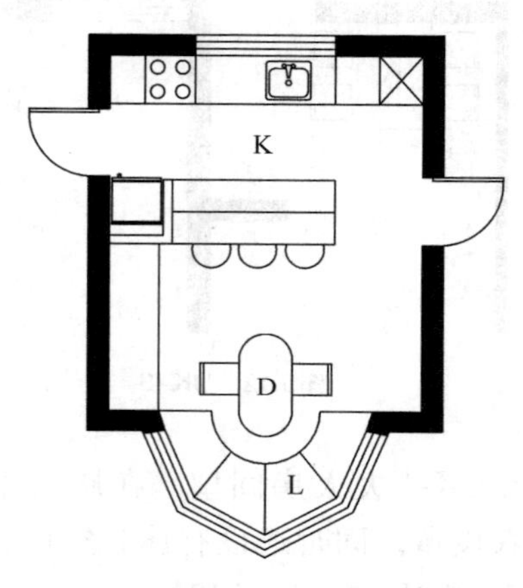

图5.20 LDK-2

3.LDK-3 半封闭型 K 同 D，D 同 L 都彼此邻近，空间流通。而 K 同 L 用墙隔开，从起居处看不到厨房，构成半封闭型（图 5.21）。

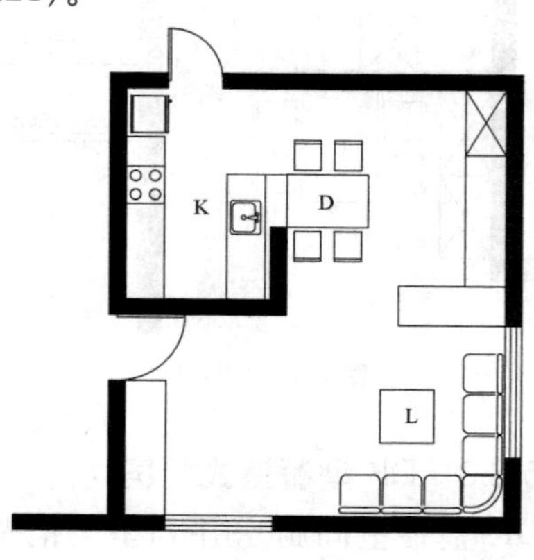

图5.21 LDK-3

5.3　厨房的平面布局形式

为了研究厨房设备布置对厨房使用情况的影响，通常是利用所谓的工作三角法来讨论。工作三角，是指由前述三个工作中心之间连线所构成的三角形（图 5.22）。从理论上说，该三角形的总边长越小，则人们在厨房中工作时的劳动强度和时间耗费就越小。一般认为，当工作三角的边长之和大于 6.7m 时，厨房就不太好用了，较适宜的尺寸，是将边长之和控制在 3.5 ~ 6m 之间。对于一般家庭来讲，为了简化计算方法，也可利用电冰箱、水槽、炉灶构成工作三角，来分析和研究厨房内的设备布置和区域划分等问题，从而求得合理的厨房平面。

下面，利用工作三角这一工具，对常见的几种厨房平面布置形式，进行一些讨论。

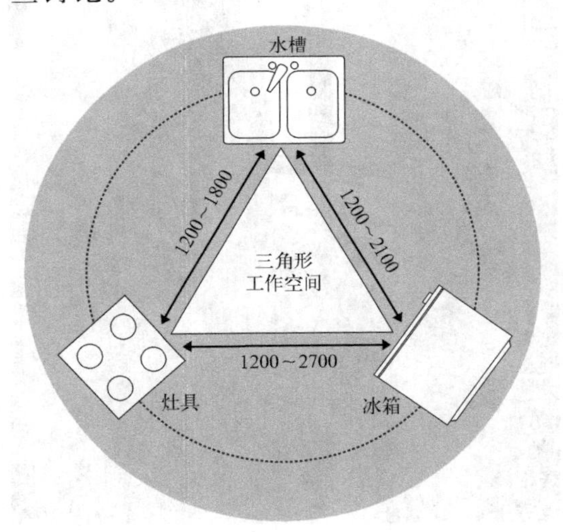

图5.22　厨房的平面布局形式

5.3.1　U 形厨房

U 形平面是一种十分有效的厨房布置方式（图 5.23）。当采用这种布置方式时，优点主要体现在以下两点：

1. 室内基本交通动线与厨房内工作三角完全脱开；

2. 布置面积不需很大，用起来却十分方便。

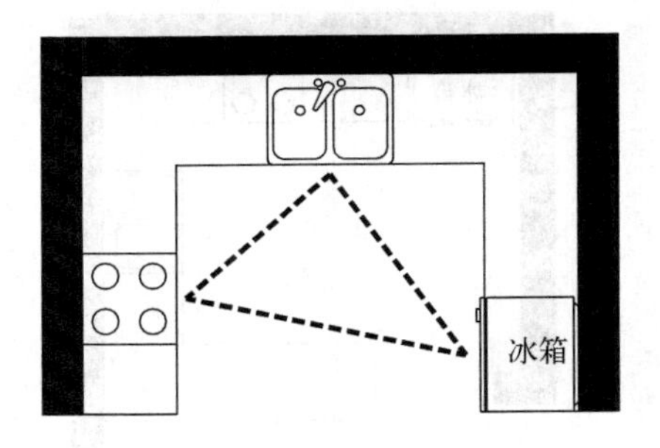

图5.23　U形厨房

根据我国住宅厨房的有关规定，U 形厨房最小净宽度为 1900mm 或 2100mm，最小净长度为 2700mm（图 5.24、图 5.25）。

图5.24

图5.25

5.3.2　半岛式厨房

半岛式厨房与 U 形厨房相类似，但有一条腿不贴墙（图 5.26），烹调中心常常布置在半岛上，而且一般是用半岛把厨房与餐室或家庭活动室相连接（图 5.27、图 5.28）。

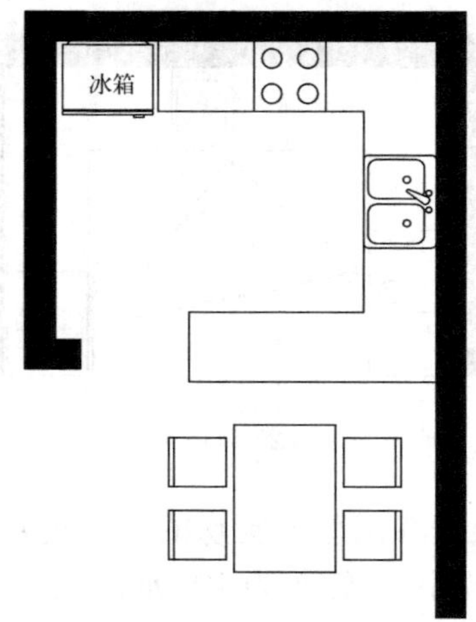

图5.26　半岛式厨房

图5.27

图5.28

5.3.3　L 形厨房

L 形厨房是把柜台、器具和设备贴在两相邻墙上连续布置（图 5.29）。工作三角避开了交通联系的路线，剩余的空间可放其他的厨房设施，如进餐或洗衣设施等。但当 L 形厨房的墙过长时，厨房使用起来不够紧凑。根据我国住宅厨房的有关规定，L 形厨房最小净宽度为 1600mm 或 2700mm，最小净长度为 2700mm（图 5.30、图 5.31）。

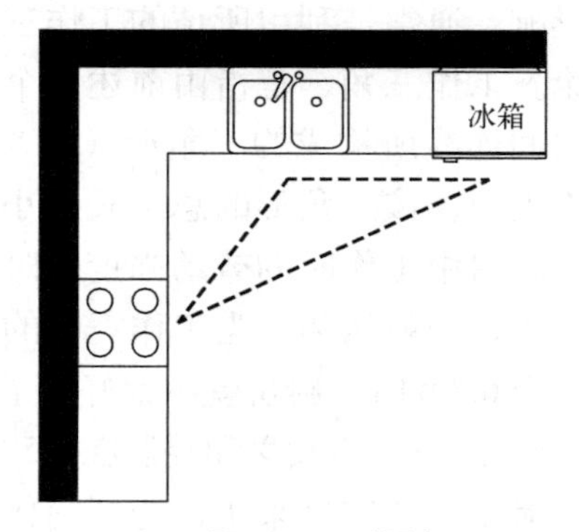

图5.29　L形厨房

图5.30

图5.31

5.3.4 走廊式厨房

沿两面墙布置的走廊式厨房，对于狭长房间来讲,这是一种实用的布置方式（图5.32）。当采用这种布置方式时，必须注意的问题，是要避免有过大的交通量穿越工作三角，否则会感到不便。根据我国住宅厨房的有关规定，走廊式厨房最小净宽度为2200mm或2700mm，最小净长度为2700mm。

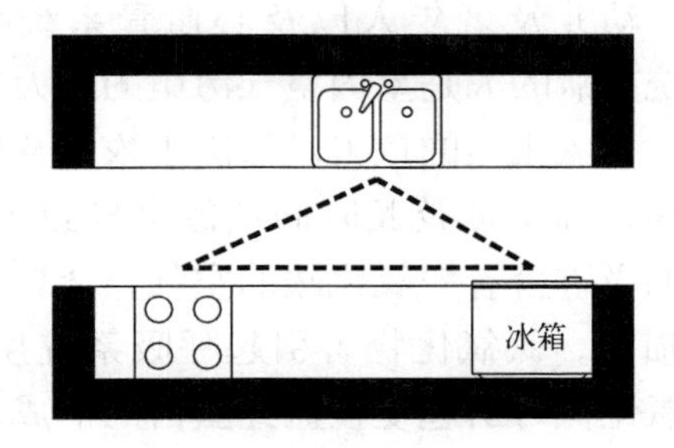

图5.32 走廊式厨房

5.3.5 单墙厨房

对于小的公寓、山林小舍，或里面只有小空间可利用的小住宅，单墙厨房是一种优秀的设计方案（图5.33）。几个工作中心位于一条线上，构成了一个非常好用的布局。但是，在采用这种布置方式时，必须注意避免把“战线”搞得太长，并且必须提供足够的储藏设施和足够的操作台面。根据我国住宅厨房的有关规定，单墙厨房最小净宽度为1500mm或2000mm，最小净长度为3000mm（图5.34、图5.35）。

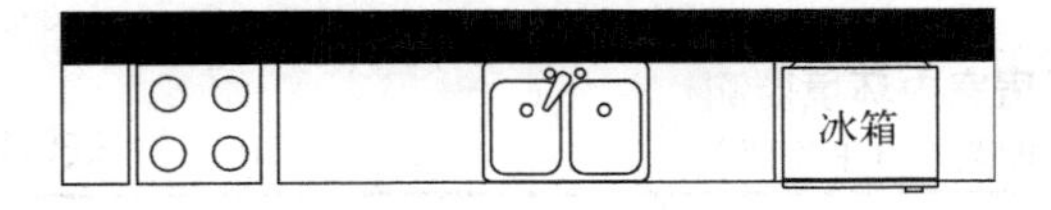

图5.33 单墙厨房

图5.34

图5.35

5.3.6 岛式厨房

这个“岛”，充当了厨房里几个不同部分的分隔物（图5.36）。通常设置一个炉台或一个水池，或者是两者兼有，同时从所有各边都可就近使用它，有时在“岛”上还布置一些其他的设施，如调配中心、便餐柜台、附加水槽以及小吃处等（图5.37、图5.38）。

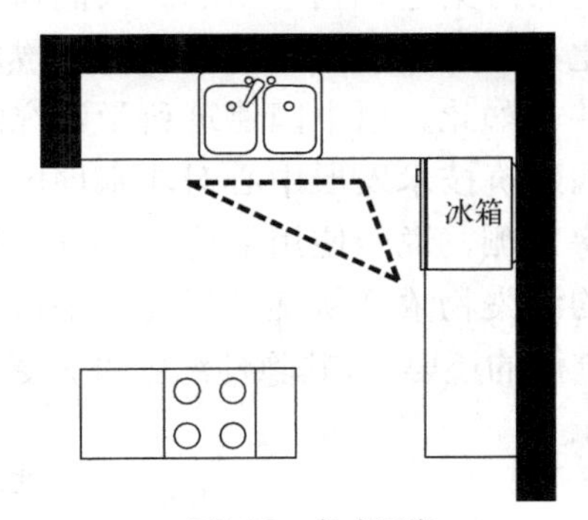

图5.36 岛式厨房

图5.37

图5.38

5.4 厨房的排油烟问题

住宅有关室内环境质量问题，室内空气污染是首要关注的问题：一是室内空气不经常流通，其污染程度比室外严重。人们通常认为空气污染室外比室内严重，特别是生活在工业区，总担心室外污染的空气进入室内，造成危害，因此经常紧闭门窗，以减少室内空气流通，其实经过实地监测，情况恰恰相反。二是厨房有害物对户内的污染是相当严重的。人们通常认为液化石油气及天然气是一种清洁燃料，事实并非如此。原中国建筑科学研究院及原中国建筑技术发展中心对北京地区住宅的厨房监测，说明使用液化石油气、煤气造成的污染物浓度从某种程度上来讲比使用蜂窝煤的还要高，其隐性污染毒害更重（表5.1）。

目前我国的住宅多是以封闭式厨房设计为主的单元式住宅，这种住宅的厨房中必须安置相应的通风措施和排风系统。否则厨房中被污染的气体以及新排出的废气，就要向其他空间扩散，使室内整个弥漫在隐性的污染气体当中。人们如果忽视室内的空气清洁通畅，长期吸入这些有害气体，其危害可想而知。冬季室内污染尤为严重，对人体的危害也极大。

幼儿及老年人以及心血管系统呼吸系统有病的人是室内空气污染的最大受害者。一氧化碳的危害，取决于浓度及接触时间，高浓度及长时间接触会导致死亡，长期吸进含有一氧化碳的空气，会导致心肌损害。氮氧化物可引起呼吸系统疾病，一氧化氮可引起变性血红蛋白的形成，二氧化氮使幼儿及学龄儿童支气管炎患病率增加。

一些城市的肺癌研究中心就空气污染与肺癌率的关系进行多年研究。经对大量数据、资料进行统计分析后的结论是：住宅厨房空气污染强度与肺癌患病率的比例是递增关系。肺癌患病率与大气污染程度虽有一定的关系，但室内空气污染却与肺癌死亡率相关性最明显。自1971年以来，肺癌死亡率逐年增加，平均每年增加1.9人/10万。近年来，由于采取消烟除尘措施，大气中污染情况已有相当改善，而肺癌死亡率却仍在上升，主要是室内空气污染严

北京地区住宅厨房室内环境监测

（2008年测）（标准状态/日平均值）

表5.1

污染物	居民区大气国家标准	天然气	液化石油气	煤气	蜂窝煤	北京市室外浓度最高值
一氧化碳（mg/m^3）	4.0	7.74	16.8	18	10.2	5.6（朝阳区）
氮氧化物（mg/m^3）	无	0.872	0.787	0.574	0.303	0.22（海淀区）
可吸入颗粒（mg/m^3）	0.15	0.24	0.36	0.192	0.473	0.368（宣武区）
苯并[a]芘B(a)P（ng/m^3）	1.0	2.2	2.4	1.4	2.6	1.8（崇文区）
甲醛（mg/m^3）	0.08	0.265	0.39	0.462	0.12	

重超标所致。因此应特别关注住宅的环境保护问题，研究制定出一些切实可行的办法和措施改进厨房的环境状况。

目前对厨房的环境治理，简单可行的办法是结合住宅建设的实际，改进厨房的室内设计方式，设置厨房空气清新去污的管道，使污染气体及有害物质，能随时有专用管道排出室外，并可使室内通风与厨房厕所的通风分路进行，不互相混杂。对于已经建成的住宅，可以安装排风扇或吸烟罩排向室外。

5.5 厨房家具

1. 厨房家具高度尺寸（图 5.39）

地柜台面高度，包括灶台和洗涤台高度宜为 800mm、850mm 及 900mm，推荐尺寸为 850mm。当为台式燃气灶时，灶台高度为地柜台面高度减去台式燃气灶高。地柜底座高度宜为 100mm，地柜底座深度不宜小于 50mm。

辅助台台面高度宜为 800mm、850mm 及 900mm，且宜与地柜台面高度一致。

地柜台面至吊柜底面净空距离宜为 60mm。

灶台上烹调器具的支承面与安装在灶台上方的吸油烟机最低部位的距离宜为 650 ~ 700mm。

高柜与吊柜顶面高度宜为 2200mm。

2. 厨房家具深度尺寸

地柜的深度宜为 600mm、650mm 及 700mm，推荐尺寸为 600mm。

辅助台的深度宜为 300mm、350mm、400mm、450mm，推荐尺寸为 400mm。

吊柜的深度宜为 300mm、350mm、400mm，推荐尺寸为 350mm。

3. 厨房家具宽度尺寸

地柜宽度宜为 600mm、900mm、1200mm，推荐尺寸为 600mm。

灶柜的宽度为 600mm、750mm、800mm、900mm，推荐尺寸为 750mm。

洗涤柜的宽度宜为 600mm、800mm、900mm，推荐尺寸为 600mm、900mm。

5.6 厨房设计指南

国外一些研究人员通过对效能高以及功能作用良好的厨房从设计上进行了总结，提出了一些厨房的设计准则，被认为是家用厨房设计所应考虑的较重要因素（图 5.40）。现简述如下：

交通路线应避开工作三角。

工作区应配置全部必要的器具和设施。

厨房应位于儿童游戏场附近。

从厨房外眺的景色应是欢乐愉快的。

工作中心要包括有：(1) 储藏中心；(2) 准备和清洗中心；(3) 烹调中心。

工作三角的长度要小于 6.7m。

每个工作中心都应设有电插座。

每个工作中心都应设有地上和墙上的橱柜，以便储藏各种设施。

应设置无影和无眩光的照明，并应能集中照射在各个工作中心处。

应为准备饮食提供良好的工作台面。

通风良好。

炉灶和电冰箱间最低限度要隔有一个柜橱。

设备上要安装的门，应避免开启到工作台的位置。

柜台的工作高度以 91cm 左右为宜。

桌子的工作高度应为 76cm 左右。应将地上的橱柜、墙上的柜橱和其他设施组合起来，构成一种连贯的标准单元，避免中间有缝隙，或出现一些使用不便的坑坑洼洼和凸出部分。

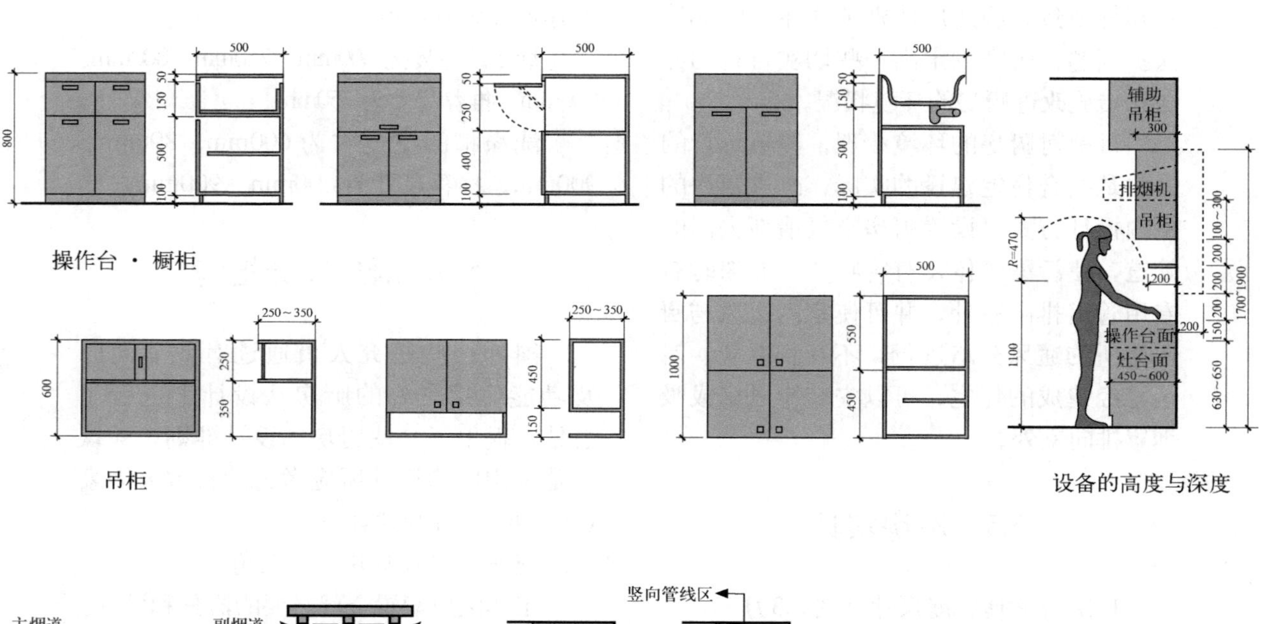
操作台 · 橱柜
吊柜
辅助吊柜
排烟机
吊柜
操作台面
灶台面
设备的高度与深度

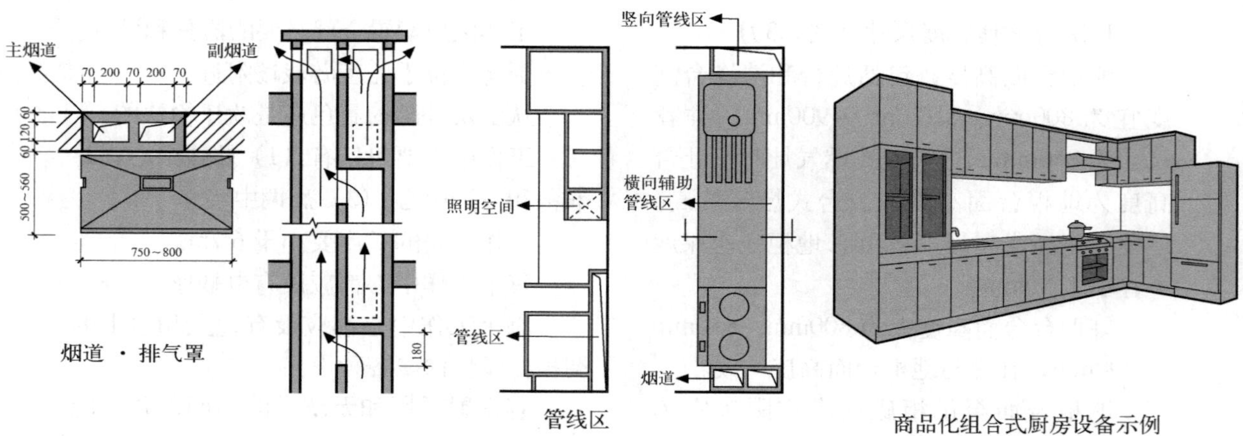
主烟道
副烟道
烟道 · 排气罩
竖向管线区
横向辅助管线区
照明空间
管线区
烟道
管线区
商品化组合式厨房设备示例

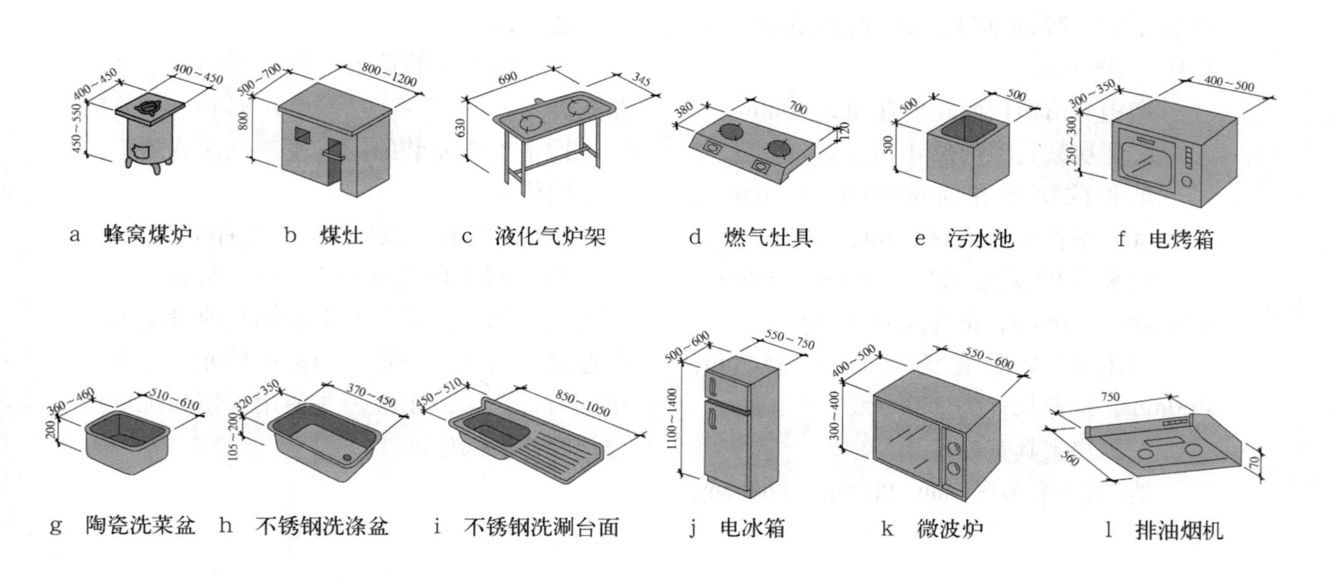
a 蜂窝煤炉
b 煤灶
c 液化气炉架
d 燃气灶具
e 污水池
f 电烤箱
g 陶瓷洗菜盆
h 不锈钢洗涤盆
i 不锈钢洗涮台面
j 电冰箱
k 微波炉
l 排油烟机

图5.39

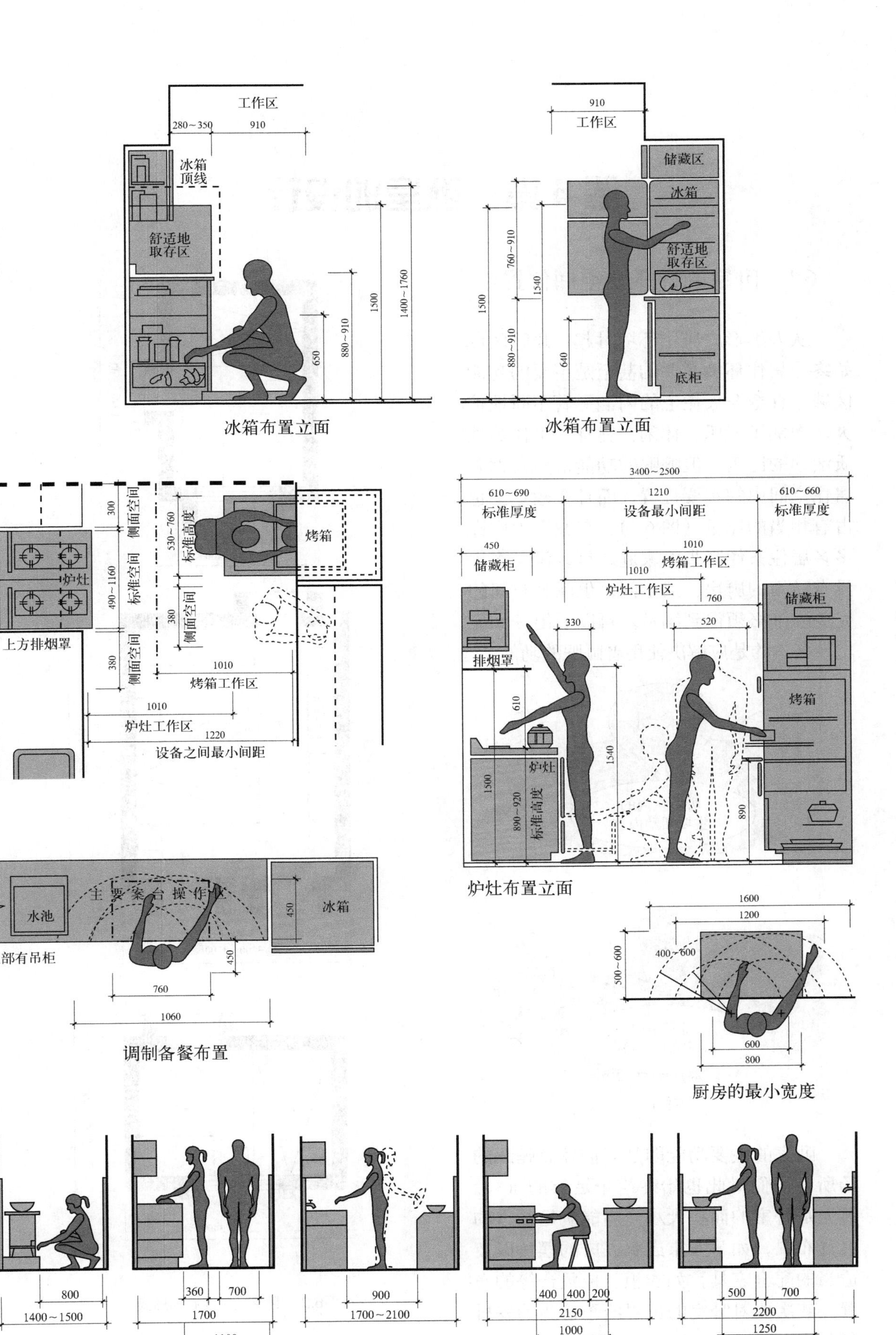
工作区
280～350
910
冰箱
顶线
舒适地
取存区
650
880～910
1500
1400～1760
冰箱布置立面
910
工作区
储藏区
冰箱
舒适地
取存区
底柜
1500
760～910
880～910
1540
640
冰箱布置立面
300
侧面空间
炉灶
490～1160
标准空间
380
侧面空间
530～760
标准高度
烤箱
上方排烟罩
380
侧面空间
1010
烤箱工作区
1010
炉灶工作区
1220
设备之间最小间距
3400～2500
610～690
标准厚度
1210
设备最小间距
610～660
标准厚度
450
储藏柜
1010
烤箱工作区
1010
炉灶工作区
760
520
330
储藏柜
排烟罩
610
烤箱
炉灶
1500
890～920
标准高度
1540
890
炉灶布置立面
主要案台操作区
水池
450
冰箱
上部有吊柜
450
760
1060
调制备餐布置
1600
1200
500～600
400～600
600
800
厨房的最小宽度
800
1400～1500
360
700
1700
1100
900
1700～2100
400
400
200
2150
1000
500
700
2200
1250

图5.40

第6章　卧室的设计

6.1　卧室的性质及空间位置

从人类形成居住环境时起，睡眠区域始终是居住环境必要的甚至是主要的功能区域，直至今天住宅的内涵尽管不断地扩大，增加了娱乐、休闲、健身、工作等性质活动的比重，但睡眠的功能依然占据着居住空间中的重要位置，而且在数量上也占有相当的比重（图 6.1）。在城市中许许多多居住条件紧张的家庭，可以没有客厅没有私用的厨房、卫生间，但睡眠空间的完整性则必须得到满足。可以看出一个住宅最基本的是应解决使用者睡眠的功能。

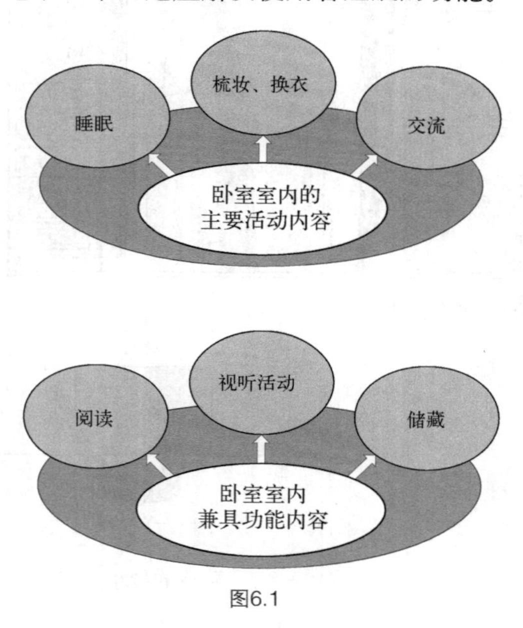

图6.1

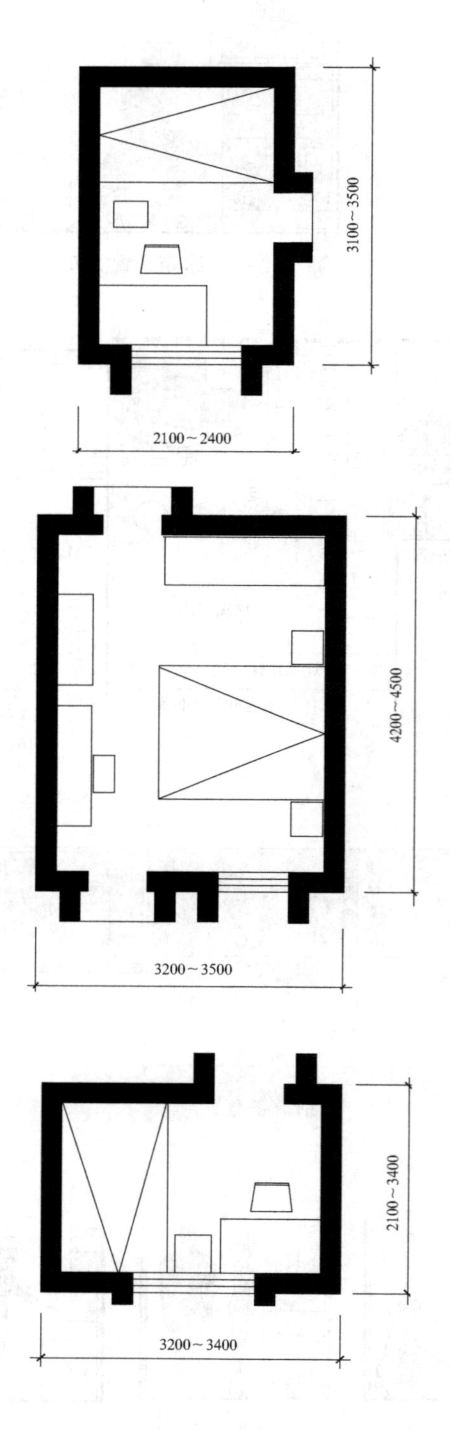

图6.2　卧室的主要布局形式

卧室的主要功能即是人们休息睡眠的场所，人们对此也始终给予足够的重视。首先是卧室的面积大小应当能满足基本的家具布置，如单人床或双人床的摆放以及适当的配套家具，如衣柜、梳妆台等的布置。其次要对卧室的位置给予恰当的安排（图 6.2、图 6.3）。睡眠区域在住宅中属于

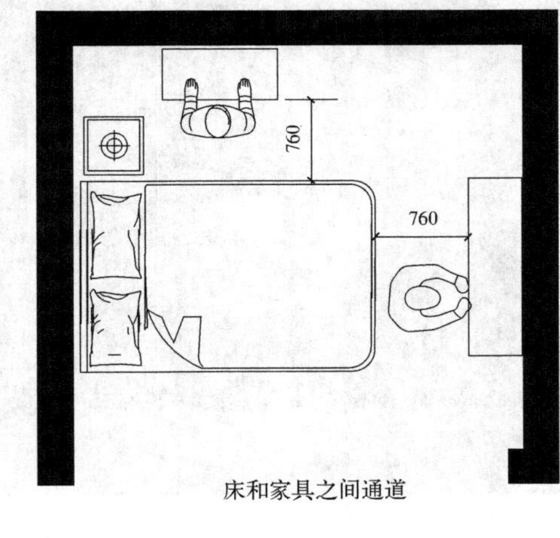

床和家具之间通道

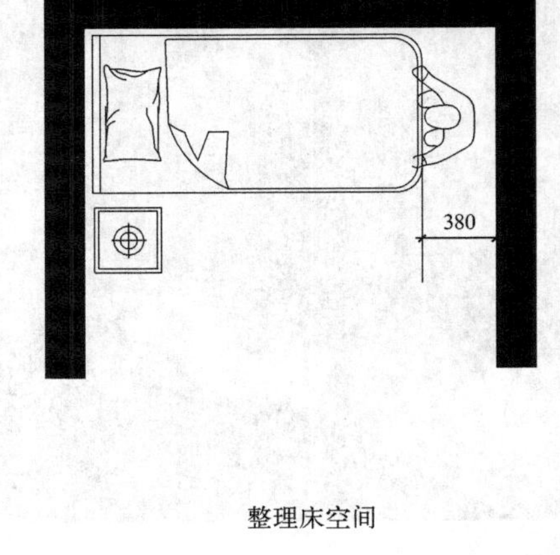

整理床空间

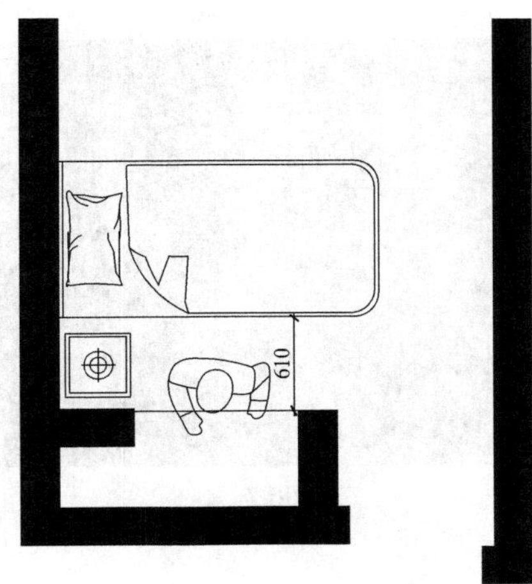

床和壁柜之间通道

床之间和床与墙之间通道

图6.3

私密性很强的空间——安静区域，因而在建筑设计的空间组织方面，往往把它安排于住宅的最里端，要和门口保持一定的距离，同时也要和公用部分保持一定的间隔关系，以避免相互之间的干扰。另一方面在设计的细节处理上要注重卧室的睡眠功能对空间光线、声音、色彩、触觉上的要求,以保证卧室拥有高质量的使用功能（图6.4、图 6.5）。20 世纪 80 年代中期以前我国的住宅结构受经济和观念的制约，往往没有厅，只有走道和大卧室，那时的卧室往往兼作客厅和书房甚至餐厅。家具的布置也很凌乱，严重地违背了睡眠空间应有的单纯、安静的要求。有些住宅甚至出现了卧室之间相互穿套的现象，这一方面是有限经济的制约；另一方面也反映出当时设计手法和观念上的落后和愚昧。

图6.4

图6.5

图6.6

改革开放以来，人们的居住条件有了大幅度的提高，卧室的位置和私密性得到了较好的尊重。20 世纪 80 年代中期住宅设计领域曾提出“大厅、小卧室”的设计模式，即是一种对卧室空间的重新认识和起码的尊重。今天已经进入 21 世纪，人们对卧室的空间模式提出了更高的要求，除了位置上的要求外，卧室的配套设施以及空间大小也都在不断提高与扩展，卧室的种类也在不断细化，如主卧室、子女卧室、老人卧室、客人卧室等功能的细化对室内设计就提出了更高的要求。要求设计师从色彩、位置、家具布置、使用材料、艺术陈设等多方面入手，统筹兼顾，使不同性质的卧室在形象上有其应有的定位关系和形态、特征（图 6.6、图 6.7）。

图6.7

6.2　卧室的种类及要求

6.2.1　主卧室

主卧室是房屋主人的私人生活空间，它不仅要满足双方情感与志趣上的共同爱好，而且也必须顾及夫妻双方的个性需求。高度的私密性和安定感，是主卧室布置的基本要求。在功能上，主卧室一方面要满足休息和睡眠等要求；另一方面，它必须合乎休闲、工作、梳妆及卫生保健等综合要求。因此，主卧室实际上是具有睡眠、休闲、梳妆、盥洗、储藏等综合实用功能的活动空间（图 6.8）。

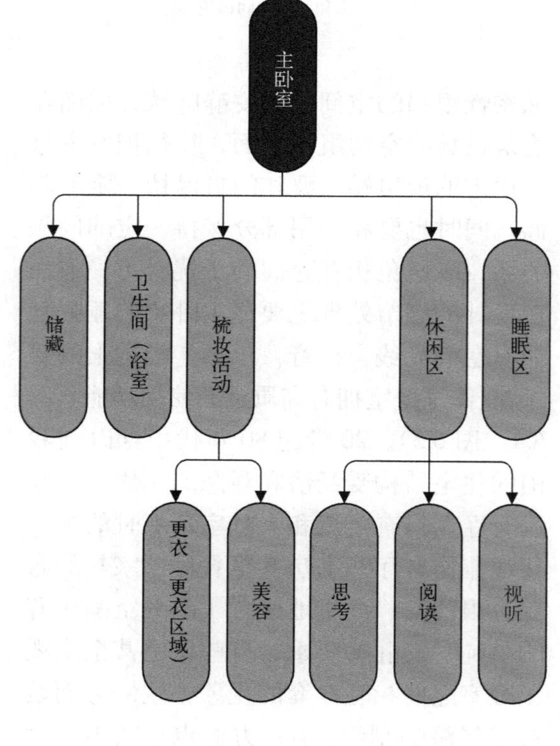

图6.8

睡眠区位的布置要从夫妇双方的婚姻观念、性格类型和生活习惯等方面综合考虑，从实际环境、条件出发，尊重夫妇双方身心的共同需求，在理智与情感双重关系上寻求理想解决方式。在形式上，主卧室的睡眠区位可分为两种基本模式，即“共享型”和“独立型”。所谓“共享型”的睡眠区位就是共享一个公共空间进行睡眠休息等活动。在家具的布置上可根据双方生活习惯选择，要求有适当距离的，可选择对床；要求亲密的可选择双人床，但容易造成相互干扰（图 6.9、图 6.10）。所谓“独立型”则是以同一区域的两个独立空间来处理双方的睡眠和休息问题，以尽量减少夫妻双方的相互干扰。以上两种睡眠区域的布设模式，虽不十全十美，但却在生理与心理要求上符合各个不同阶段夫妻生活的需要（图 6.11、图 6.12）。

主卧室的休闲区位是在卧室内满足主人视听、阅读、思考等以休闲活动为主要内容的区域。在布置时可根据夫妻双方在休息方面的具体要求，选择适宜的空间区位，配以家具与必要的设备（图 6.13、图 6.14）。

图6.9

图6.10

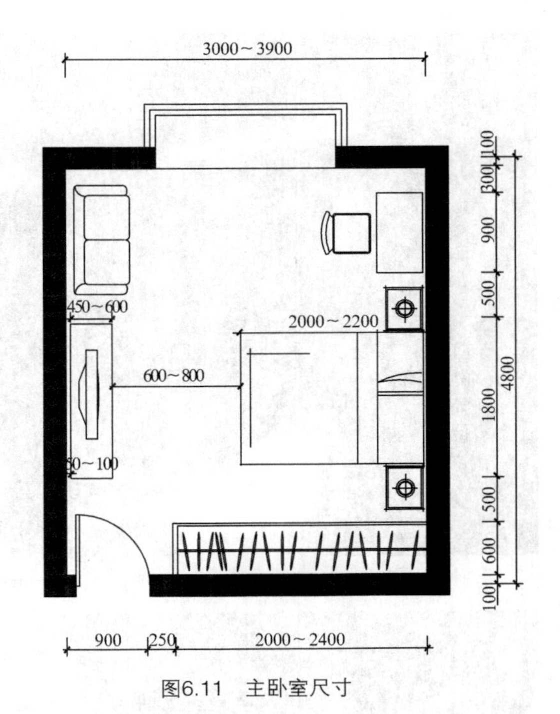

图6.11　主卧室尺寸

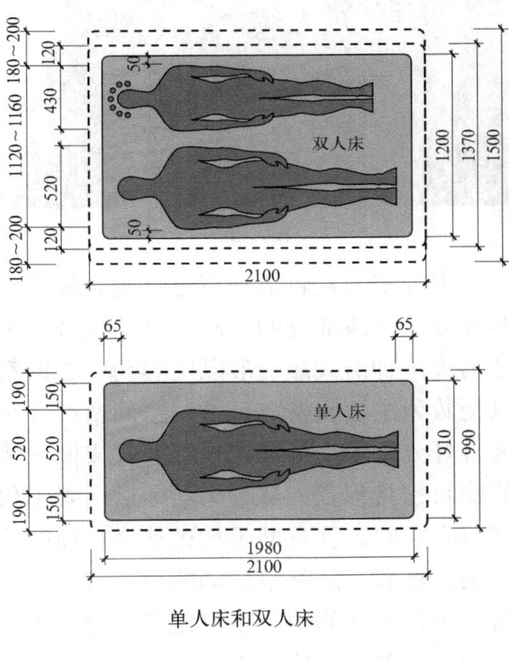

单人床和双人床

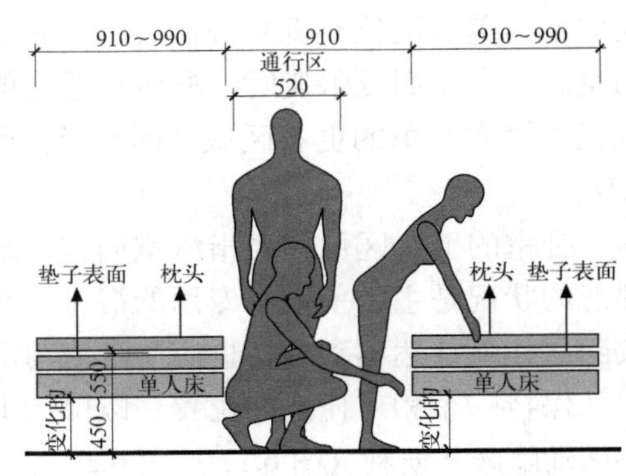

图6.12　双床间床间距

图6.13

图6.14

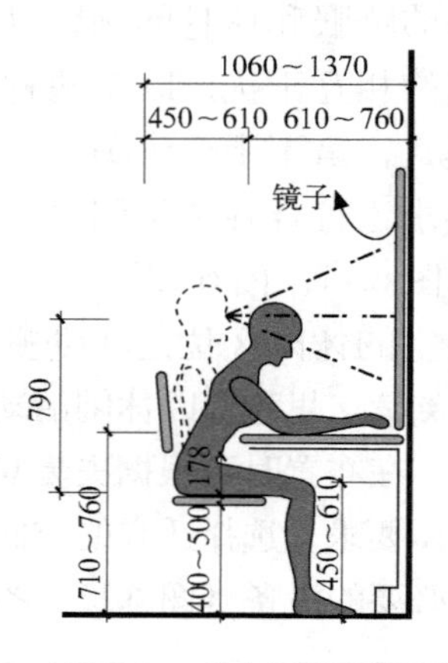

图6.15　书桌与梳妆台

主卧室的梳妆活动应包括美容和更衣两部分。这两部分的活动可分为组合式和分离式两种形式。一般以美容为中心的都以梳妆为主要设备，可按照空间情况及个人喜好分别采用活动式、组合式或嵌入式的梳妆家具形式。从效果看，后两者不仅可节省空间，且有助于增进整个房间的统一感。更衣亦是卧室活动的组成部分，在居住条件允许的情况下可设置独立的更衣区位或与美容区位有机结合形成一个和谐的空间。在空间受限制时，亦应在适宜的位置上设立简单的更衣区域（图 6.15、图 6.16）。

卧室的卫生区位主要指浴室而言，最理想的状况是主卧室设有专用的浴室，在实际居住条件达不到时，也应使卧室与浴室间保持一个相对便捷的位置，以保证卫浴活动隐蔽并便利（图 6.17 ～图 6.20）。

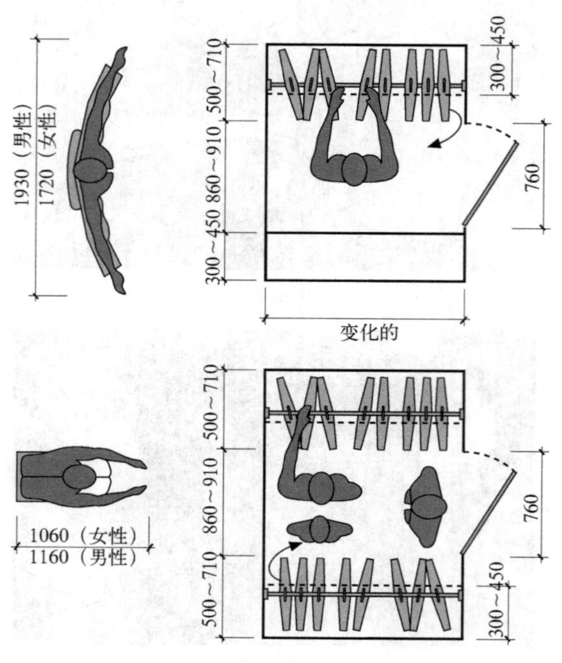

图6.16　小型存衣间

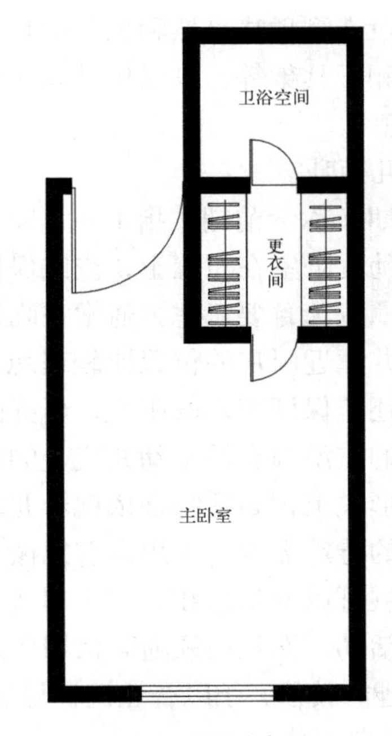

图6.17　贯通式布置

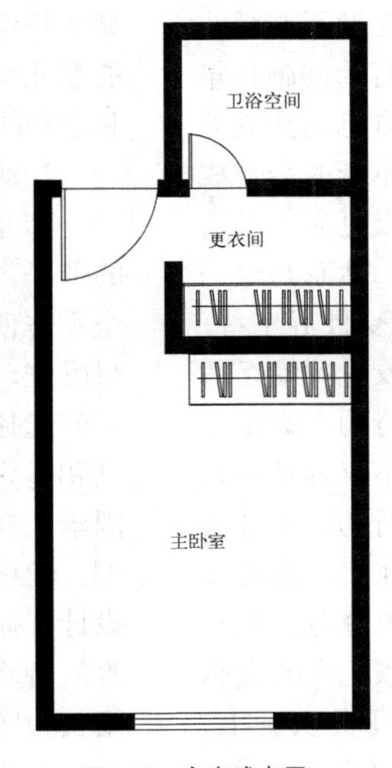

图6.18　穿套式布置

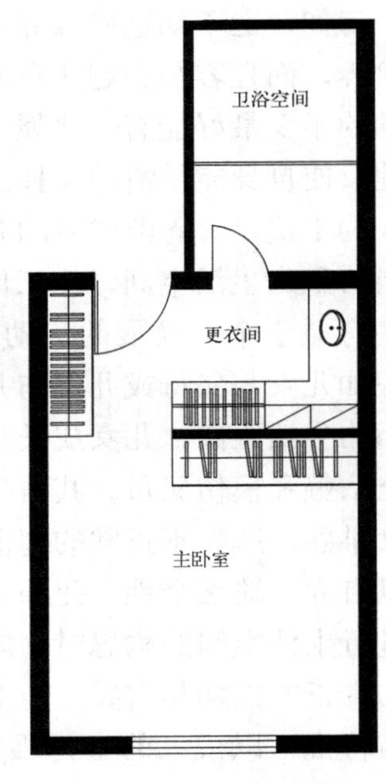

图6.19　分离式布置

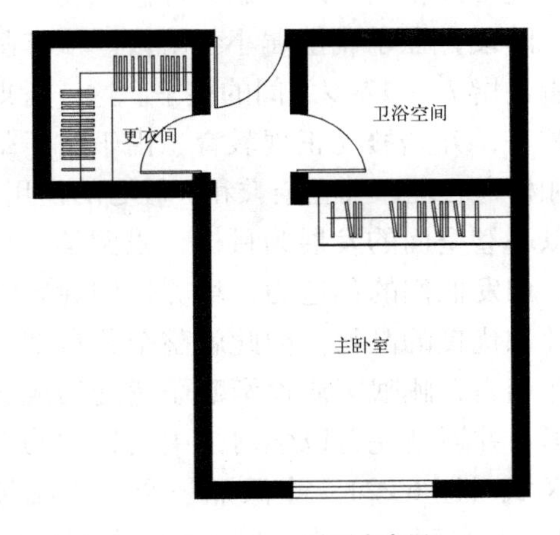

对面式布置

图6.20　主卧卫生间与更衣间的四种位置关系

主卧室的储藏物多以衣物、被褥为主，一般嵌入式的壁柜系统较为理想，这样有利于加强卧室的储藏功能，亦可根据实际需要，设置容量与功能较为完善的其他形式的储存家具。

总之，主卧室的布置应达到隐秘、宁静、便利、合理、舒适和健康等要求。在充分表现个性色彩的基础上，营造出优美的格调与温馨的气氛，使主人在优雅的生活环境中得到充分放松休息与心绪的宁静。

6.2.2　儿女卧室（次卧室）

儿女卧室相对主卧室可称为次卧室（图 6.21）。是儿女成长与发展的私密空间，在设计上充分照顾到儿女的年龄、性别与性格等特定的个性因素。

根据心理与家庭问题专家研究，一个超过 6 个月的婴儿若仍与父母共居一室，彼此的生活都会受到很大的干扰，不仅不利于婴儿本身的发育与心理健康，而且会对父母的婚姻关系带来一定程度的损害。同时，有的父母为培养孩子的亲密关系，把两个年龄悬殊性格不同的儿女安排在同

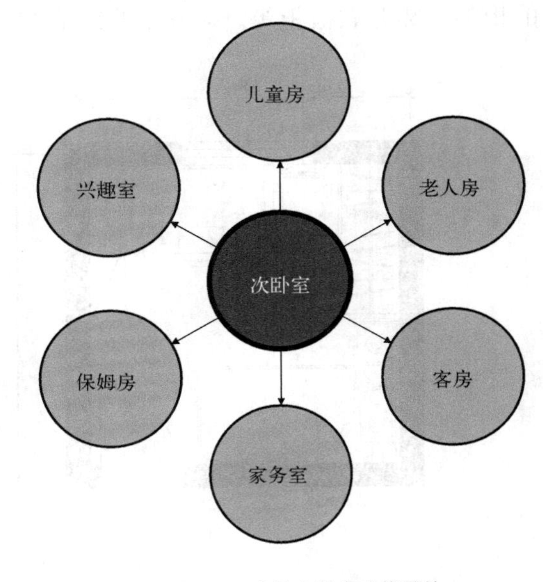

图6.21　次卧室的多功能用处

一房间，岂不知这样做非但无助于友爱的培养，而且容易引起不良的行为问题。年幼的子女最好能有一块属于自己的独立天地，使自身能尽情地发挥而不受或少受成人的干扰，对逐渐成熟的儿女更应给予适当的私密生活空间，使工作、休息乃至一些有益于个性发展的活动不受外界干扰。假如儿女与父母或儿女与儿女之间缺乏适当的生活距离，儿女成长和行为上必定完全依赖和模仿父母。其结果不仅容易使儿女早熟，产生不正常的超前行为，而且难以自立，缺乏个性。此外，在父母为儿女进行生活空间的构思时，应充分尊重儿女的真正的兴趣与需要。若不顾儿女的意愿与特点，以成人的喜好强加于儿女身上，其错误并不亚于不为孩子设置专用的空间。

由此可见，性别不同、年龄悬殊、性格差异的儿女都应给予独立的生活空间。根据儿女成长的过程，可将其卧室大致分为以下五个阶段。

1. 婴儿期卧室

婴儿期卧室多指从出生到周岁这一时期。在原则上，最好能为此阶段的儿女设置单独的婴儿室，但往往考虑照顾方便，多是在主卧室内设置育婴区。育婴室或育婴区的设置应从保证相对的卫生和安全出发。主要设备有婴儿床、婴儿食品及器皿的柜架、婴儿衣被柜等。对 6 个月以后的婴儿须添设造型趣味盎然和色彩醒目绚丽的婴儿椅和玩具架等，以强化婴儿对形状和色彩的感觉。

2. 幼儿期卧室

幼儿期又称学前期，指 1 ~ 6 岁之间的孩子。幼儿卧室在布置上，应以保证安全和方便照顾为首要考虑，通常在临近父母卧室，并靠近厨房的位置比较理想。卧室的选择还应保证充足的阳光，新鲜的空气和适宜的室温等有助于幼儿成长的自然因素。在形式上，必须完全依据幼儿的性别、性格的特殊需要，采用富有想像力的设计，提供可诱发幻想和有利于创造性培养的游戏活动，而且还须随时依照年龄的增长和兴趣的转移，予以合理调整与变化。

3. 儿童期卧室

儿童期指从学龄开始至性意识初萌的这一阶段，在学制上属小学阶段。从年龄上看是指 7 ~ 12 岁之间的孩子。这一时期的孩子，开始接受正规教育，由于富于幻想和好奇心理，加上荣誉和好胜心的作用，故以心智全面的发展为目标，强调学习兴趣，启发他们的创造力，培养他们健康的个性和优良的品德。因此就整个儿童期的居住而言，睡眠区应逐渐赋予适度的成熟色彩，并逐渐完善以学习为主要目的的工作区域（图 6.22）。除保证一个适于阅读与书写的活动中心外，在有条件的情况下，

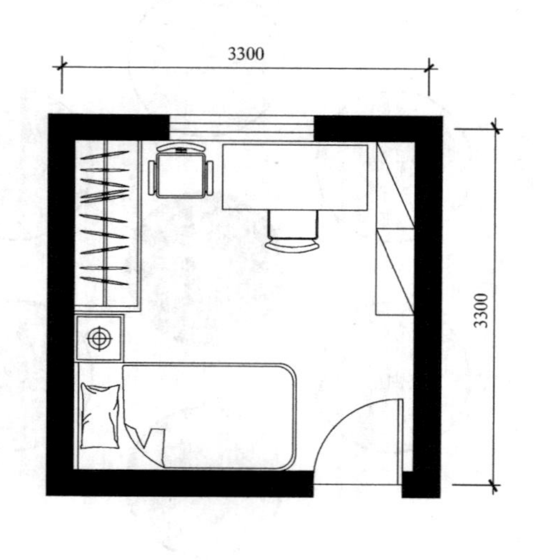

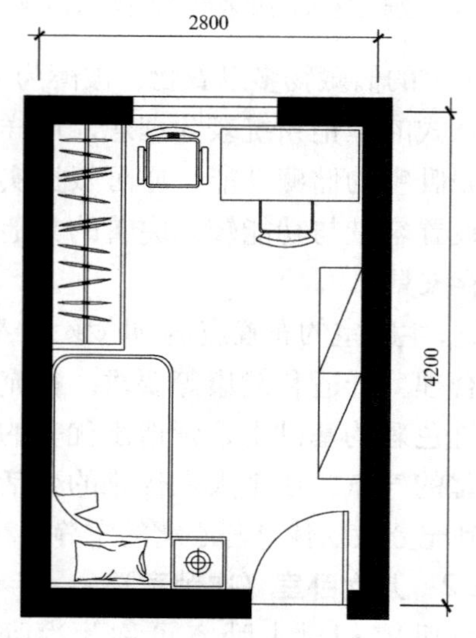

图6.22　儿童卧室布置形式

依据孩子不同性别与兴趣特点，设立手工制作台、实验台、饲养角及用于女孩梳妆、家务工作等方面的家具设施，使他们在完善合理的环境中实现充分的自我表现与发展（图 6.23、图 6.24）。

图6.23

图6.24

4. 青少年期卧室

青少年期泛指 12 ～ 18 岁期间的孩子，在学制上多处在中学阶段。是长身体、长知识的黄金时段，虽然显示出纯真、活泼、热情、勇敢和富于理想等诸多优点，却亦常常暴露出浮躁、不安、鲁莽、偏激和易于冲动的不足。因此，青少年期的卧室必须兼顾学习与休闲的双重功能（图 6.25），使他们在合理良好的环境下，发掘正确的志趣，培养良好的习惯，发展优雅的爱好，陶冶高尚的情操，以确保他们身心的平衡与正常的发展。为了增强儿女本身对环境美化的参与感，并满足其创造的欲望，宜鼓励儿女直接参与和其本身有关的环境布置工作。此外，由于青少年时期的儿女其生活观念和方式逐渐建立，在私生活空间的配置上最好采用两代人在适度的距离上，增加和谐互助的关系（图 6.26、图 6.27）。

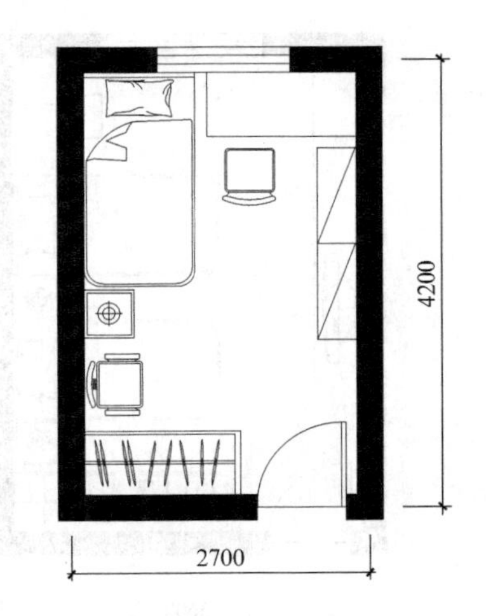

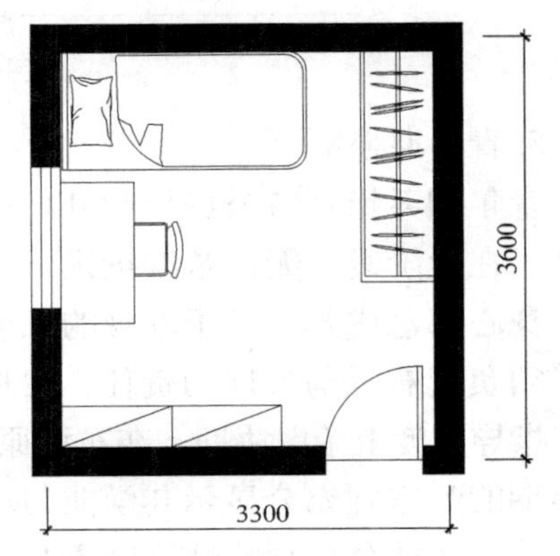

图6.25 青少年卧室布置形式

图6.26

图6.27

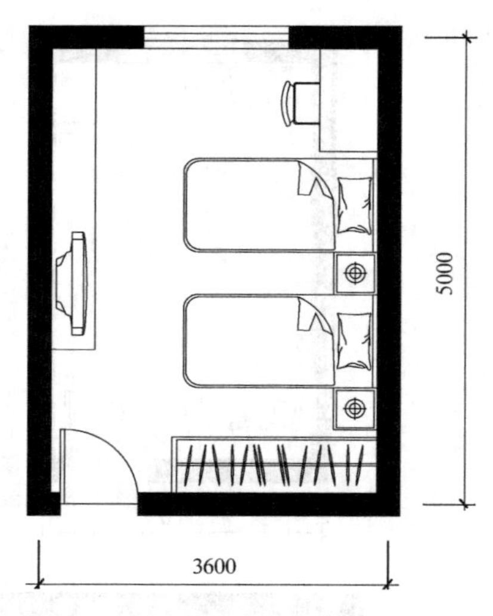

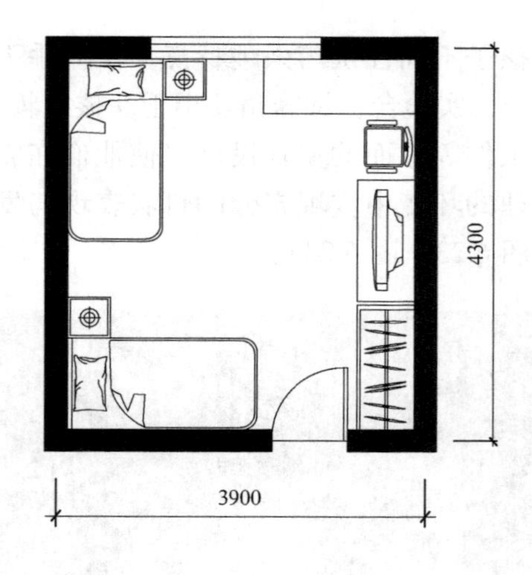

图6.28　老人卧室布置形式

5. 青年期卧室

青年期系指具备公民权利开始以后的时期，在此阶段，无论是继续求学还是就业，身心都已成熟。对于本身的私生活空间必须负起布置与管理的责任，父母只宜站在指导角度上予以协助。在布设原则上，青年期的卧室宜充分显示其学业与职业特点，并应在结合自身的性格因素与业余爱好等方面，求取特点的形式表现。

总之，儿女卧室的设计，应以培养下一代成长为最高目标。不仅应为下一代安排一个舒适优美的生活场所，使他们在其中体会亲情，享受童年，并进而培养生活的信心与修养，而且，更应为下一代规划完善正确的“生长”环境，使他们能在其中启发智慧，学习技能，进一步开拓人生的前途与理想。

6.2.3　老年人卧室

老年人一般多与子女同住。考虑到老年人的心理与生理特点，设计老人房时，应注意以下几点（图 6.28）：

1. 老人房最好有充足的阳光，房屋向南为宜；

2. 考虑到老年人的生活不便，房间最好靠近卫生间；

3. 考虑到老年人与子女的生活习惯不同，应避免老人房的房门与子女卧室房门相对；

4. 老年人的视力一般不好，起夜较多，所以老人房的灯光强弱要适中；

5. 老年人的特点是喜欢安静，所以房门以及窗户的隔音效果要好；

6. 老年人的卧室色彩要体现高雅宁静的色调，避免使人兴奋与激动的色彩，一般以温暖和谐的色系为主（图 6.29、图 6.30）。

图6.29

图6.30

6.3 怎样进行儿童房间的装饰

由于现代室内陈设艺术的不断发展和完善，陈设艺术所覆盖的范围越来越广，分工也越来越具体，因此，室内陈设的针对性也越来越强。儿童房间的装饰陈设已经成为现代室内装饰的一个组成部分。

从心理学角度分析，儿童独特生活区域的划分，有益于他们提高自己的动手能力和启迪智慧。儿童房间的布置应该是丰富多彩的，针对儿童的性格特点和心理特点，设计的基调应该是简洁明快、新鲜活泼、富于想像的，为他们营造一个童话式的意境，使他们在自己的小天地里更有效地、自由自在地安排课外学习和生活起居。

1. 尺度设计要合理。

根据人体工程学的原理，为了孩子的舒适方便并有益于身体健康，在为孩子选择家具时，应该充分照顾到儿童的年龄和体型特征（图 6.31）。写字台前的椅子最好能调节高度，如果儿童长期使用高矮不合适的桌椅，会造成驼背、近视，影响正常发育。在家具的设计中，要注意多功能性及合理性，如在给孩子做组合柜时下部宜作成玩具柜、书柜和书桌，上部宜作为装饰空间。根据儿童的审美特点，家具的颜色也要选择明朗艳丽的色调。鲜艳明快的色彩，不仅可以使儿童保持活泼积极的心理状态和愉悦的心境，而且可以改善室内亮度，造成明朗亲切的室内环境（图 6.32、图 6.33）。处在这种环境下，孩子能产生安全感和归属感。在房间的整体布局上，家具要少而精，要合理利用室内空间。摆放家具时，要注意安全、合理，要设法给孩

图6.32

图6.33

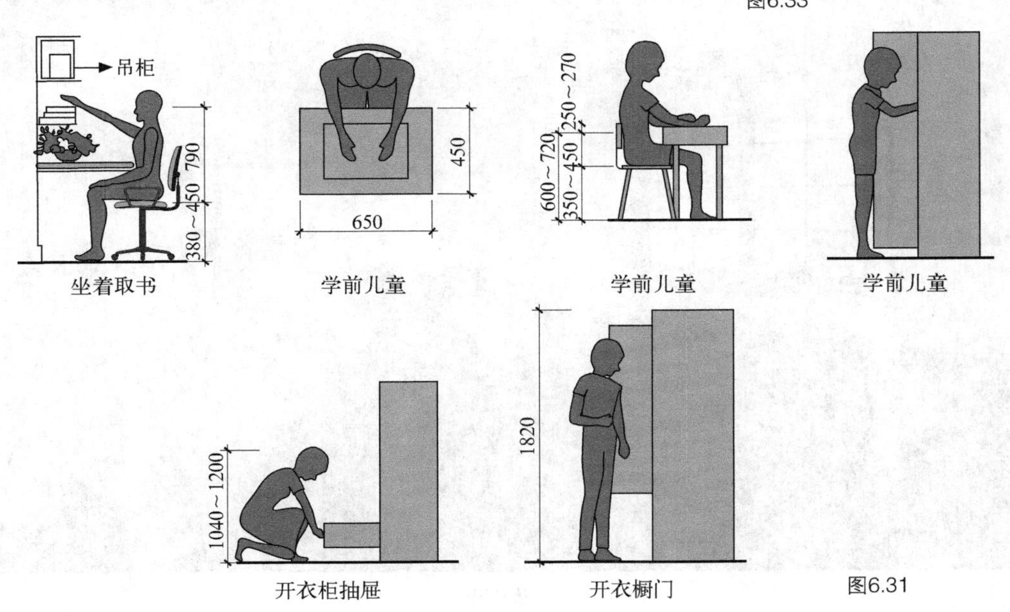

图6.31

子留一块活动空间（图 6.34），家具尽量靠墙摆放。孩子们的学习用具和玩具最好放在开式的架子上，便于随时拿取。

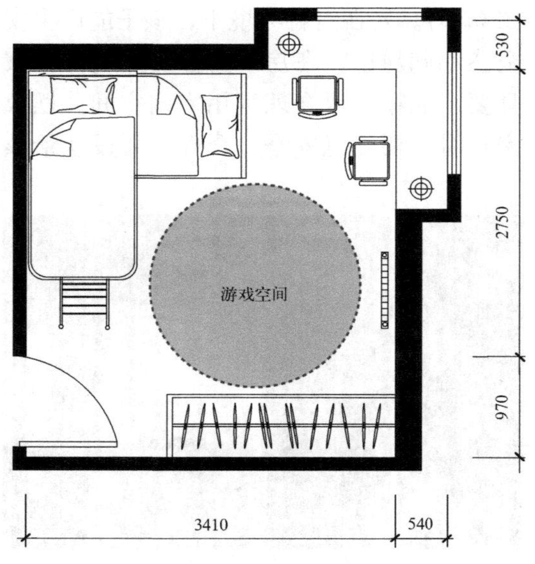

图6.34　儿童房游戏空间

2. 儿童房间的装饰摆设要得当，以有利于儿童身心的健康发展。

墙面装饰是发挥孩子个性爱好的最佳园地。这块空间既可让孩子亲自动手去丰富它们，也可采取其他不同的办法，装饰出独特的风景；既可在墙面上布置一幅色调明快的景物画，又可采取涂画的手法，画上蓝天白云、动画世界、自然风光等。这样不仅在视觉上扩大了儿童的居室空间，又可让孩子感到生活在美丽大自然或快乐的动画世界中，充分发挥想像力，从小培养热爱大自然的高尚情操和健康快乐的性格。如果没有条件布置巨幅绘画，也可以在墙上点缀些野外的东西，挂上一个手工的小竹篮，插上茅草或其他绿色植物，或贴上妙趣横生的卡通动画等，都能使儿童房间增加自然美的气息（图 6.35）。

桌面的陈设要兼顾观赏与实用两个方面。对于儿童所使用的一些实用工艺品，如台灯、闹钟、笔筒等，以造型简洁、颜色鲜艳的为好，同时要安全耐用。摆设品要尽量突出知识性、艺术性，充分体现儿童的特点，如绒制玩具、泥娃娃、动植物标本、地球仪等，或在室内放置一两件体育用品，更能突出孩子的情趣和爱好。若在寒冷的冬季，室内摆上一两盆绿叶花卉，能使孩子的房间充满盎然的春意。

3. 儿童房间的色彩和图案，要有多样性和丰富性，并且有机地结合在一起。

图6.35

图6.36

因儿童心理特征是新鲜活泼、富于幻想，所以家具、墙面、地面的色调应在大体统一的前提下，可适当作一些变化，如奶白色的家具，浅粉色的墙面，浅蓝色的地毯等。

儿童房间的窗帘也应别具特色。一般宜选择色彩鲜艳、图案活泼的面料，最好能根据四季的不同，配上不同花色的窗帘，如春天的窗帘可选用绿色调的自然纹样，夏天可配上防日晒的彩色百叶帘。床上用品可绣上英文字母或动物图形等。色彩的多样化可增进儿童的幻想，并促进他们智能的提高。家具的造型可做成梯架形、平弧形、波浪式等，避免单一，要有变化，有立体感、跳跃感，这样有利于训练孩子对造型的敏感性（图 6.36、图 6.37）。

另外，儿童房间的布置，要注意体现正确的人生理想。在精神功能上，满足他们的需要，如在墙上悬挂名人的名言警句，或在桌上、书架上摆放象征积极向上的工艺品，以及一些既能开发智力、帮助学习，又有装饰性和实用性的摆设品。

总之，儿童具有独特的生理特点、心理特点和性格特点，儿童房间应在满足功能需要的前提下，尽量使他们的特点得以发挥，潜能得以挖掘。

图6.37

6.4 怎样进行青少年房间的装饰

住宅的主人应包括不同年龄的男人和女人。不仅父亲、母亲是住宅的主人，也应当把孩子特别是青少年，当作住宅和家庭的主人。在我国，这一点往往被一些家长所忽略，因此，青少年在家庭住宅中所必需的空间和设施安排不当的情况经常出现，从而给孩子们的生理、心理的成长和发育造成许多不良影响。而另一种倾向是过分溺爱孩子，把他们当作家庭中的“小太阳”、“小皇帝”。这两种倾向都应加以纠正。因此，很有必要认真研究一下如何巧妙地安排和布置青少年的房间，给他们一个良好的学习、生活、休息和娱乐的家庭空间，使他们的身心健康得到良好的发展。

青少年的最大特点是精力充沛。青少年时期也是奋发读书、希望别人把他们当成大人对待、产生独立意识的时期。所以，住房即使再拥挤，也应为他们留下相对独立的空间，有放孩子学习用品、玩具和衣物的地方，使孩子对这个角落有主人的感觉，培养孩子独立处理自己事情的能力。只要有可能，尽量不要在孩子已经很大时还和大人挤在一起，以免使他们变得事事依赖别人，养成懒惰、娇气、胆小的性格。

因此，建议有条件的家庭最好能给孩子一个相对独立的空间（图 6.38）。这样，孩子的主人意识以及音乐、绘画等各方面的爱好和天赋就能更好地发挥。另外，青少年也需要有朋友，有交往，所以也应该考虑这方面的活动空间。因为孩子们的相互学习，在许多情况下效果会比父母教育辅导要好得多。青少年另一大特点是身体发育快，适应性强，对桌椅等家具及活动空间的要求都有相应的变化，必须注意及时加以调整。如果床的尺寸大小不当，桌椅不配套，不适合青少年身体行为的尺寸，读写位置光线不好，就容易造成不良的读写姿势和习惯，以致造成驼背、脊椎侧弯、视力减退等生理畸形（图 6.39）。另外，孩子长期被安排在北屋或西晒的房间，很少见阳光或总有阳光眩目，都是不利的。

图6.38

所以，科学地安排和布置青少年的房间是非常重要的，它是塑造小主人未来，决定他们能否正常成长和发育的一个重要环境，做父母的千万不能忽视这块小天地。

现代住宅根据房子的空间和主人的生活习惯，一般将室内空间划分为全家集体生活的公共活动区与个人生活的私用活动区。前者集中活动，有较大的开放性，应布置在户门的附近，并与烹饪操作、进餐和起居用房紧密相连；后者分散活动则要求安静，适当分隔，避免相互干扰。青少年的房间空间功能划分是否合理，会在很大程度上影响他们生活的舒适和学习的效率。

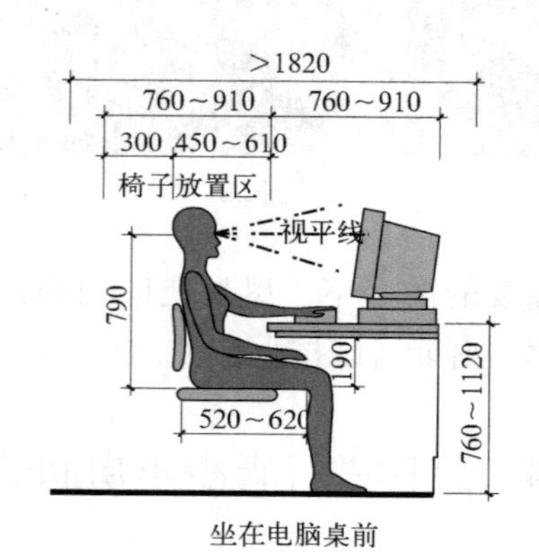

坐在电脑桌前

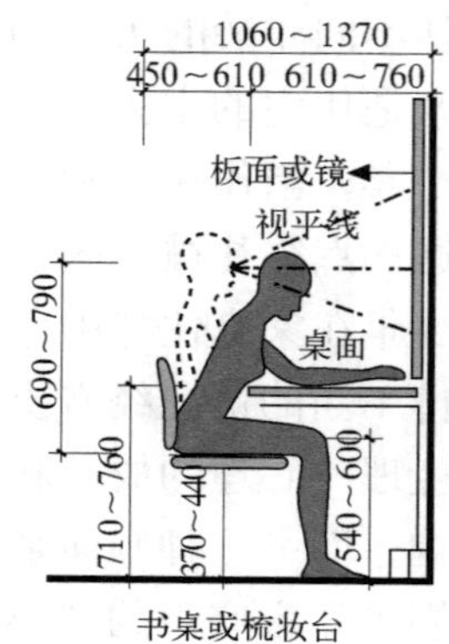

书桌或梳妆台

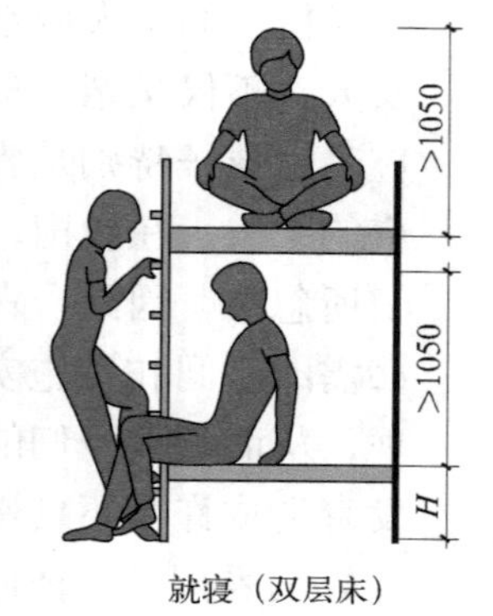

就寝（双层床）

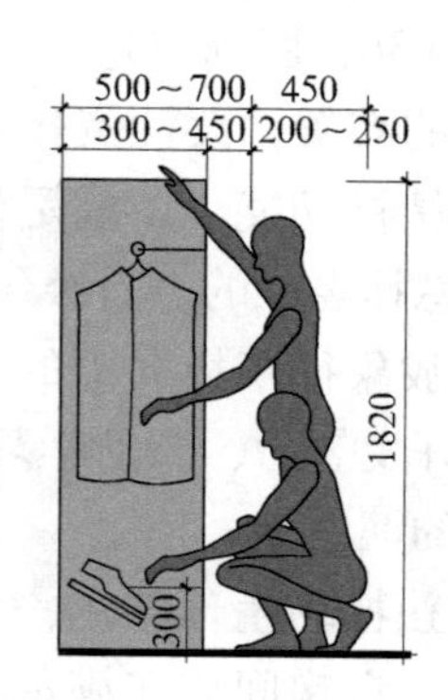

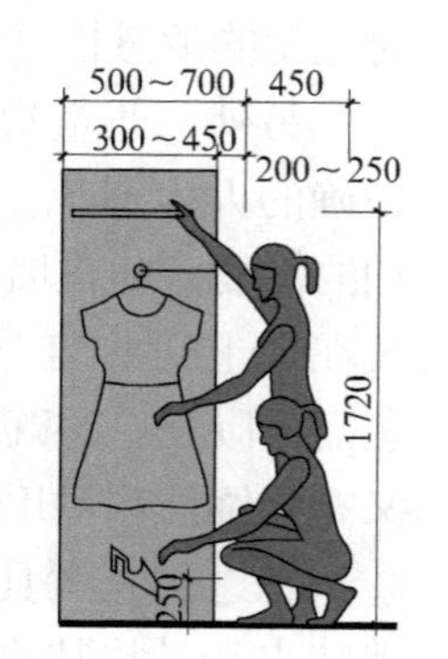

图6.39

如果没有条件让青少年独居一室，那么也须在房间里划出一块属于他们的地方。分隔方法有很多种，较理想的是做一屏风式的书架或博古架，这样既为他们保持了一块独立的区域，又满足了他们储藏书和其他物品的需要。当然，若地方过于狭小，无法用家具隔断的话，可用布帘拉起来。布帘要采用质量较好而且厚实的布料和轻质铝合金导轨，以便收拢和拉开。导轨可直接装在顶棚上，必要时可弯成弧形，使布帘拉开形成一个有圆角的分隔区，犹如舞台，既美观，又不影响整个房间的布局。

青少年房间的布置不能千篇一律，要突出表现他们的爱好和个性。增长知识是他们这一阶段的主要任务，良好的学习环境对青少年是非常重要的。书桌和书架是青少年房间的中心区，在墙上做搁板架，是充分利用空间的常用方法，搁板上既可放书又可摆放工艺品。另外，那些可折叠的床和组合柜结合的家具，简洁实用，富有现代气息，所需空间也不大，很适合青少年使用。

随着现代科技的发展和青少年学习的需要，如果家庭条件许可，应该尽量让他们多接触现代科技成果，不仅仅是为了享受，更是为了适应他们的需要。当然还可以他们自己的作品来陈设布置，如飞机模型、船模、手工艺品、自己作的书画等，将居室点缀得更有个性，更具特色。喜欢乐器的青少年在床边墙上，挂上一把吉他或其他乐器，既能体现个人的素养与爱好，也具有良好的装饰效果。

6.5 怎样进行老年人房间的装饰

人在进入暮年以后，从心理上和生理上均会发生许多变化。要进行老年人房间的装饰陈设设计，首先要了解这些变化和老年人的特点。为适应这些变化，老年人的居室应该做些特殊的布置和装饰。

老年人的一大特点是好静。对居家最基本的要求是门窗、墙壁隔声效果好，不受外界影响，要比较安静。根据老年人的身体特点，一般体质下降，有的还患有老年性疾病。即使一些音量较小的音乐，对他们来说也是“噪声”，所以一定要防止噪声的干扰，否则会造成不良后果。

居室的朝向以面南为佳，采光不必太多，环境要好。

老年人一般腿脚不便，在选择日常生活中离不开的家具时应予以充分考虑。为了避免磕碰，那些方正见棱角的家具应越少越好。过于高的橱柜，低于膝的大抽屉都不宜用。在所有的家具中，床铺对于老年人至关重要。南方人喜用“棕绷”，上面铺褥子；北方人喜用铺板，上铺棉垫或褥子。有的老年人并不喜欢高级的沙发床，因为它会“深陷其中”，不便翻身。钢丝床太窄不适合老年人。老年人的床铺高低要适当，应便于上下、睡卧以及卧床时自取日用品，不至于稍有不慎就扭伤摔伤。

老年人的另一大特点是喜欢回忆过去的事情。所以在居室色彩的选择上，应偏重于古朴、平和、沉着的室内装饰色（图6.40），这与老年人的经验、阅历有关。随着各种新型装饰材料的大量出现，室内装饰改变了以往“五白一灰”的状况，墙壁换柔和色的涂料或贴上各种颜色的壁纸、壁布、壁毡，地面铺上木地板或地毯。如果墙面是乳白、乳黄、藕荷色等素雅的颜

图6.40

图6.41

色，可配富有生气、不感觉沉闷的家具。也可选用以木本色的天然色为基础，涂上不同色剂的家具，还可选用深棕色、驼色、棕黄色、珍珠色、米黄色等人工色调的家具。浅色家具显得轻巧明快，深色家具显得平稳庄重，可由老年人根据自己喜好选择。墙面与家具一深一浅，相得益彰，只要对比不太强烈，就能有好的视觉效果。

还可以随季节变化设计房间的色调。春夏季以轻快、凉爽的冷色调为主旋律，秋冬季以温暖怡人的暖色调为主题。如乳黄色的墙面、深棕色的家具、浅灰色的地毯，构成沉稳的暖色调；藕荷色墙面、珍珠白色家具、浅蓝色地毯、绿色植物及小工艺品，安详、舒适、雅致、自然，构成清爽的色调。

从科学的角度看，色彩与光、热的调和统一，能给老年人增添生活乐趣，令人身心愉悦，有利于消除疲劳、带来活力。老年人一般视力不佳，起夜较勤，晚上的灯光强弱要适中。还有别忘记房间中要有盆栽花卉，绿色是生命的象征，是生命之源，有了绿色植物，房间内顿时富有生气，它还可以调节室内的温、湿度，使室内空气清新。有的老年人喜欢养鸟，怡情养性的几声莺啼鸟语，更可使生活其乐无穷。在花前摆放一张躺椅、安乐椅或藤椅更为实用，效果也更好。

老年人居室的织物，是房间精美与否的点睛之笔。床单、床罩、窗帘、枕套、沙发巾、桌布、壁挂等颜色或是古朴庄重，或是淡雅清新，应与房间的整体色调一致，图案也是同样以简洁为好（图 6.41）。在材质上应选用既能保温、防尘、隔声，又能美化居室的材料。

总之，老年人的居室布置格局应以他们的身体条件为依据。家具摆设要充分满足老年人起卧方便的要求，实用与美观相结合，装饰物品宜少不宜杂，应采用直线、平行的布置法，使视线转换平稳，避免强制引导视线的因素，力求整体的统一，创造一个有益于老年人身心健康，亲切、舒适、幽雅的环境。

第7章 书房的设计

7.1 书房的性质

书房是居室中私密性较强的空间，是人们基本居住条件高层次的要求，它给主人提供了一个阅读、书写工作和密谈的空间，其功能较为单一，但对环境的要求较高（图 7.1）。首先要安静，给主人提供良好的环境；其次要有良好的采光和视觉环境，使主人能保持轻松愉快的心情。由于众所周知的原因，过去的几十年书房是普通居民难以企及的奢望，住宅仅仅是满足基本的居住要求——睡眠、就餐，而居住者对书写的环境要求也只能是委曲求全，和其他空间混在一起，视觉上杂乱，环境上嘈杂。随着社会的进步，人民生活水平的不断提高，生活空间也在不断改良、完善，良好的居住环境首先是对居住者的各种必需进行补充，使空间更进一步细化。而日新月异的户型结构中，书房已成为一种必备要素。在住宅的后期室内设计和装饰装修阶段中，更是要对书房的布局、色彩、材质造型进行认真的设计和反复的推敲，以创造出一个使用方便，形式美感强的阅读空间来（图 7.2）。

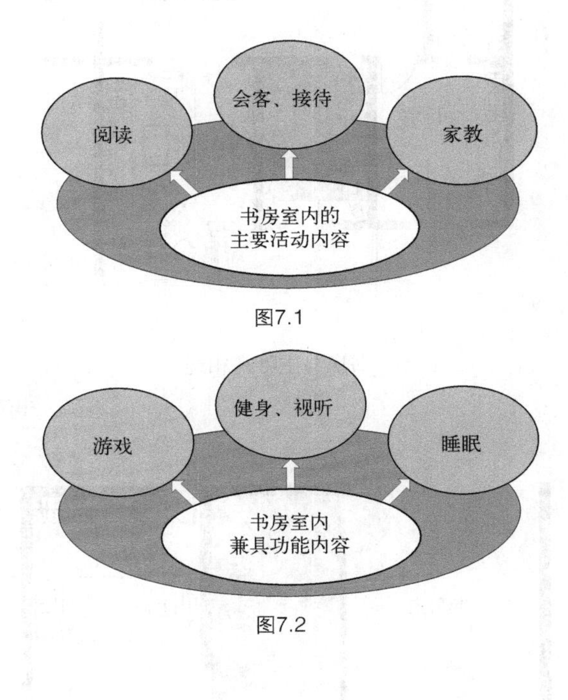

图7.1

图7.2

7.2 书房的空间位置

书房的设置要考虑到朝向、采光、景观、私密性等多项要求，以保证书房的未来环境质量的优良。因而在朝向方面，书房多设在采光充足的南向、东南向或西南向，忌朝北，使室内照度较好，以便缓解视觉疲劳。

由于人在书写阅读时需要较为安静的环境，因此，书房在居室中的位置，应注意如下几点：

1. 适当偏离活动区，如起居室、餐厅，以避免干扰。

2. 远离厨房储藏间等家务用房，以便保持清洁。

3. 和儿童卧室也应保持一定的距离，以避免儿童的喧闹影响环境。

因而书房往往和主卧室的位置较为接近，甚至个别情况下可以将两者以穿套的形式相连接（图 7.3、图 7.4）。

7.3 书房的布置及家具设施要求

7.3.1 书房的布置

书房的布置形式与使用者的职业有关，不同的职业工作方式和习惯差异很大，应具体问题具体分析。有的特殊职业除阅读以外，还有工作室的特征，因而必须设置较大的操作台面。同时书房的布置形式

图7.3　书房的位置选择

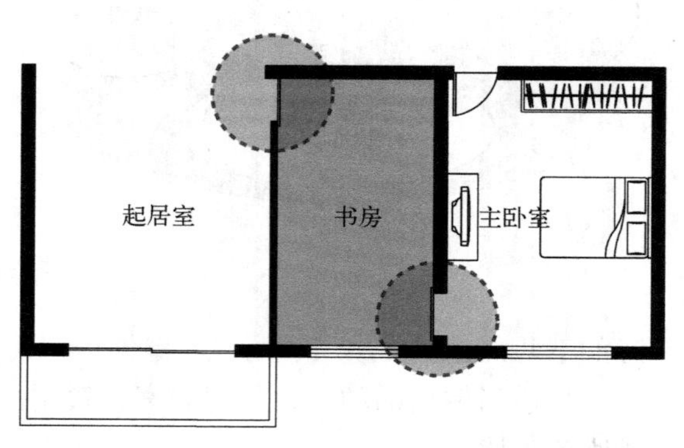

图7.4　书房在主卧室与起居室之间，两边均有开口连接

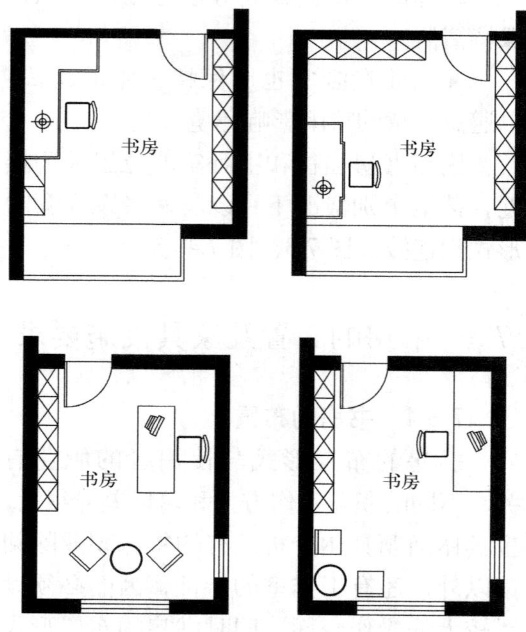

图7.5　书房常见的平面布置形式

与空间有关，这里包括空间的形状、空间的大小、门窗的位置等。空间现状的差别可以导致完全不同的布置产生（图 7.5）。但书房的布置尽管千变万化，而其空间结构基本相同，即无论什么样的规格和形式，书房都可以划分出工作区域、阅读藏书区域两大部分，其中工作和阅读应是空间的主体，应在位置、采光上给予重点处理。首先这个区域要安静，所以尽量布置在空间的尽端，以避免交通的影响；其次朝向要好，采光要好，人工照明设计要好，以满足工作时视觉要求。另外和藏书区域联系要便捷、方便。藏书区域要有较大的展示面，以便主人查阅，特殊的书籍还有避免阳光直射的要求。为了节约空间、方便使用，书籍文件陈列柜应尽量利用墙面来布置。有些书房还应设置休息和谈话的空间（图 7.6）。在不太宽裕的空间内满足这些要求，必须在空间布局上下功夫，应根据不同家具的不同作用巧妙合理地划分出不同的空间区域，达到布局紧凑、主次分明（图 7.7、图 7.8）。

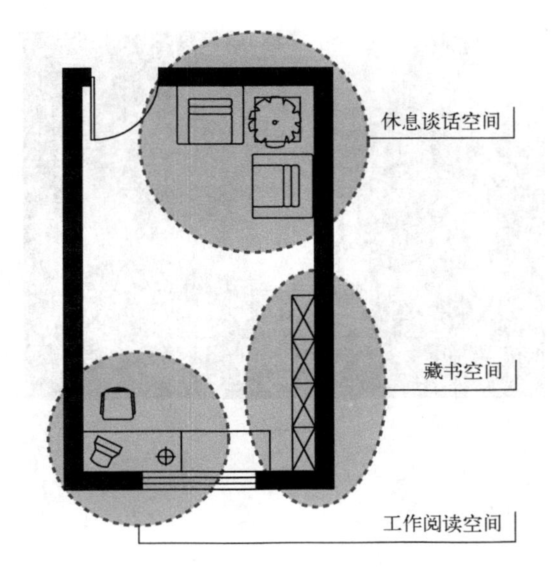

图7.6　书房的功能分区

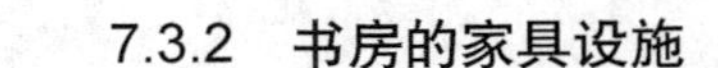

图7.7

图7.8

7.3.2　书房的家具设施

根据书房的性质以及主人的职业特点，书房的家具设施变化较为丰富，归纳起来有以下几类：

书籍陈列类，包括书架、文件柜、博古架、保险柜等，其尺寸以最经济实用及使用方便为参照来设计选择。

阅读工作台面类：写字台、操作台、绘画工作台、电脑桌、工作椅。

附属设施：休闲椅、茶几、文件粉碎机、音响、工作台灯、笔架、电脑等。

现代的家具市场和工业产品市场提供了种类繁多，令人眼花缭乱的家具和办公设施，设计师应根据设计的整体风格去合理地选择和配置，并给予良好的组织，为书房空间提供一个舒适方便的工作环境（图 7.9）。

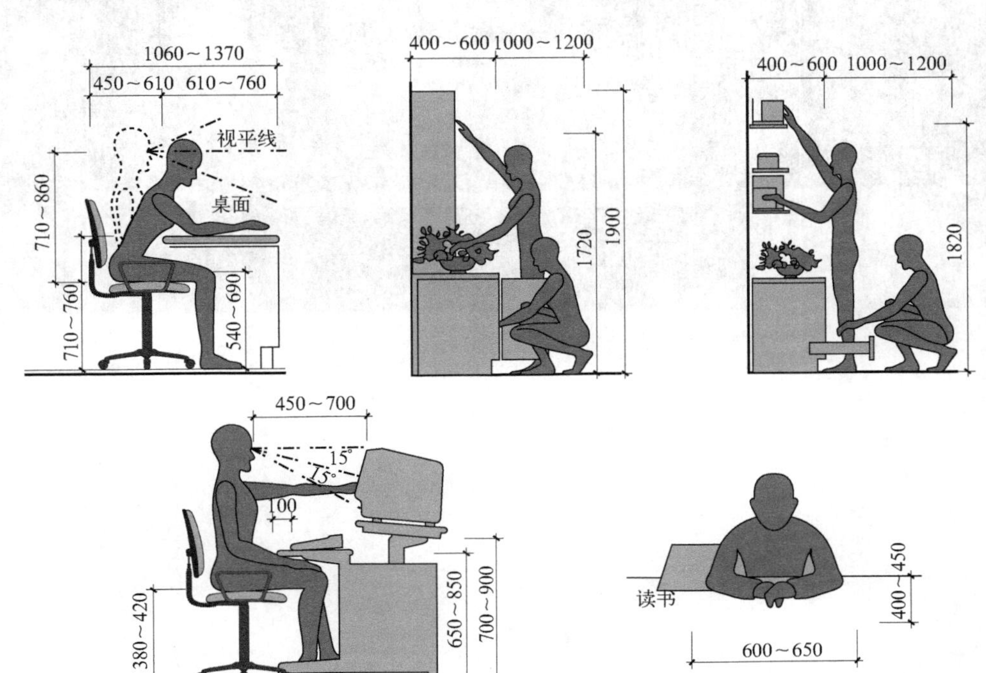

图7.9

7.4 书房的装饰设计

书房是一个工作空间，但绝不等同于一般的办公室，要和整个家居的气氛相和谐，同时又要巧妙地应用色彩、材质变化以及绿化等手段来创造出一个宁静温馨的工作环境。在家具布置上不必像办公室那样整齐干净，以表露工作作风之干练，而要根据使用者的工作习惯来布置摆设家具、设施甚至艺术品，以体现主人的爱好与个性，书房和办公室比起来往往杂乱无章，缺乏秩序，但却富有人情和个性（图7.10、图 7.11）。

图7.11

图7.10

第8章　卫生间的设计

卫生间是有多样设备和多种功能的家庭公共空间，又是私密性要求较高的空间，同时卫生间又兼容一定的家务活动，如洗衣、储藏等。它所拥有的基本设备有洗脸盆、浴盆、淋浴喷头、抽水马桶（恭桶）等。并且在梳妆、浴巾、卫生器材的储藏以及洗衣设备的配置上给予一定的考虑（图8.1）。从原则上来讲卫生间是家居的附设单元，面积往往较小，其采光、通风的质量也常常被牺牲，以换取总体布局的平衡，尤其在我国受居住标准的限制，使得多数家庭难以在卫生空间的环境质量上有更多的奢望，只能在现有条件下进行有限的改善和选择。当然社会的进步带动了居住环境的文明发展，当今已出现了拥有两个或更多卫生间的住宅户型，卫生空间的形态、格局也在发生着变化，同时人们更多地把精力投入到装修装饰阶段，用造型、灯光、绿化、高质量产品来改善、优化卫生间环境。

从环境上讲，浴室应具备良好的通风、采光及取暖设备。在照明上应采用整体与局部结合的混合照明方式。在有条件的情况下对洗面、梳妆部分应以无影照明为最佳选择。在住宅中卫生间的设备与空间的关系应得到良好的协调，对不合理或不能满足需要的卫生间应在设备与空间的关系上进行改善。在卫生间的格局上应在符合人体工程学的前提下予以补充、调整，同时应注意局部处理，充分利用有限的空间，使卫生间能最大限度地满足家庭成员在洁体、卫生、工作方面的需求。下面对卫生间的空间设备以及使用形式进行详细的分析，为设计师提供设计的依据和思路。

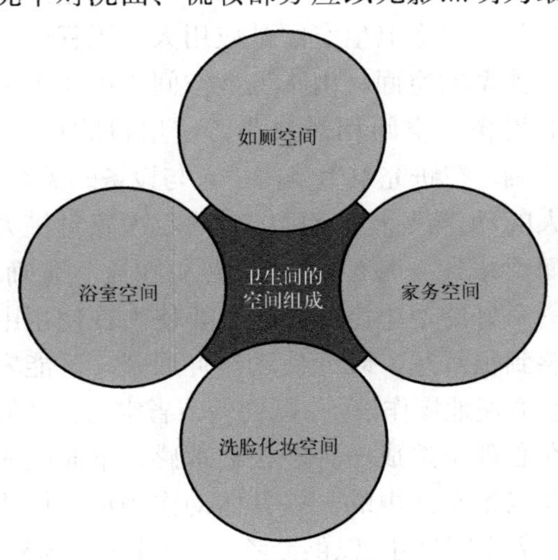

图8.1　卫生间的空间组成

8.1　卫生空间的使用形式

8.1.1　使用卫生空间的目的

浴室：用于冲淋、浸泡擦洗身体、洗发、刷牙、更衣等。

厕所：用于大小便、清洗下身、洗手、刷洗污物。

洗脸间：用于洗脸、洗发、洗手、刷牙漱口、化妆梳头、刮胡子、更衣、洗衣物、敷药等。

洗衣间（家务室）：用于洗涤、晾晒、整烫衣物。

在卫生空间中的行为因个人习惯、生活习俗的不同有很大差别，与空间是合并还是独立也有关系，因此不限于上述划分(图8.2、图8.3)。

图8.2

图8.3

8.1.2 使用卫生空间的人

一般人（工作、学习的人）：在一定的时间段使用，容易在高峰期发生冲突。人口多或结构复杂的家庭应把卫生空间分离成各自独立的小空间或加设独立厕所和洗脸池等。

老人、残疾人：使用卫生空间时很容易出现事故，必须十分重视安全问题。应在必要的位置加设扶手，取消高差，使用轮椅或需要保护者时，卫生空间应相应加大。

婴幼儿：在使用厕所浴室时需有人帮助，在一段时间需要专用便盆、澡盆等器具，要考虑洗涤污物、放置洁具的场所。使用浴室时，幼儿有被烫伤、碰伤、溺死的危险，必须注意安全设计。孩子在外面玩耍不免会带回沙尘，有条件的最好在入口处设置清洗池，以便在进入房间前清洗干净。

客人：常有亲戚朋友来做客和暂住的家庭，可考虑分出客人用的厕所等，没有条件区分时，可把洗脸间、厕所独立出来也比较利于使用。

8.1.3 使用卫生空间的时间段

早上：早晨是使用卫生间的高峰时间。人们一般不能保证在卫生间有充足的时间洗脸、刷牙、梳理。成年人每天准备上班要占用卫生间，现代的年轻人化妆梳理时亦占用卫生间比较长，还有准备去上学的孩子。人们在某一小段时间内几乎同时需要使用厕所、洗脸池，特别是按医学的要求大便又应在早饭后完成，于是造成家庭不便就可想而知了。

晚上：晚上虽时间充裕，人们使用卫生空间的时间可相互调开，但住宅中只设一个卫生间的家庭，仍存在上厕所和洗澡产生矛盾的情况。

深夜：老人、有起夜习惯的人需使用厕所，冲水的声音可能影响他人休息。

休息日、节日：节假日在外的家人回来、亲友来访等，使用卫生空间的次数增多。此外，个人卫生的清理（洗澡、洗发）、房间清扫、衣物洗涤整烫等工作相对比较集中，卫生空间的使用率比平日高。

随着生活水平的提高和居住条件的逐步改善，人们对双卫生间的需求越来越高。双卫生间常常有一个主卫和一个客卫组成。双卫生间可以缓解人们早晚如厕高峰时使用的矛盾，又可以保证主、客卫各自的私密性和卫生性。

8.2 卫生空间的人体工程学

人体工程学是根据人的解剖学、生理学和心理学等特性，了解并掌握人的活动能力及极限，使机器设备、生活用具、工作环境、起居条件等和人体功能相适应的科学。住宅卫生空间是应用人体工程学比较典型的空间。由于卫生空间集中了大量的设备，空间相对狭小，使用目的单一、明确，在研究卫生空间中人与设备的关系，人的动作尺寸及范围，人的心理感觉等方面要求比一般空间中的更加细致、准确。一个好的卫生空间设计，要使人在使用中感到很舒适，既能使动作伸展开，又能安全方便地操作设备；既比较节省空间，又能在心理上造成一种轻松宽敞感。下面以人在卫生空间中的一些具体动作为例，标明所需空间尺寸，以供参考（图 8.4 ～图 8.6）。

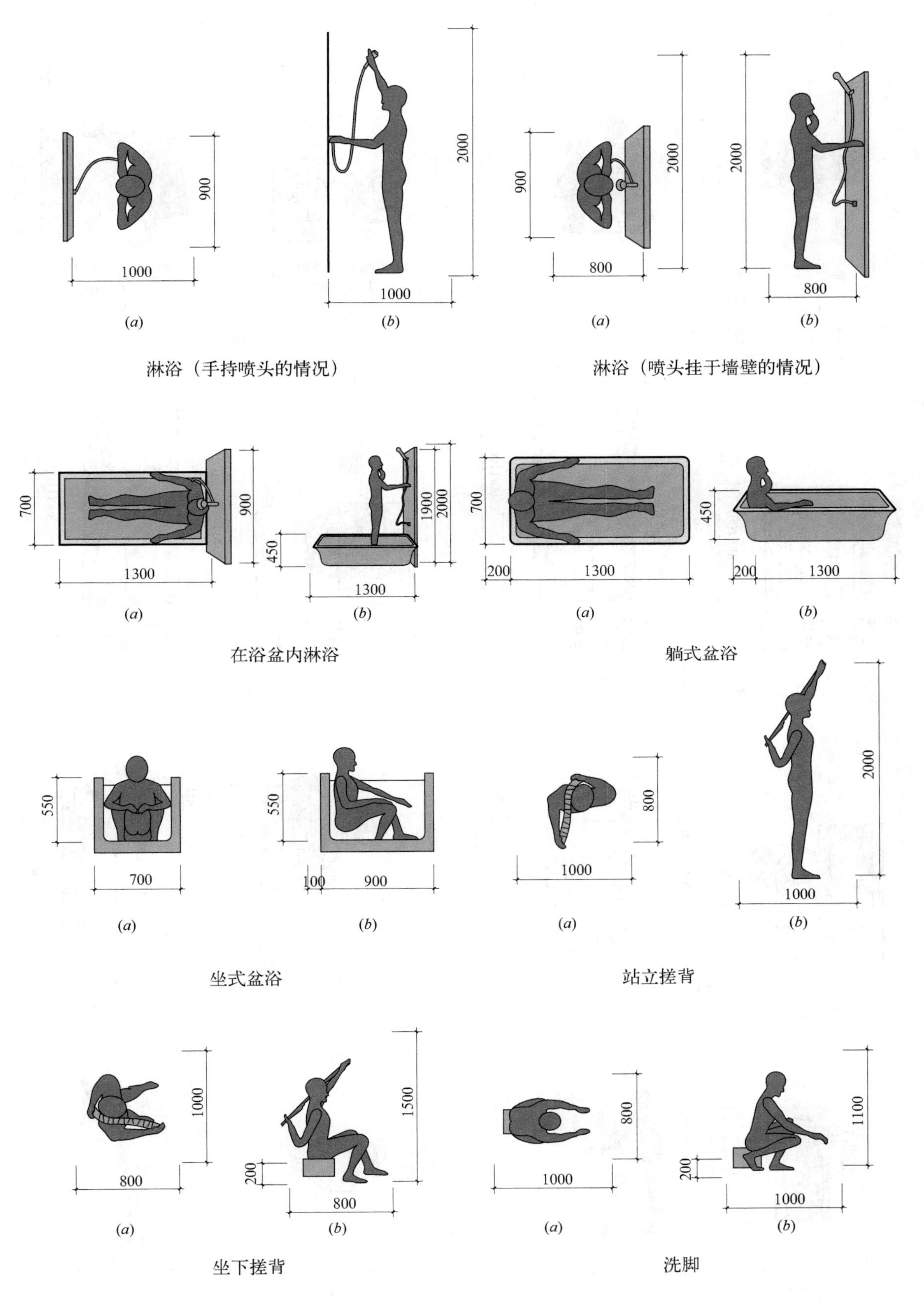
900
1000
2000
1000
(a)
(b)
淋浴（手持喷头的情况）
900
2000
800
2000
800
(a)
(b)
淋浴（喷头挂于墙壁的情况）
700
900
1300
450
1900
2000
1300
(a)
(b)
在浴盆内淋浴
700
200
1300
450
200
1300
(a)
(b)
躺式盆浴
550
700
550
100
900
(a)
(b)
坐式盆浴
800
1000
2000
1000
(a)
(b)
站立搓背
1000
800
1500
200
800
(a)
(b)
坐下搓背
800
1000
1100
200
1000
(a)
(b)
洗脚

图8.4

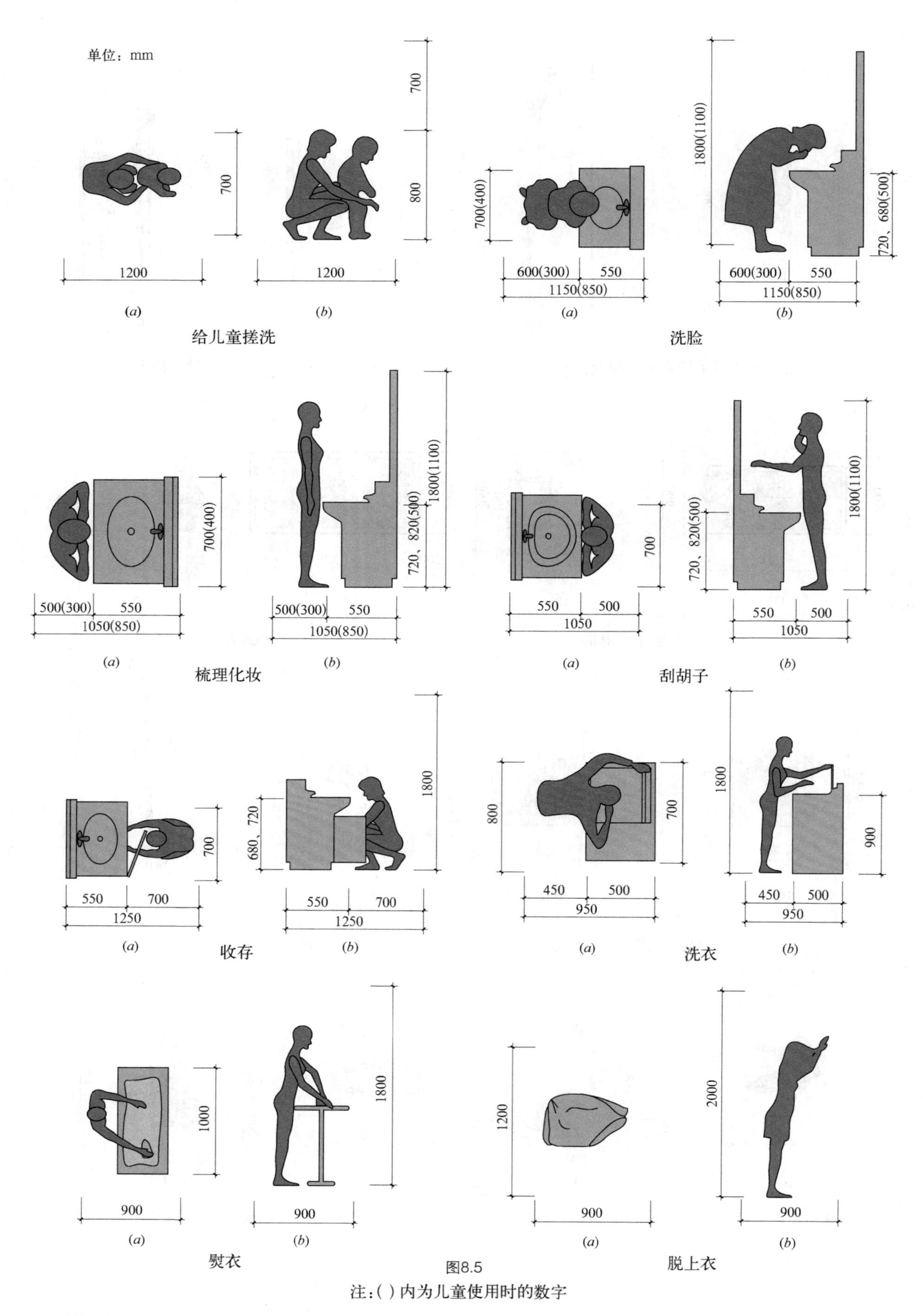

图8.5

注:( ) 内为儿童使用时的数字

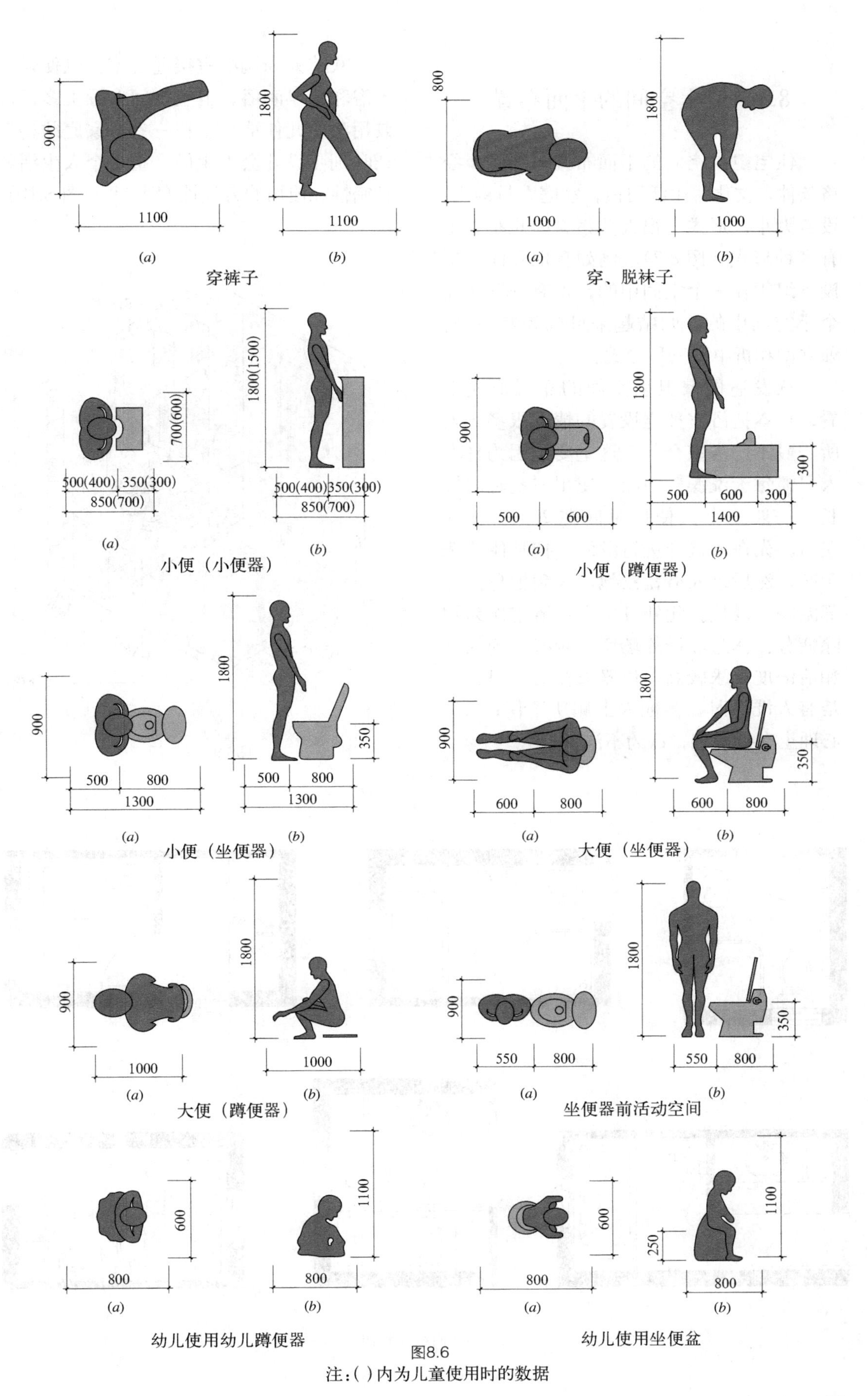

图8.6

注：( )内为儿童使用时的数据

8.3　卫生空间的平面布置

住宅卫生空间的平面布置与气候、经济条件，文化、生活习惯，家庭人员构成，设备大小、形式有很大关系。因此布置上有多种形式（图 8.7），例如有把几件卫生设备组织在一个空间中的，也有分置在几个小空间中的。归结起来可分为兼用型、独立型和折中型三种形式。

从发达国家卫生空间的布置形式上看，日本把浴室独立设置的情况很多，厕所一般不与浴室合并。这主要是因为日本人习惯每天洗澡、泡澡，使用浴室时间较长，一般一个人使用时间在 20 ~ 40min 左右。先在浴盆外进行淋浴，把身体清洗干净，然后进入浴盆浸泡，直到把身体全部温暖、浸热。此外日本人把浴室作为解除疲劳、休息养神的场所，对浴室的气氛和清洁度要求较高，便器放在浴室里，一是有人洗澡时，其他人上厕所不便；二是心理上有抵触感，认为不洁。

欧美人强调浴室接近卧室，以便睡前入浴和清早淋浴，卫生空间布置上多采用兼用型，几件洁具合在一室，家庭结构复杂时则多设几套卫生间，重视个人生活的私密性和使用的方便性（图 8.8 ~图 8.10）。

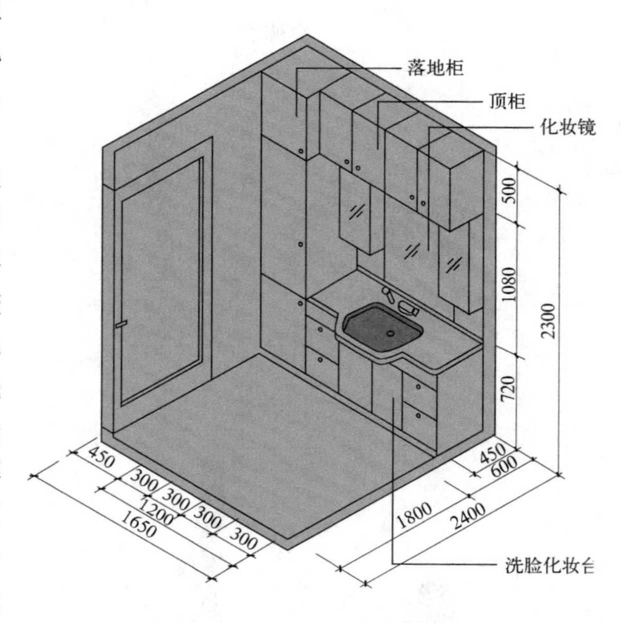

图8.8　洗脸间

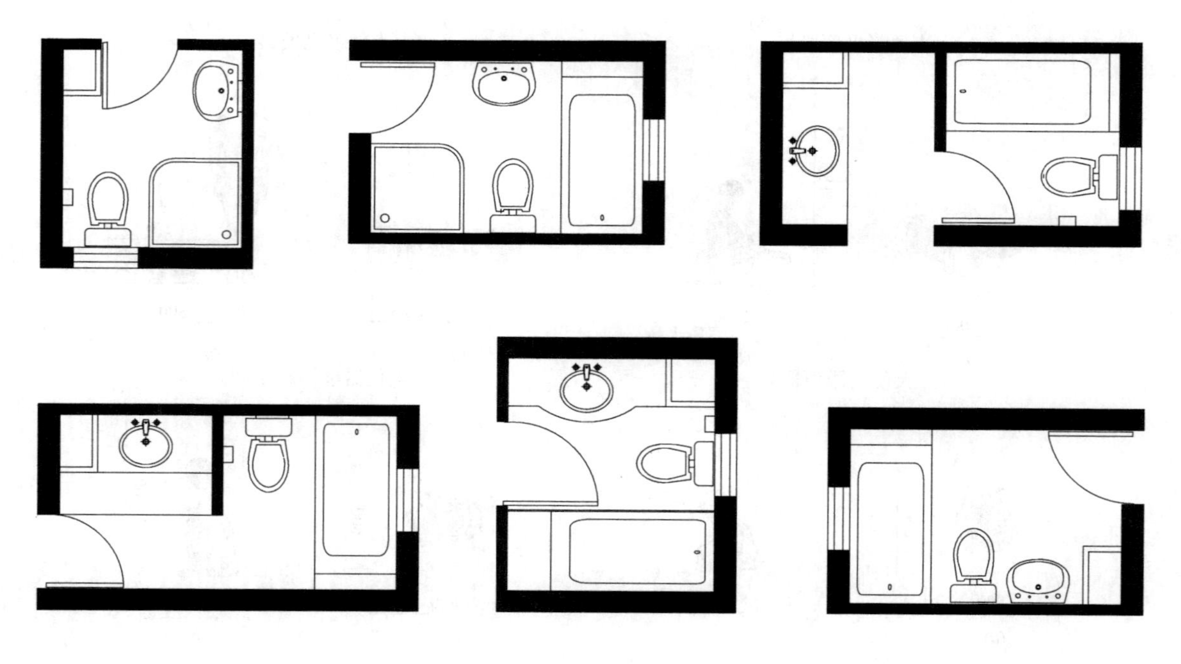

图8.7　卫生间布置类型图

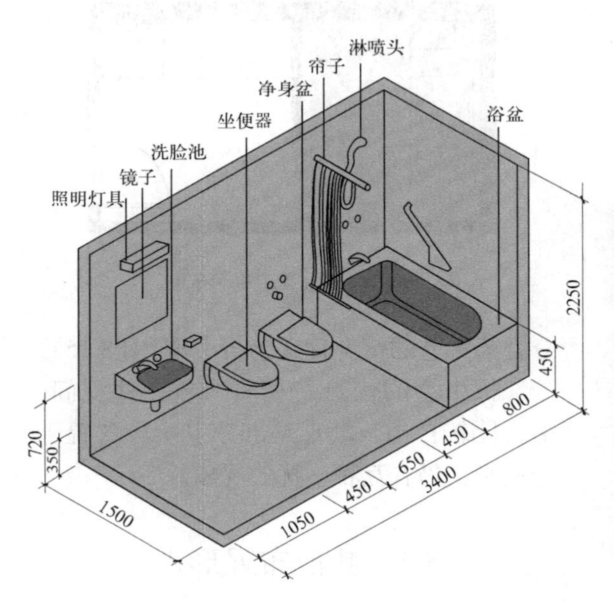

图8.9　中型卫生间

我国目前由于经济条件的限制，一般住宅的卫生间多为兼用型，但整个卫生间面积偏小，设备布置过挤，不利于使用（图8.11）。

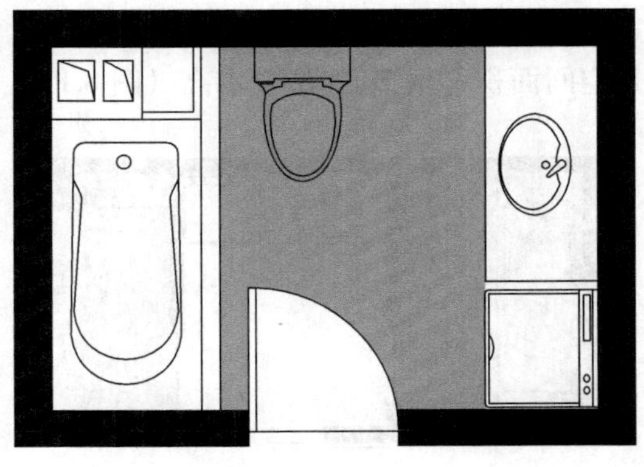

图8.11　中国普通住宅的卫生间常见布置方式

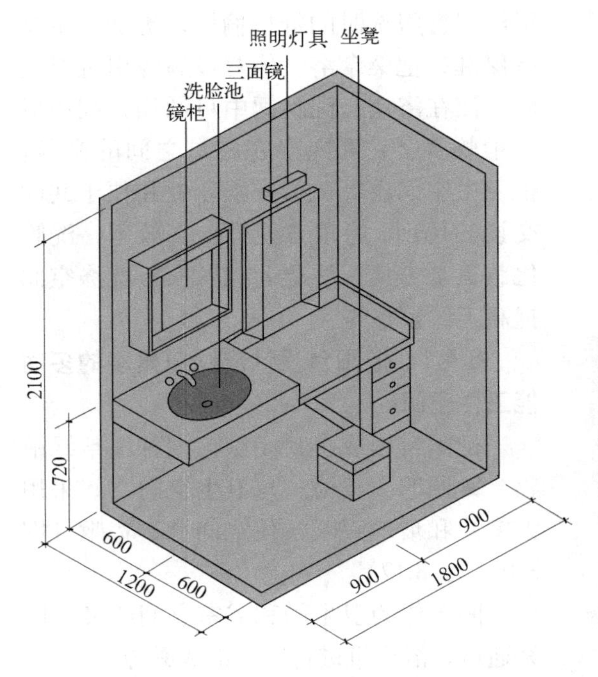

图8.10　洗脸间

现代卫生空间中的洗脸化妆部分，由于使用功能的复杂和多样化，与厕所、浴室分开布置的情况越来越多（图 8.12）。另外洗衣和做家务杂事的空间近年来被逐渐重视起来，因此出现了专门设置洗衣机、清洗池等设备的空间，与洗脸间合并一处的也很多。此外桑拿浴开始进入家庭，成为卫生空间中的一个组成部分，通常附设在浴室的附近。

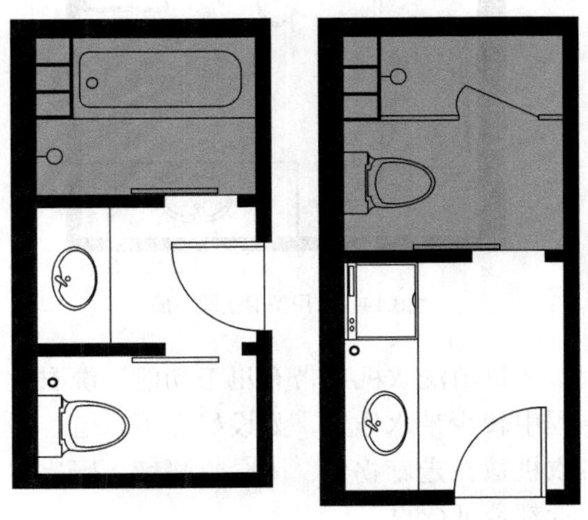

图8.12　干湿分离卫生间布置方式

8.3.1 独立型

卫生空间中的浴室、厕所与洗脸间等各自独立的场合，称之为独立型。

独立型的优点是各室可以同时使用，特别是在使用高峰期可减少互相干扰，各室功能明确，使用起来方便、舒适。缺点是空间面积占用多，建造成本高（图 8.13）。

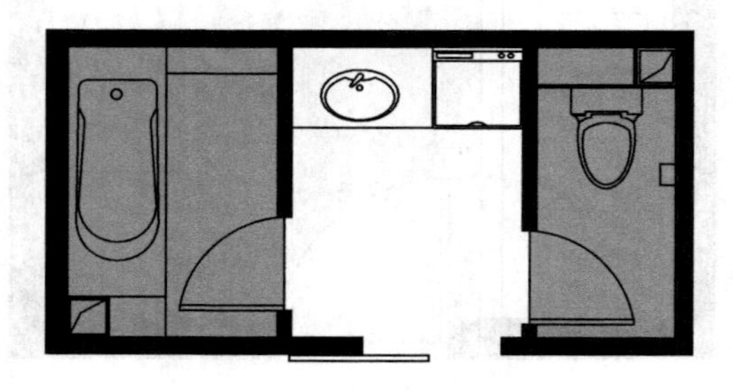

图8.13 独立型卫生间布置

8.3.2 兼用型

把浴盆、洗脸池、便器等洁具集中在一个空间中，称之为兼用型。

兼用型的优点是节省空间、经济，管线布置简单等。缺点是一个人占用卫生间时，影响其他人使用，此外，面积较小时，储藏等空间很难设置，不适合人口多的家庭。兼用型中一般不适合放入洗衣机，因为入浴等湿气会影响洗衣机的寿命（图 8.14）。

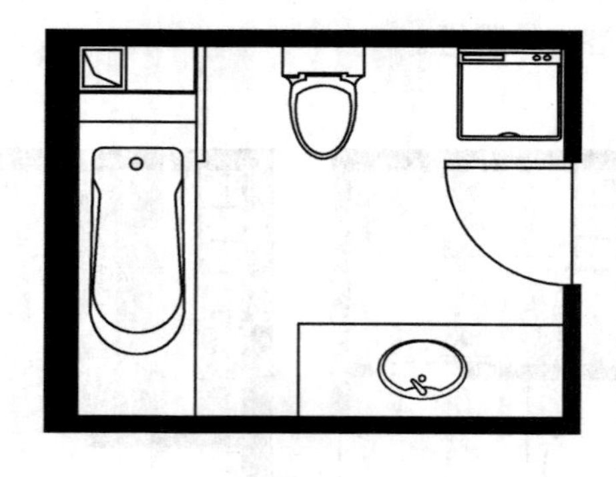

图8.14 兼用型卫生间布局

目前洗衣机都带有甩干功能，洗衣过程中较少带水作业，如设好上下水道，洗衣机放在走廊拐角、阳台、暖廊、厨房附近都是可行的。

8.3.3 折中型

卫生空间中的基本设备，部分独立部分合为一室的情况称之为折中型(图 8.15)。

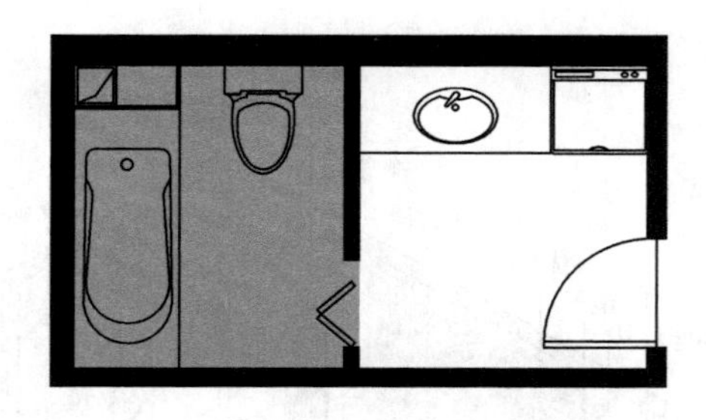

图8.15 折中型卫生间布置

折中型的优点是相对节省一些空间，组合比较自由，缺点是部分卫生设备置于一室时，仍有互相干扰的现象。

8.4 其他布置形式

除了上述的几种基本布置形式以外，卫生空间还有许多更加灵活的布置形式，这主要是因为现代人给卫生空间注入了新概念，增加许多新要求。例如现代人崇尚与自然接近，把阳光和绿意引进浴室以获得沐浴、盥洗时的舒畅愉快，更加注重身体保健，把桑拿浴、体育设施等引进卫生间，使在浴室、洗脸间中可做操，利用器械锻炼身体；重视家庭成员之间的交流，把卫生空间设计成带有娱乐性和便于共同交谈的场所；追求方便性、高效率，洗脸化妆更加方便，洗脸间兼做家务洗涤空间提高工作效率等。

8.4.1 把阳台设计成绿色景观的多功能卫生空间

把阳台围成半封闭型，内种植常绿植物，设照明、桌椅。与卫生空间之间采用大窗户和玻璃隔断，使空间通透宽敞（图 8.16、图 8.17）。

阳台作为卫生间和浴室之间的又一联系通道，浴后可进行阳光浴或乘凉。

把卫生间的门和卧室侧的门关闭，整体可形成一个私密性的空间。

浴盆的位置，桑拿浴室的门窗及体育运动室里的大镜子都考虑了与绿色景观的视线关系。

图8.16

图8.17

8.4.2 充满艺术气息的多功能卫生空间

整个卫生空间打破普通的矩形布局，采用自由活泼的构成形式。以曲面组成的浴室与专用庭院间用玻璃幕墙隔开，庭院墙壁上布置了色彩鲜艳的艺术画，浴室内设置了电视与音响设备。内庭院通过天窗和玻璃砖墙进光，整个浴室融于明快的自然光中，使人在沐浴时同时得到优雅的艺术享受（图 8.18、图 8.19）。

卫生空间亦为全家人休息、团聚、娱乐的场所，大型气泡浴池可供多人使用，家中有儿童时可在夏季把它作为泳池。除了流水作业之外，浴室还兼有休息和娱乐的功能，家庭成员可在这里团聚、交谈、增进交流。

图8.18

图8.19

8.5 卫生空间及卫生洁具的基本尺寸

卫生空间的基本尺寸是由几方面综合决定的，一般主要考虑技术与施工条件，设备的尺寸（表 8.1），人体活动需要的空间大小及一些生活习惯和心理方面的因素。一般来说，卫生空间在最大尺寸方面没有什么特殊的规定，但是太大会造成动线加长、能源浪费，也是不可取的。卫生空间在最小尺寸方面各国都有一定的规定，即认为在这一尺寸之下一般人使用起来就会感到不舒服或设备安装不下。在独立厕所方面各国的规定相差不大，在浴室方面则有很大差别。例如日本工业标准规定浴盆的最小长度可以是 800mm，而德国则要求为 1700mm，这对浴室的平面大小有很大的影响。一般公寓、集体宿舍的卫生空间面积比较紧凑一些，个人住宅、别墅则比较自由、宽敞。当然在有条件的情况下应尽量考虑使用者的舒适与方便，争取设计得宽敞些。对于比较小的卫生空间，即使仅扩大 l0cm，都会使人感到有明显的不同。

在最小面积上，家庭用的卫生空间应

卫生间中主要设备图　　表8.1

卫生单元种类	应安装的设备设施	其他设备设施
便溺单元	坐便器或蹲便器及冲洗装置	净身器、小便器、照明设备、换气设备、电源等
洗浴单元	淋浴装置或浴缸、地漏	照明设备、换气设备、电源等
盥洗单元	洗面器、水嘴	照明设备、电源等
洗涤单元	洗衣机专用水嘴、地漏	拖布池、电源等

考虑到与公用的卫生空间有所不同。以独立型厕所为例，由于在家中不必穿着很多衣服和拿着东西上厕所，人活动的空间范围可以小一些。此外，家庭用的卫生空间的墙壁比较干净，即使身体碰上也没有像使用公共卫生空间那样厌恶的心理感觉，因此在尺寸设计上可以做得比较小。

独立厕所空间的最小尺寸是由便器的尺寸加上人体活动必要尺寸来决定的。一般坐便器加低水箱的长度在 745 ～ 800mm 之间，若水箱做在角部，整体长度能缩小到 710mm。坐便器的前端到前方门或墙的距离，应保证在 500 ～ 600mm，以便站起、坐下、转身等动作能比较自如，左右两肘撑开的宽度为 760mm，因此坐便器厕所的最小净面积尺寸应保证大于或等于 800mm × 1200mm。

独间蹲便器厕所要考虑人下蹲时与四周墙的关系，一般最少保证蹲便器的中心线距两边墙各 400mm，即净宽在 800mm 以上。长方向应尽可能在前方留出充足的空间，因为前方空间不够时人必然往后退，大便时容易弄脏便器。

独立厕所还常带有洗脸洗手的功能，即形成便器加洗脸盆的空间。便器和洗脸盆间应保持一定距离，一般便器的中心线到洗脸盆边的距离要大于或等于 450mm，这是便器加洗脸设备空间的最低限度尺寸。

独立浴室的尺寸跟浴盆的大小有很大的关系，此外要考虑人穿脱衣服，擦拭身体的动作空间及内开门占去的空间。小型浴盆的浴室尺寸为 1200mm × 1650mm，中型浴盆的浴室为 1650mm × 1650mm 等。

单独淋浴室的尺寸，应考虑人体在里面活动转身的空间和喷头射角的关系，一般尺寸为 900mm × 1100mm，800mm × 1200mm 等。小型的淋浴盒子间净面积可以小至 800mm × 800mm。没有条件设浴盆时，淋浴池加便器的卫生空间也很实用。

独立洗脸间的尺寸除了考虑洗脸化妆台的大小和弯腰洗漱等动作以外，还要考虑卫生化妆用品的储存空间，由于现代生活的多样化，化妆和装饰用品等越来越多，必须注意留有充分的余地。此外洗脸间还多数兼有更衣和洗衣的功能，及兼作浴室的前室，设计时空间尺寸应略扩大些。

典型三洁具卫生间，即是把浴盆、便器、洗脸池这三件基本洁具合放在一个空间中的卫生间。由于把三件洁具紧凑布置充分利用共用面积，一般空间面积比较小，常用面积在 3 ～ 4m^2 左右。近些年来因大家庭的分化和 2 ～ 3 口人的核心家庭的普遍化，一般的公寓和单身宿舍开始采用工厂预制的小型装配式卫生盒子间。这种卫生间模仿旅馆的卫生间设计，把三洁具布置得更为合理紧凑，在面积上也大为缩小。最小的平面尺寸可以做到 1400mm × 1000mm，中型的为 1200mm × 1600mm、1400mm × 1800mm，较宽敞的为 1600mm × 2000mm、1800mm × 2000mm 等（图 8.20）。

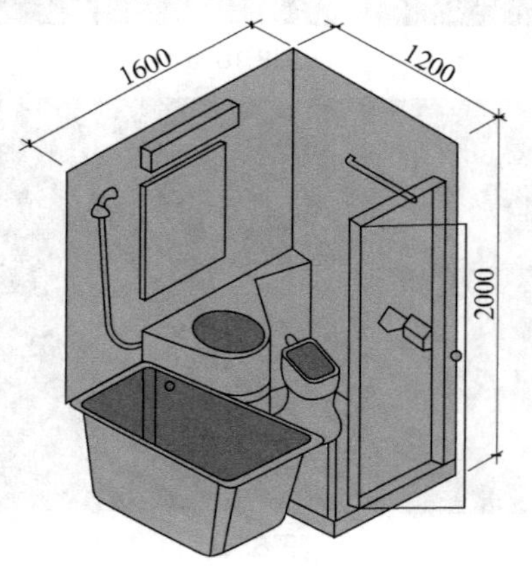

图8.20　三洁具装配式卫生盒子简图

8.5.1 卫生空间大小的舒适度比较

卫生空间太小会感到不适用，太大不但造成空间上的浪费，同时使用起来也不方便。列举普通卫生空间的尺度作为参考(表 8.2)，“理想”卫生间应该不但考虑到人体在其中活动自如，还兼有满足视觉和心理上的舒适要求。

普通卫生间尺寸　　表8.2

方向	卫生间尺寸系列（净尺寸）/（mm）
长向	1200、1300、1500、1600、1800、2100、2200、2400、2700
短向	900、1100、1200、1300、1500、1600、1700、1800
高度	≥2200

8.5.2 卫生洁具设备的基本尺寸

1. 浴室的设备尺寸

(1) 浴盆的尺寸

浴室的主要设备是浴盆，浴盆的形式、大小很多，归纳起来可分下列三种：深方型、浅长型及折中型（图 8.21)。人入浴时需要水深没肩，这样才可温暖全身。因此浴盆应保证有一定的水容量，短则高深些，长则浅些。一般满水容量在 230 ~ 320L 左右。

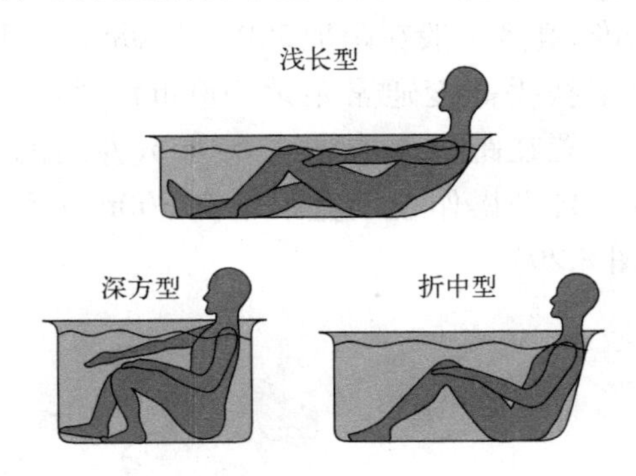

图8.21 浴盆的形式

浴盆过小人在其中蜷缩着不舒适，过大则有漂浮感不稳定。深方型浴盆可使卫生间的开间缩小，有利于节省空间（图 8.22)；浅长型浴盆人能够躺平，可使身体充分放松（图 8.23)；折中型则取两者长处，既使人能把腿伸直成半躺姿态，又能节省一定的空间（图 8.24)。根据研究，折中

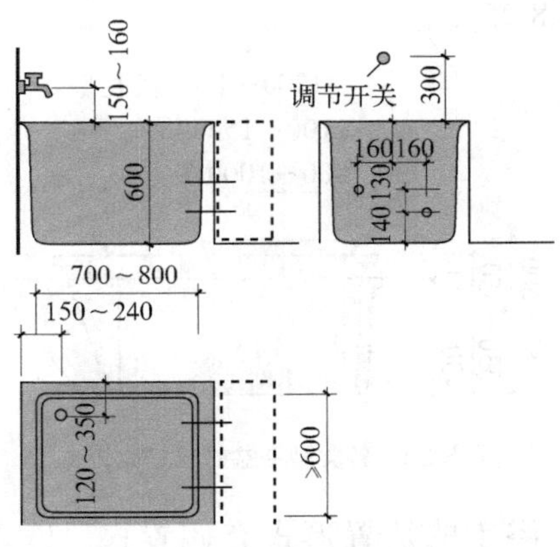

图8.22 深方型搁置式浴盆

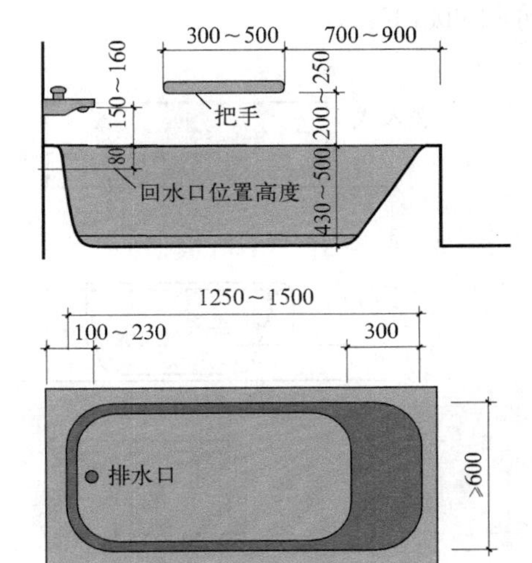

图8.23 浅长型搁置式浴盆

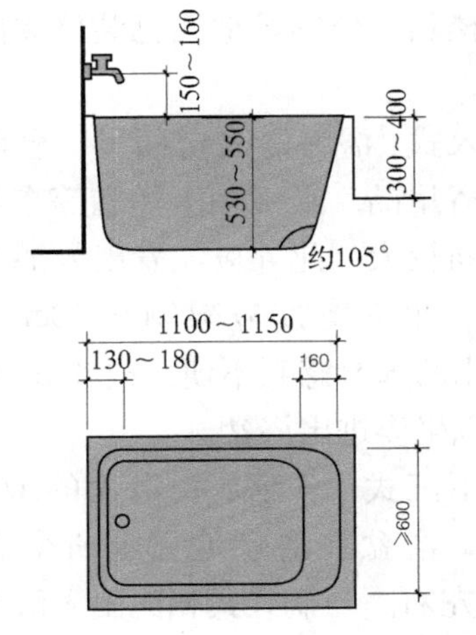

图8.24 折中型半下沉式浴盆

型浴盆的靠背斜度在 105° 时人感觉较舒适。考虑人入浴时两肘放松时的宽度，浴盆宽应大于 580mm；从节约用水的角度出发可增加靠背的斜度和缩小脚部的宽度（图 8.25）。

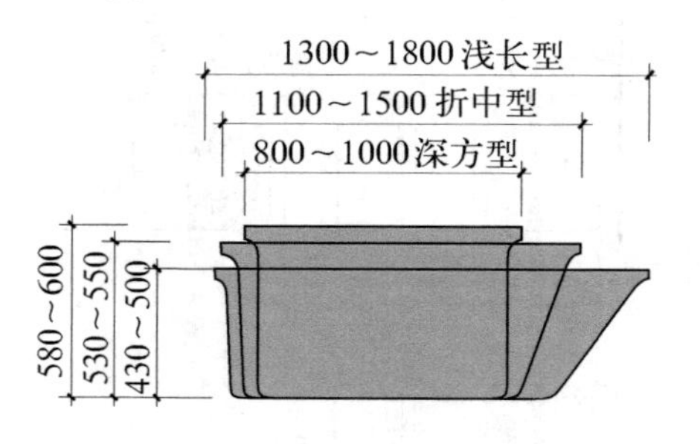

图8.25　各类型浴盆的尺寸比较

浴室的放置形式有搁置式、嵌入式、半下沉式三种（图 8.26）。各种形式的特点可归纳如下：

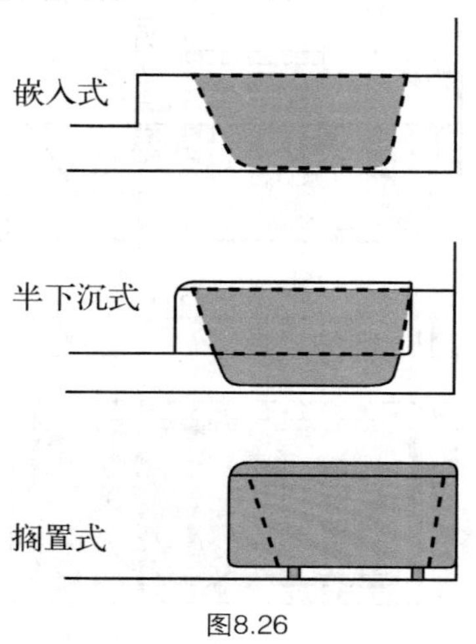

图8.26

搁置式：施工方便，移换、检修容易，适合于楼层、公寓等地面已装修完的情况下放入。

嵌入式：浴盆嵌入台面里，台面对于放置洗浴用品、坐下稍事休息等有利，但占用空间较大。此外应注意出入浴盆的一边，台子平面宽度应限制在 10cm 以内，否则跨出跨入会感到不便。或者宽至 20cm 以上，以坐姿进出浴盆。

半下沉式：一般是把浴盆的 1/3 埋入地面下，浴盆在浴室地面上所余高度在 400mm 左右。与搁置式相比出入浴盆比较轻松方便，适合于老年体弱的人使用。

（2）淋浴器尺寸

淋浴可以有单独的淋浴室或在浴室里设淋浴喷头。欧美人的习惯一般把淋浴喷头设在浴盆的上方，如同旅馆用的形式；日本则设在浴盆外专门的冲洗场上，在进入浴盆浸泡之前先在外面淋浴、洗发。淋浴喷头及开关的高度主要与人体的高度及伸手操作等因素有关。为适合成人、儿童以及站姿、坐姿等不同情况，淋浴喷头的高度应能上下调节，至少可悬挂于两个高度。淋浴开关与盆浴开关合二为一时，应考虑设在坐下盆浴和站立淋浴时手均可方便够到的地方。

2. 厕所的设备尺寸

（1）坐便器尺寸

坐便器使用起来稳定、省力，与蹲便器相比，在家庭使用场合已成为主流。坐便器的高度对排便时的舒适程度影响很大，常用尺寸为 350 ～ 380mm（图 8.27）。坐便器的坐圈大小和形状也很重要，中间开洞的大小、坐圈断面的曲线等必须符合人体工程学的要求，坐便器和坐圈的一般尺寸如图（图 8.28）。手纸盒的位置设在坐便器的前方或侧方，以伸手能方便够到为准，高度一般在距地 500 ～ 700mm 之处。水平扶手高度通常距地 700mm，竖向扶手设置在距坐便器先端 200mm 左右的前方。自动操作控制盘距地高 800mm 左右（图 8.29）。

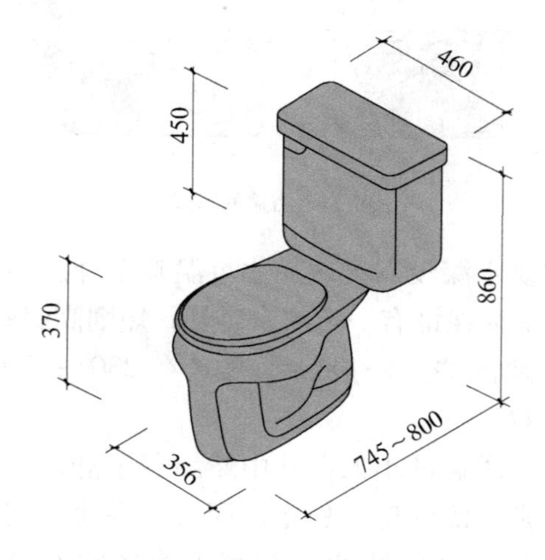

图8.27　普通坐便器的尺寸

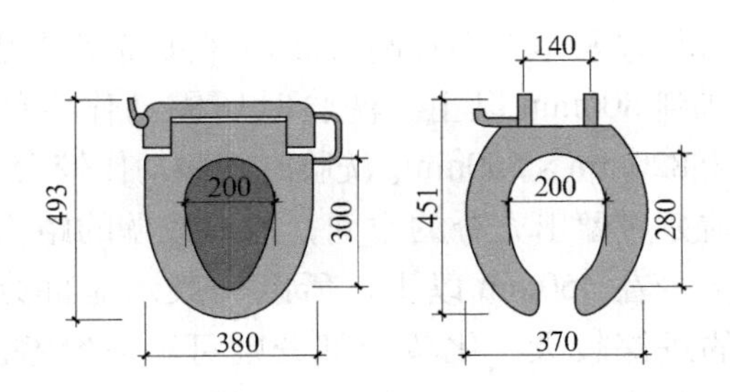

O形坐便器坐圈的尺寸（此型前后尺寸较大，坐上去较为舒适）

U形坐便器坐圈的尺寸（此型前后尺寸稍短，坐上去略感局促）

图8.28

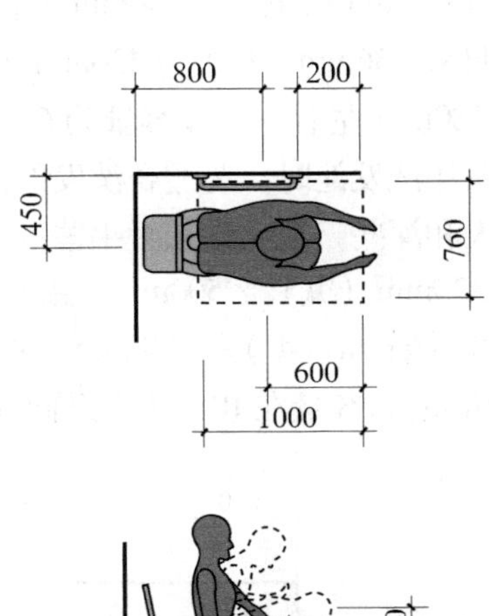

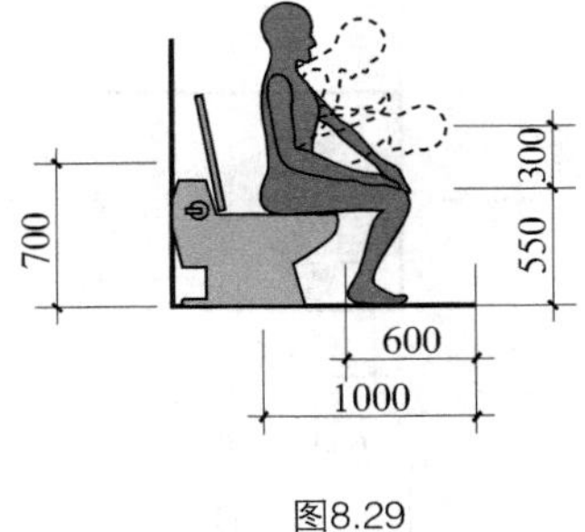

图8.29

（2）蹲便器的尺寸

使用蹲便器时，腿和脚部的肌肉受力很大，时间稍长会感到累和腿脚发麻，而且蹲上蹲下对一些病人和老人来说很吃力，甚至有危险。但蹲着的姿势被认为最有利于通便。男女蹲着时两脚位置有一定差别，女性由于习惯和衣服的限制，两脚要比男性靠拢些。兼顾两者的关系，蹲便器的宽度一般在 270 ~ 295mm 之间，过宽会使双脚受力不稳，感到很吃力。低水箱选择角型的比较节省空间，手纸盒的高度在 380 ~ 500mm 之间（图 8.30）。

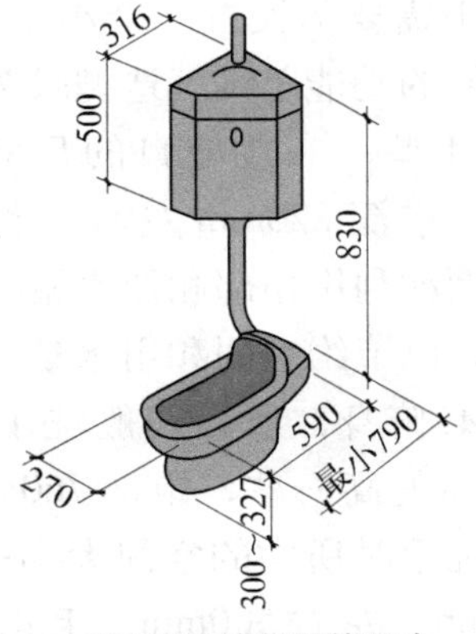

图8.30　蹲便器的尺寸

（3）小便器的尺寸

家中男性多时设一小便器会很方便，可免去小便时容易污染坐便器的缺点，并且能节约冲洗用水。小便器分悬挂式和着地式两种，悬挂式的便斗高些，进深也可相对小些，有儿童时最好用着地式小便器。一般便斗的上缘距地高度应在 530mm 以下，太高在使用上会感到不便，若兼顾儿童和成人共同使用，便斗的高度可降低到 240 ~ 270mm。小便器的宽度中型为 380mm，大型为 460mm。成年人使用小便器时的必要空间是 350mm × 420mm，儿童的只略小一点（图 8.31）。

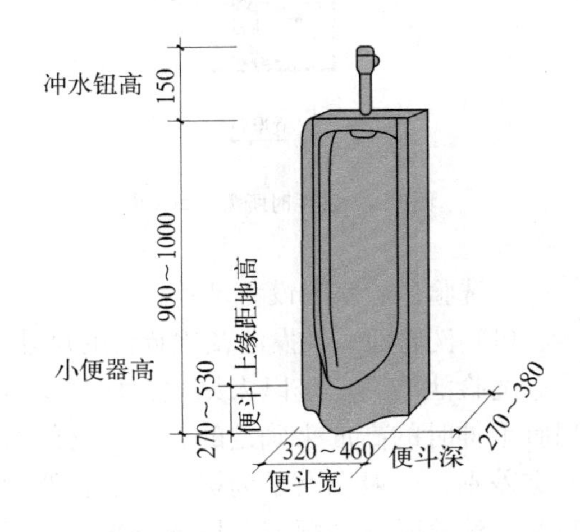

图8.31　小便器的尺寸

（4）洗手池的尺寸

从卫生要求出发，便后必须洗手。现代卫生空间中为了使用方便常把洗脸池或洗脸化妆台从厕所中分离出来，因此独立式厕所中需要另设置一个小型的洗手池。因洗手池的功能单纯，造型较为自由，形体也可小些，一般池口的尺寸为：横向300mm，进深220mm左右。也可做得更小些，例如利用角部和低水箱的上部设洗手池等，以节约空间和用水量。由于洗手时人不必俯身，所以一般洗手池可比洗脸池的高度高一些，距地760mm或更高一点。洗手时所需的空间大小一般为：前后600mm，左右500mm。毛巾挂钩距地1200mm左右较为适宜，并应尽量设在水池近旁，以免湿手带水弄湿地面（图8.32）。

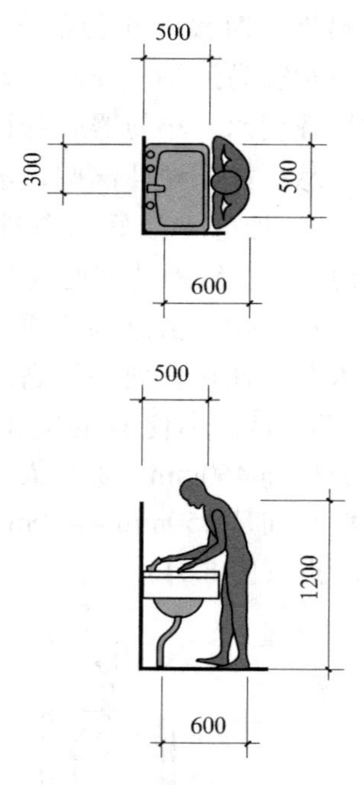

图8.32　洗手时所需空间大小

3. 洗脸化妆室的设备尺寸

（1）洗脸池、洗发池及化妆台的尺寸

洗脸池的高度是以人站立、弯腰双臂屈肘平伸时的高度来确定的。男女之间有一定差别，一般以女子为标准。洗脸池太高时，洗脸时水会顺着手臂流下来，弄湿衣袖。太低则使弯腰过度。由于现代的洗脸间设备多数已由单个的洗脸池改变成了带有台板的洗脸化妆台，因此其高度还要兼顾坐着化妆和洗发等要求。一般洗脸池和化妆台的上沿高度在720～780mm。我国北方人体平均身高较高地区其高度可提高到800mm以上。洗脸时所需动作空间为820mm×550mm。洗脸时弯腰动作较大，前方应留出充分的空间，与镜或壁的距离至少在450mm以上，所以一般水池部分的进深较大，化妆台部分则可相应窄些。洗脸池左右离墙太近时，胳膊动作会感到局促，洗脸池的中心线至墙的距离应保证在375mm以上。

洗脸池的大小主要在于池口，一般横方向宽些有利于手臂活动。例如：小型池口尺寸285mm（纵）×390mm（横），大型池口尺寸336mm（纵）×420mm（横）等，深度180mm左右，一般容量为6～9L。洗脸池兼作洗发池时，为适合洗发的需要，水池要大和深些，池底也相对平些，小型的池口为330mm（纵）×500mm（横）、大型的池口为378mm（纵）×648mm（横），深度200mm左右，容量在10～19L之间(图8.33)。

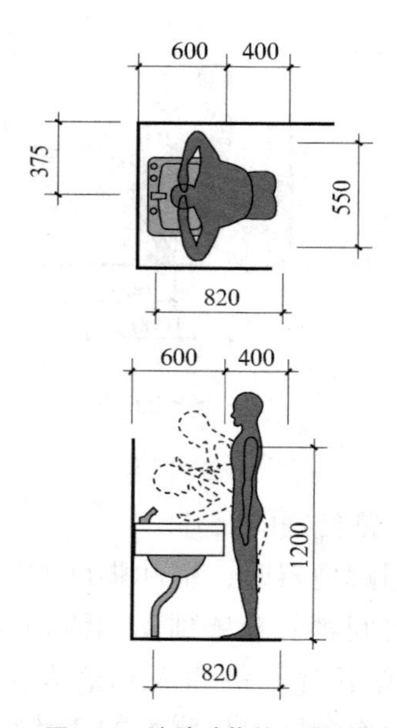

图8.33　洗脸动作的必要空间

新型的洗脸化妆设备，把水池和储存柜结合起来，形成洗脸化妆组合柜。柜体的进深与高度基本一定，面宽上比较自由。面宽较大时可设两个水池，例如一个洗脸池、一个洗发池，两水池之间应保证一定距离，中心线间距离宜在900mm以上（图8.34）。

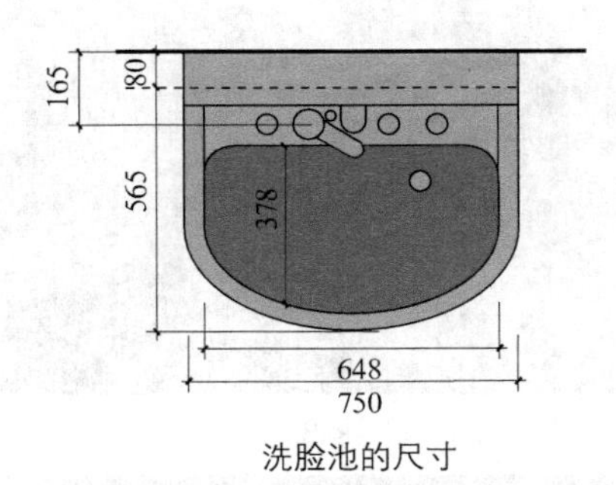

洗脸池的尺寸

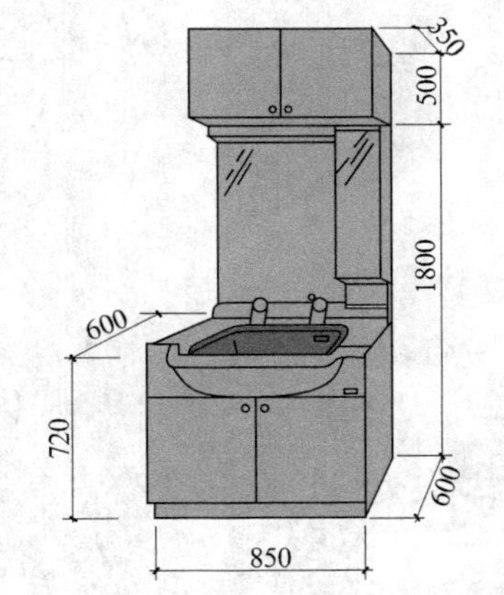

图8.34　小型洗脸化妆组合柜的尺寸

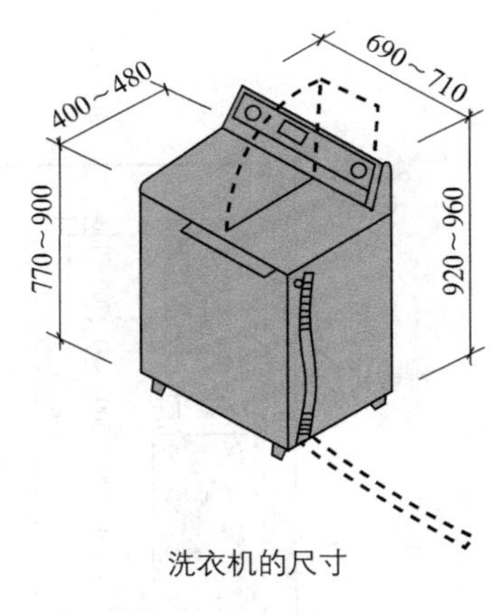

洗衣机的尺寸

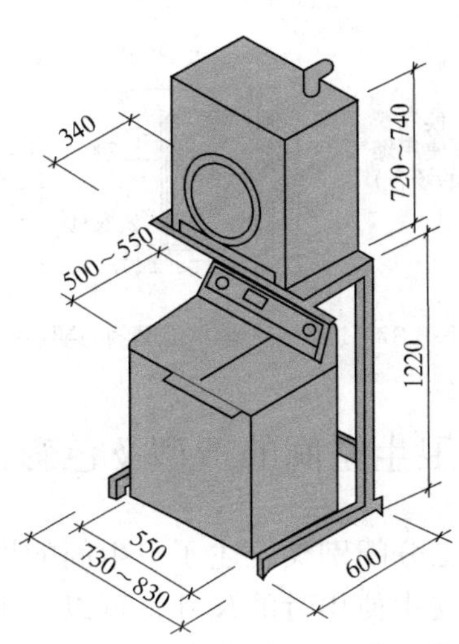

图8.35　洗衣、干燥机的尺寸

（2）洗衣机、清洗池的尺寸

洗衣机分双缸半自动和单缸全自动两类，尺寸大小各个厂家有所不同，基本尺寸如图（图 8.35）所示。干燥机置于洗衣机上时较为节省空间，也可置于一旁。干燥机与洗衣机上下组合时，一定要考虑洗衣机操作时的必要空间，防止上方碰头，或打不开洗衣机盖，具体尺寸参见图 8.37。洗衣机一般置于洗脸间的情况很多，注意必须设计好给水排水。清洗池在家庭生活中是很需要的设备，使用洗衣机前的局部搓洗、刷鞋、洗抹布等，都希望有一水池与洗脸池区别开来。清洗池一般深一些，以便放下一块搓衣板，旁边若带一平台，将利于顺手放置东西，是较为理想的设计。

清洗池及洗衣干燥机周围所需要的动作空间尺寸如图 8.36、图 8.37 所示。

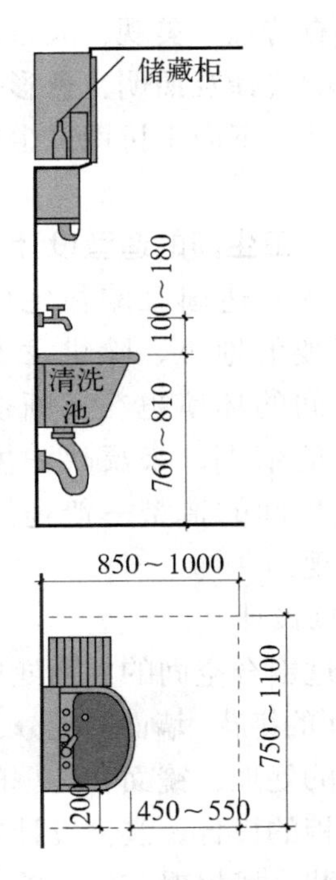

图8.36　清洗池周围的必要空间

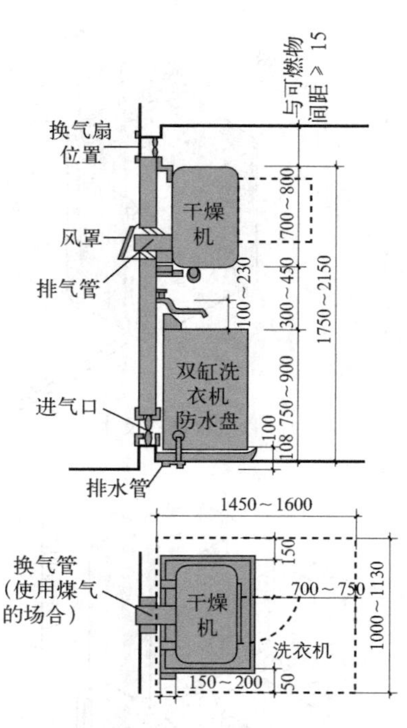

图8.37　洗衣、干燥机周围的必要空间

8.6　卫生空间的造型及色彩设计

以上分门别类论述了卫生间的设备及人体在其中使用时的尺寸，可以看出一个合理的卫生空间首先要把人在其中的活动安排得当、紧凑。除此之外如果想使自己的卫生间有特点、美观、大方，还应当在装修材料的选择及照明、色彩等方面进行详细的设计，下面来讨论卫生间的造型及色彩设计。

8.6.1　卫生间的造型设计

在一些发达国家的住宅中，卫生间占有很重要的地位，除讲求设备的先进外，卫生间的环境也在不断变化，追求各种各样的情调，来反映户主的要求和品位。卫生间的造型一般通过以下几种方式来实现。

1. 装修设计

即通过围合空间的界面处理来体现格调，如地面的拼花、墙面的划分、材质对比、洗手台面的处理、镜面和边框的做法以及各类储存柜的设计。装修设计应考虑所选洁具的形状、风格对其的影响，应相互协调，同时在做法上要精细，尤其是装修与洁具相互衔接部位上，如浴缸的收口及侧壁的处理，洗手化妆台面与面盆的衔接方式，精细巧妙的做法能反映卫生间的品格（图 8.38、图 8.39）。

图8.38

图8.39

2. 照明方式

卫生间虽小，但光源的设置却很丰富，往往有两到三种色光及照明方式综合作用，形成不同的气氛起着不同的作用。

浴室、卫生间除了具有洗浴、方便功能以外，还是一个消除人们身心疲劳的场所，所以尽量使用暖色调，要用明亮柔和的光线均匀地照亮整个房间。根据功能要求，可在洗面盆上方或镜面两侧设置照明

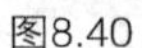

图8.40

图8.41

灯具，使人的面部能有充足的照度，方便化妆。要选择防水、防汽性能好的灯具（图8.40、图 8.41）。

明卫可以有自然光照射进来，暗卫的光线则来自灯光和瓷砖自身的反射。卫生间应选用柔和而不直射的灯光；如果是暗卫而空间又不够大时，瓷砖不要用黑色或深的，应选用白色或浅色调的，使卫生间看起来宽敞明亮。

8.6.2　卫生间的色彩设计

卫生间的色彩与所选洁具的色彩是相互协调的，同时材质起了很大的作用，通常卫生间的色彩以暖色调为主，材质的变化要利于清洁及考虑防水，如石材、面砖、防火板等。在标准较高的场所也可以使用木质，如枫木、樱桃木、花樟等。还可以通过艺术品和绿化的配合来点缀，以丰富色彩变化（图 8.42、图 8.43）。

图8.42

图8.43

8.7 卫生空间的技术要求

8.7.1 防水要求

卫生间用水频繁，洗浴时常常会有水溅到墙上，或将卫生间的水带到其他房间。所以卫生间的防水很重要。尽量做到干湿区域分明，地面要容易清洗，便于清洁。墙面易于擦拭，不易结垢。

卫生间的防水范围包括地面和墙面。防水处理不好很容易出现渗漏水，其主要现象有楼板管道滴漏水、地面积水、墙壁潮湿和渗水，甚至下屋顶板和墙壁也出现潮湿滴水现象。治理卫生间的渗漏，必须先找出渗漏的部位和原因。地面防水必须要通过“蓄水试验”来验收，墙体防水处理一般要做到 0.3m 高，如果是非承重的轻墙体，至少要做到 1.8m 高的防水处理。

8.7.2 通风要求

由于卫生间的活动性质，卫生间里经常会聚集很多湿气，所以卫生间的通风设计特别的重要。卫生间尽量开明窗，有利于卫生间的通风。但是多数小户型暗卫较多，暗卫没有窗户，常常造成通风困难。建议利用卫生间里的排风口，选择一个管道抽风机，把卫生间里的湿气排出。卫生间的管井和风道尽量布置在承重墙上，以释放更多的非承重墙来做空间改造。注意检修口的位置宜设置在隐蔽的地方，而且不容易被水溅到。

8.7.3 干湿分区

大部分住宅的卫生间中坐便和淋浴器都共处一室，造成沐浴后便池和地面全都被打湿，给活动带来很多不便。现代的卫生间应该重视功能分区，要注意干湿分离与动静分离。为防止卫生间地面的水被带到其他房间去，可以有效地隔离淋浴空间，使卫生间中其他部分形成干燥区是必要的。卫生间的干湿分离将是一个必然的趋势。

卫生间布局中值得注意的几个问题：

1. 舒适性，使卫浴设备符合人体工程学的要求；

2. 健康性，使卫生间中的采光、通风、换气与采暖等问题得到改善；

3. 安全性，要使用环保材料，注意防滑、防燃等事项；

4. 方便性，应尽量提供卫生间内的储存空间，将其空间置于不明显的位置（图 8.44）；

5. 私密性，房门开启的朝向要避免与餐厅、起居室等公共部分有视线的干扰（图 8.45）。

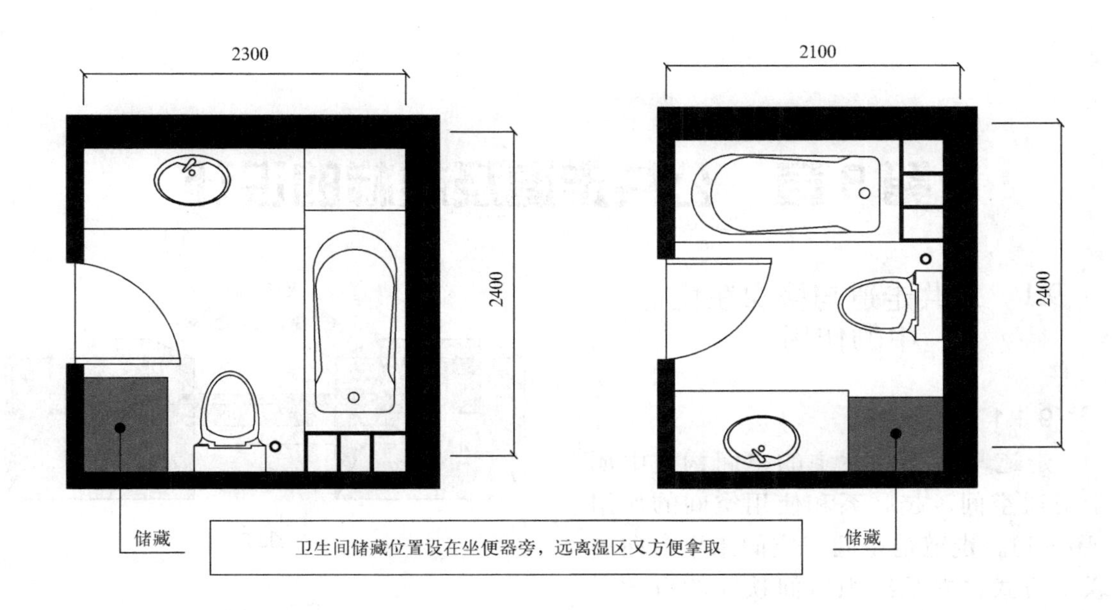

图8.44　卫生间储藏空间

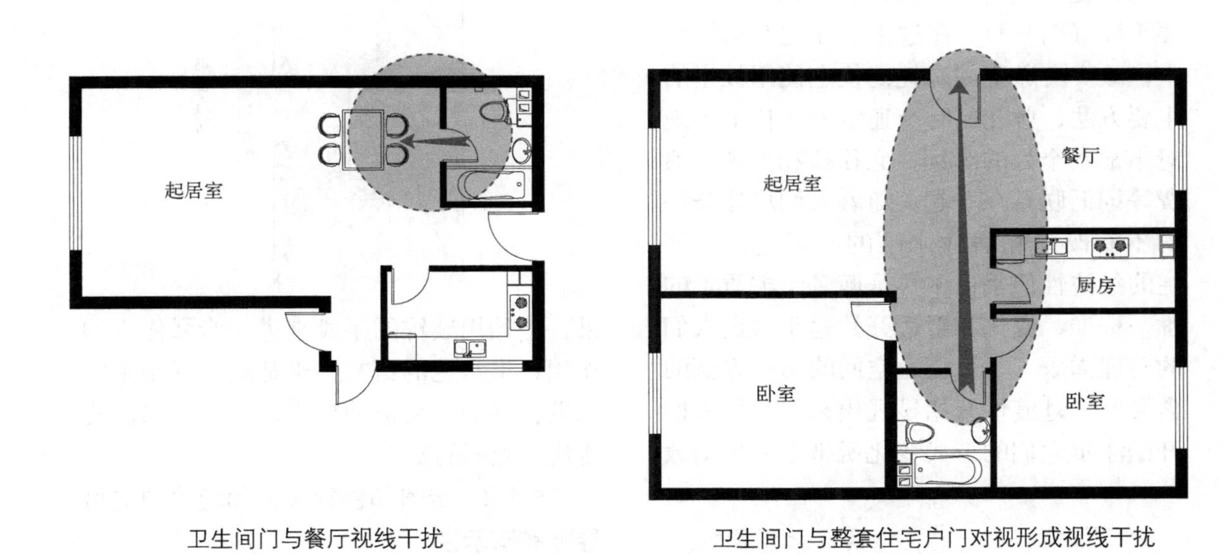

卫生间门与餐厅视线干扰　　卫生间门与整套住宅户门对视形成视线干扰

图8.45

第 9 章　公共走道及楼梯的设计

9.1　公共走道与楼梯在住宅中的作用

9.1.1　交通作用

走道与楼梯在住宅的空间构成中属于交通空间，起联系和使用空间的作用（图 9.1）。走道是空间与空间水平方向的联系方式，它是组织空间秩序的有效手段（图 9.2）。楼梯是空间之间垂直的交通枢纽，是住宅中垂直方向上相联系的重要手段（图 9.3）。在过去的住宅空间设计中，减少交通空间是提高住宅使用效率的主要方法，曾几何时交通空间在住宅中绝对不是一个好的名词，它往往和单调、浪费等词汇联系在一起。随着人们居住条件的不断改善和居住水准的不断提高，住宅的经济性似乎已不再是衡量住宅质量的惟一标准，变化和舒适开始逐步占据人们的心理需求，于是交通空间的另一方面的含义——过渡性开始显现出来，并且人们开始注重它们的形式变化所带来的生动效果，开始用装饰的手段来进一步强化它的作用，丰富它的语言。于是走廊开始走出单调、沉闷、呆板的形式，出现了层次的变化，光影的变化。

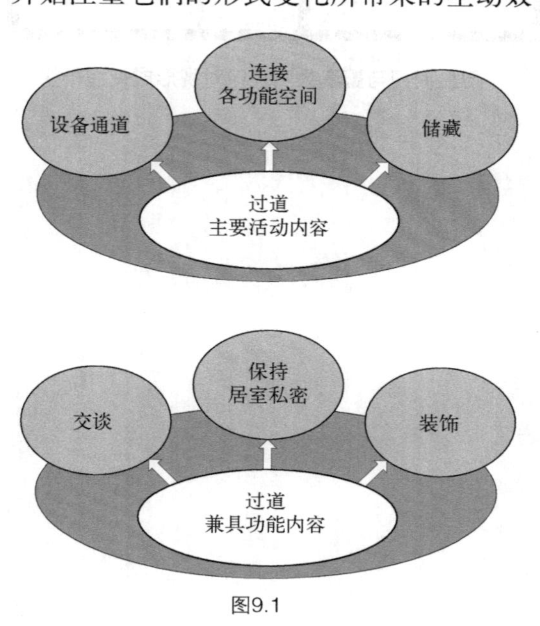

图9.1

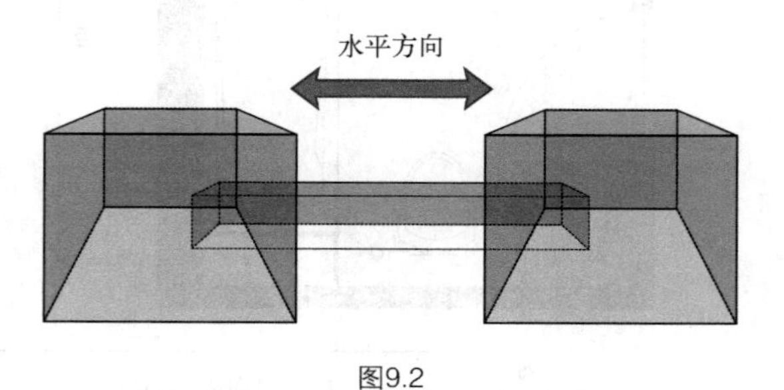

图9.2

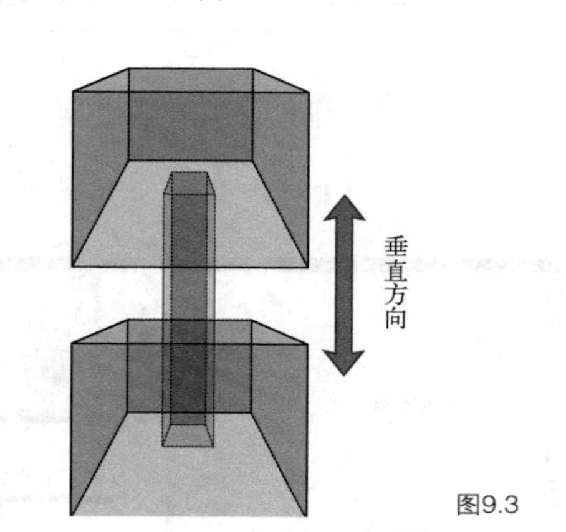

图9.3

9.1.2　走道和楼梯在空间变化中的引导性和暗示性

交通空间是一个空间通向其他空间的必经之路，因而它应具备较强的引导性。引导性首先是由交通空间的界面和尺度所形成的方向感决定的，由于住宅中各使用空间是主角，所以交通空间的位置往往比较次要，但设计者又希望通过这些部位来暗示那些看不到的空间，以增强空间的层次感。因而这部分交通空间的形式设计就显得极为重要且有难度。重要在于必须让使用者和来访客人感觉到它的存在和它后面所隐藏的内容。难度在于它必须做得巧妙，而不生硬或喧宾夺主。

9.1.3　走道和楼梯的视觉作用

走道和楼梯作为住宅空间构成的重要部分，在发挥交通空间作用的同时，其视觉方面对居住者的影响也不容忽视。由于走道和楼梯功能较为单一，但形式上的丰富性对整个空间环境的塑造十分有利。良好的走道空间能够满足其作为交通空间功能要求的同时，也能够满足使用者的审美需要。因此，在做此类设计的时候，必须兼顾功能和视觉两方面的因素，结合空间形态和审美心理来处理，其风格样式要与室内空间的整体风格协调一致，否则将会出现混乱的局面（图 9.4、图 9.5）。

图9.4

图9.5

9.2　公共走道的形式

根据我国《住宅设计规范》规定，套内入口过道净宽不宜小于 1.20m；通往卧室、起居室（厅）的过道净宽不应小于 1m；通往厨房、卫生间、储藏室的过道净宽不应小于 0.90m，过道在拐弯处的尺寸应便于搬运家具。

走道依据空间水平方向的组织方式，形式上大致分为一字形、L 形和 T 字形（图 9.6 ～图 9.8）。性质上大致分为外廊、单侧廊和中间廊。不同的走道形式在空间中起

图9.6　一字形走道

图9.7 L形走道

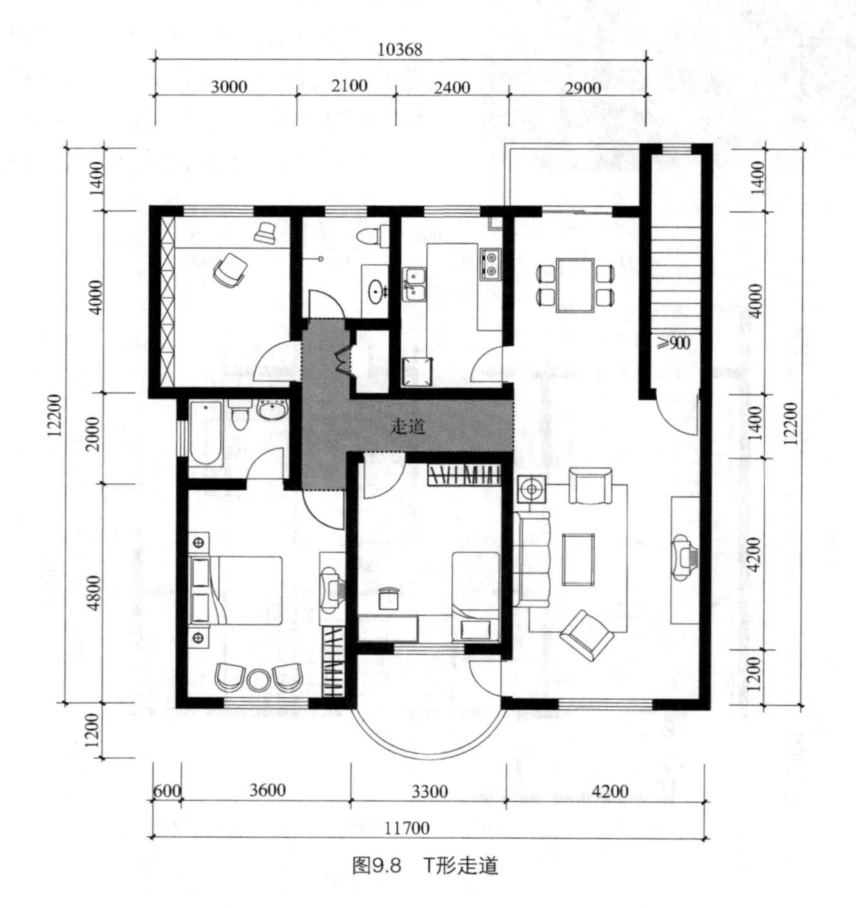

图9.8 T形走道

着不同的作用，也产生了迥然不同的性格特点。如一字形走廊方向感强、简洁、直接。一字形的外廊又有明亮、开朗的特点，但过长的一字形走廊如处理不当则会产生单调和沉闷感（图 9.9）。L 形走廊迂回、含蓄，富于变化，往往可以加强空间的私密性。L 形廊既可以把性质不同的空间如起居室、卧室相连，使动静区域之间的独立性得以保持，又可以联系不同的公共空间，使室内空间的组成在方向上产生突变，视觉上有柳暗花明的感觉（图 9.10）。T 形走廊是空间之间多向联系的方式，它较为通透，而两段走廊相交之处往往是设计师大做文章的地方（图 9.11）。处理得当的话，将形成一个视觉上的景观变化，有效地打破走廊沉闷、封闭之感。

图9.10

9.3 公共走道的装饰手法

由于走道的功能较为单一，因而在建筑设计中建筑师总将其简化至极致，这曾一度成为评价住宅空间设计是否成功的一项重要指标。然而在今天的住宅之中，走道又逐步地以一种新的角色出现了。一方面它依然起着联系空间的作用；另一方面室内设计和装饰又使其形象焕然一新成为家居、住宅之中新的风景（图 9.12）。

图9.11

图9.9

图9.12

9.4 走道的组成元素

走廊由顶棚、地面、墙面组成，其中很少有固定或活动的家具，因而所有的变化集中于几个界面的处理上。下面罗列出各界面并分析其装饰的手法和装饰后的作用。

1. 顶棚

在住宅中走道的顶棚往往和储存的顶柜结合，形成家庭的储存空间。因而它的吊顶标高往往较其他空间矮一些。顶面的形式也较为简单，仅仅做照明灯具的排列布置，不再做过多的变化以避免累赘。顶棚的装饰手法如材质、阴角线的收合应与其他空间相呼应，以符合空间整体感要求。由于层高上的变化，阴角线往往和其他空间的阴角线标高不同，应充分给予合理处理，避免产生线角不交圈的问题。由于走道没有特殊的照度要求，因而它的照明方式常常是筒灯或槽灯，甚至完全不设灯而依靠壁灯来完成照明。走道的灯具排布要充分考虑到光影形成的富有韵律的变化，以及墙面艺术品的照明要求，有效地利用光来消除走道的沉闷气氛，创造生动的视觉效果（图 9.13）。

图9.13

图9.14

2. 地面

在住宅的所有空间中，走道是惟一没有活动家具的空间，所以它的地面几乎百分之百的暴露。当走廊选用不同的材料时，它的图案变化也就最为完整，因此选择图案或创造拼花时应注意它的视觉完整性和轴对称性，同时图案本身以及色彩也不宜过分夸张。因为走道毕竟是从属地位，处理不当就会造成喧宾夺主。同顶棚一样，地面的波打边的变化也应考虑和起居室、卧室、卫生间等不同材料，以保持和空间的地面材料变化的独立性，因而交圈在这里也是一个十分突出的问题。另外走廊地面选材时还应注意声学上的要求，由于走道连接公共与私密空间，所以在选材时一定要考虑到人的活动声响对空间私密性的破坏（图 9.14）。

3. 墙面

走道空间的主角是墙面，墙面符合人的视觉观赏上的生理要求，可以做较多的装饰和变化。走道的装饰往往和其自身尺度有较大的联系。走道越宽，人就有足够的视觉距离，对装饰细节也就越加关注。走道的装饰有两方面的含义，一方面是装修本身，即对界面的包装修饰，包括墙面的划分，材质对比，照明形式变化，踢脚线、阴角线的选择以及各空间与走廊相连接的门洞和门扇的处理等。当走道较短时，门扇往往成为变化的主要因素。这时门的样式，材质对比及五金件的选择都是很重要的。另一方面是脱离于装修和固定的艺术陈设，如字画、装饰艺术品、壁毯等种类繁多的艺术形式。根据不同的气氛，选择艺术品并在适当的位置摆设是一件很重要的事情。需要设计师有全面的艺术修养和良好的专业素质。同时艺术品的固定方式要巧妙，应和装修完美地结合（图 9.15）。

图9.15

4. 房门

在走道空间的墙面大多有门的存在，门的处理就成为影响整个空间品质的重要因素。门的处理主要包含以下几方面：门的材质与墙面材质的对比，门的样式与整个空间形式的协调以及锁具的选择等，这些都将影响到门的视觉效果乃至整个空间的效果。门的形式选择上也要兼顾实用和美观两大原则。一般来讲，卧室属私密性空间，需要采用封闭的门，而厨房、卫生间则可采用半通透的门，这样的设计手段对空间的延伸和丰富有着积极的作用（图 9.16）。

图9.16

9.5　楼梯的作用及位置

楼梯在住宅中起垂直空间的联系作用，在两层楼的住宅中，楼上通常是私密性空间，如主卧室、儿童卧室以及书房等。而楼下是起居室、餐厅、厨房等（图 9.17）。楼梯能很严格地将公共空间和私密性空间

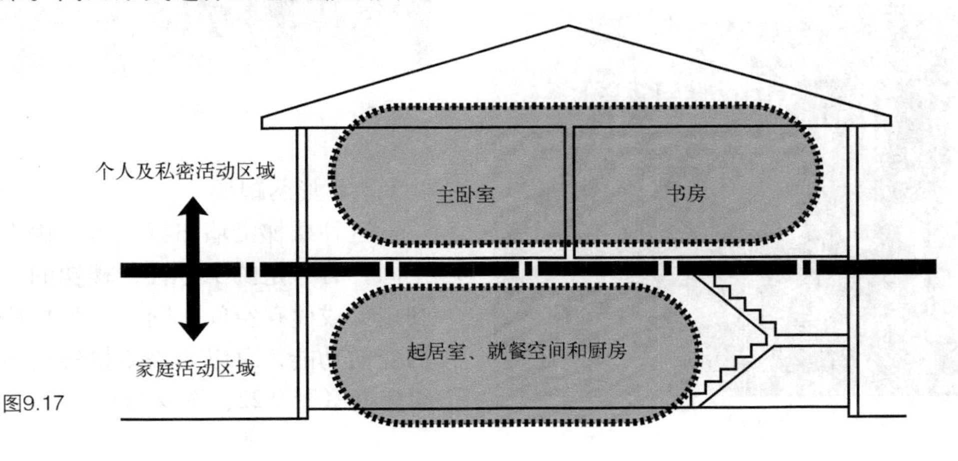

图9.17

隔离开来。楼梯的位置明显但不宜突出，往往设在公共空间的边缘，或公共空间和交通空间的衔接处，使其既让人一眼能看到，又不能使其过于张扬，以干扰起居空间的活动。在多数商品住宅中楼梯的位置往往沿墙设置和拐角设置以免浪费空间，但在标准很高的豪华住宅中楼梯的设置就不那么拘谨，往往位置显赫以充分表现楼梯的魅力，这时楼梯也成为一种表现住宅气势的有效手段，成为住宅空间中重要的构图因素。

9.6 楼梯的形式及尺寸

9.6.1 楼梯的形式

楼梯的样式有多种，但每种的适用场合不同。不同的楼梯形式所营造的气氛也大相径庭。住宅中楼梯的种类大致有以下几种：

1. 一梯两跑式

这种楼梯气势大，方向感强，应用于标准较高的户型之中，一、二层楼的联系感较强（图 9.18、图 9.19）。

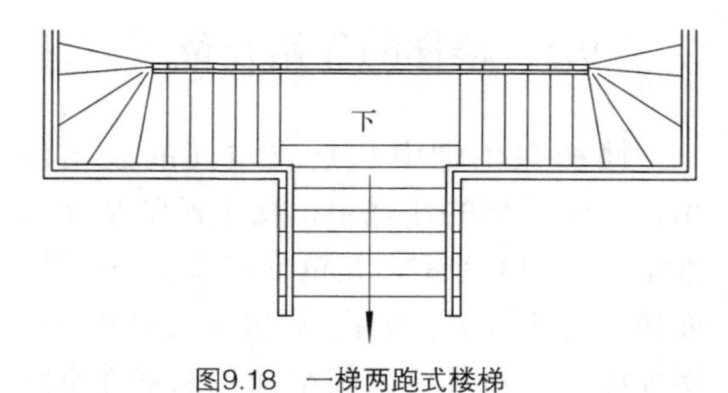

图9.18 一梯两跑式楼梯

图9.19

2. 两跑梯

这种梯应用广泛、普及，它节约空间和其他空间的关系也易于衔接。比较隐蔽，易于强化楼上空间的私密性（图 9.20、图 9.21）。

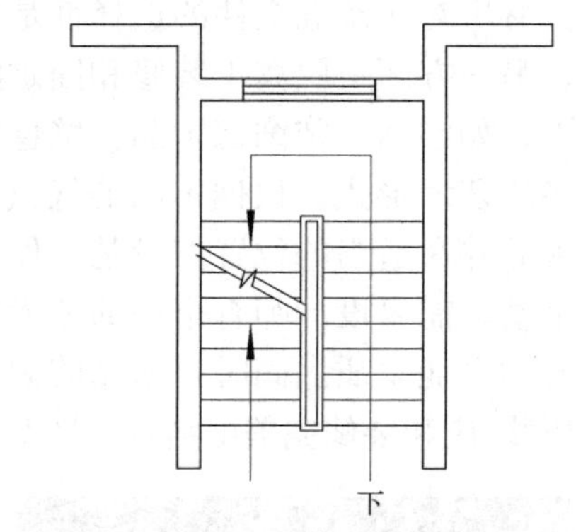

图9.20 两跑式楼梯

图9.21

3. L 形两跑梯

这种楼梯沿墙布置较多，优点是节约空间，有一定的引导性，楼梯的一侧可以利用形成储存空间。同时 L 形楼梯有较强的变向功能，可以用来衔接轴向不同的两组空间（图 9.22、图 9.23）。

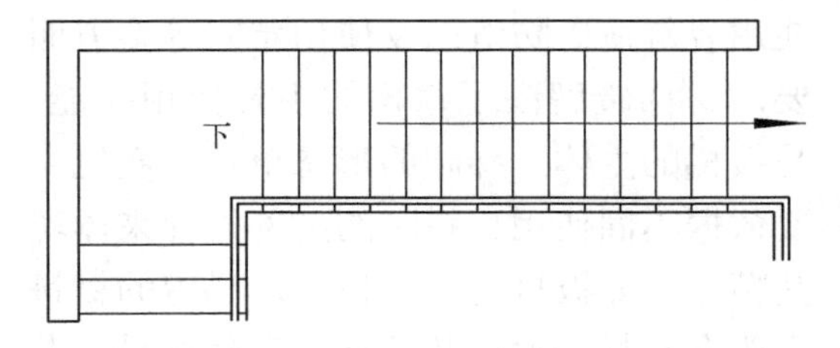

图9.22　L形两跑式楼梯

图9.23

4. 旋转梯

旋转梯造型生动，富于变化，节约空间，常成为空间中的景观，成为不可分割的构图。旋转梯的材料可以是混凝土、钢材，甚至是有机玻璃的。现代的材料更宜于表现旋转梯的流动、轻盈的特点。在室内设计阶段应考虑到旋转梯的形态多变而带来的工艺方面的难度，应根据现有的机具、市场、经济等因素合理地选择材质和造型（图 9.24、图 9.25）。

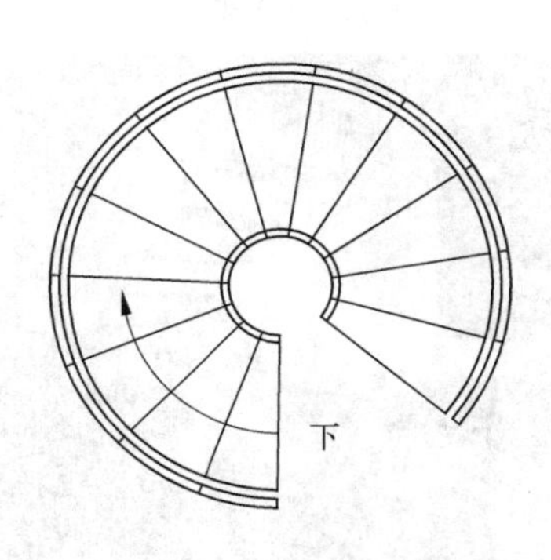

图9.24　旋转式楼梯

图9.25

5. 直跑梯

直线行进的楼梯设置需要足够的高度，而且要比其他形式的楼梯需要更多、更大的空间。现代住宅中较少用这种形式的楼梯（图 9.26、图 9.27）。

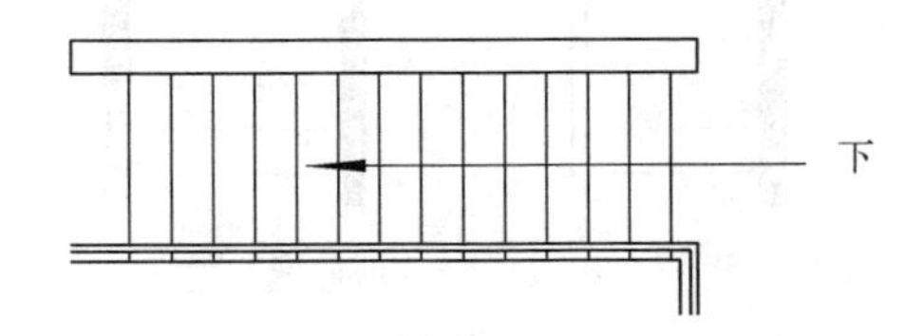

图9.26　直跑式楼梯

图9.27

9.6.2 楼梯的尺寸

住宅中的楼梯尺寸一般都不大，这也是和整体住宅的规模相适宜的。它在宽度、坡度等方面都和公共建筑中的楼梯有微妙区别。首先是在公共建筑的楼梯中宽度应不低于0.90m，以保证上下两股人流互不影响。而在住宅中设计中，我国《住宅设计规范》中指出，套内楼梯的梯段净宽，当一边临空时，不应小于0.75m；当两侧有墙时，不应小于0.90m。套内楼梯的踏步宽度不应小于0.22m，高度不应大于0.20m，扇形踏步转角距扶手边0.25m处，宽度不应小于0.22m（图9.28、图9.29）。

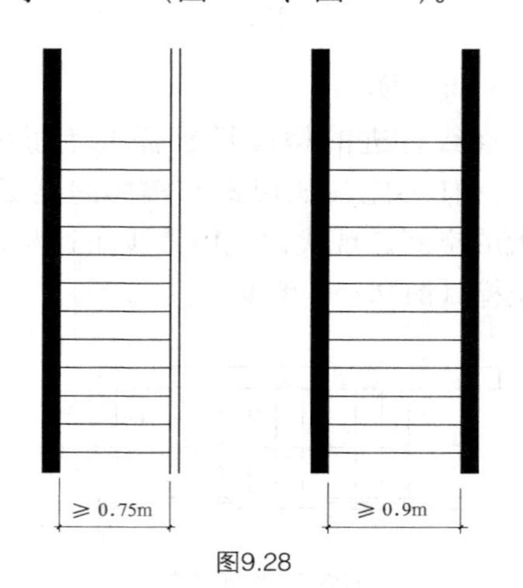

图9.28

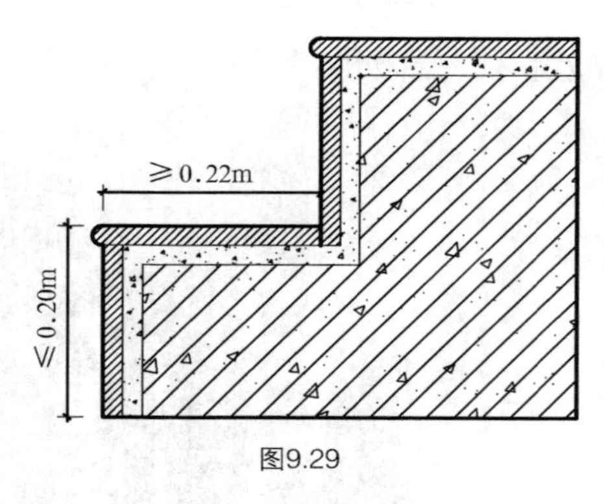

图9.29

9.7 楼梯的装饰手段

1. 梯磴

楼梯是由梯磴、栏杆和扶手组成。三部分用不同的材料，以不同的造型解决了不同的功能。梯磴用较坚硬耐磨的材料，合理的尺度搭配，巧妙的质感变化以满足使用者舒适、防滑以及使用年限等多方面要求。梯磴解决了楼梯的主要使用功能，是楼梯的主体。梯磴的形态单一，变化主要依据不同使用材料时的细部处理来体现其精巧，如板材之间的搭接。梯磴的材料主要有石材、木板及地毯，三种材料在做法上都有自己独特的要求。另外当梯磴材料和上、下层公共部分用材不同时，应当注意收口部位的处理，避免生硬和简陋之感。同时为了增强楼梯的表现力，常常把不同的材料如不同的石材、不同质感的石材、木板与石材、石材与地毯放在一起产生了对比的美，而在起步的台阶处往往经装饰的手法把它的形态夸张、变形来突出楼梯的位置。总之在梯磴的装饰方面应把功能要求和视觉要求完美统一起来（图9.30、图9.31）。

2. 栏杆

栏杆在楼梯中的作用是围护，即防止大人和儿童从上摔下。因而栏杆在高度和密度上都有一定的要求，如高度通常在900mm以上，密度要保证3岁左右的儿童

图9.30

图9.31

图9.32

摔倒时不至掉到楼梯以外。同时在强度上栏杆也应能承担一定的冲力和拉力，要能承受成年人摔倒时的惯性和老年人、病人的拉力。所以楼梯栏杆的材料常用铸铁、木栏杆或较厚的（10mm以上）玻璃栏板来构成。栏杆的受力结构不应过于平均，以免造成形式上的单调，应分成受力生根部位和装饰围护部分。受力生根部分应传力明确且结实有力，一般用圆钢构成，通过它们，扶手和栏杆所受的力可以均匀地传至楼梯的主体结构上去。而围合部分则以浪漫生动的形象起装饰的作用，创造出千变万化的氛围。楼梯的栏杆对楼梯的形式起着至关重要的作用（图 9.32）。

3. 扶手

扶手位于楼梯栏杆的上部，它和人手相接触，把人的上部躯干的力量传递到梯磴上。对老人、儿童，它则是得力的帮手，对装饰来讲，它有如画龙点睛般的重要。选择合理的扶手对楼梯的样式是极为重要的。对它的使用也是重要的。首先是尺度上它要符合人体工程学的要求，又要兼顾造型上的比例。在材质上要顺应人的触觉要求，要质地柔软、舒适，富于人情味。扶手的材料常用木扶手，有时也可以使用石材或金属，但当使用金属时，应在适当的部分穿插木质或皮革以免过于冰冷生硬。扶手断面的形式千变万化，根据不同的格调可以自由地选择简洁的、丰富的、古典的或现代的。但要特别注意转弯和收头处的处理，这些地方往往是楼梯最精彩和最富表现力的部分。它可结合雕塑、灯柱等造型来共同产生生动的变化视觉效果。

第 10 章　储藏空间的设置

10.1　储藏空间的作用

改革开放 30 多年，我国城乡人民的生活水平有了大幅度地提高，各种新型的电器、设施以及日新月异的成套家具和日常生活用品不断地进入千家万户。新的东西的买入、旧的东西的淘汰已成为大多数家庭环境改善的一种必然趋势。但淘汰并不等同于扔掉，一方面许多东西虽然陈旧，但尚有使用价值；另一方面是感情上这些旧的家具或器物往往记录着一个家庭的历史，记录着过去的岁月或者一个个故事，因而人们常常将它们储藏或珍藏起来，久而久之必然会使住宅中的家具和物件填充越来越高，不仅会给居住活动带来诸多不便，也会形成视觉上的不良效果，影响室内环境，再一方面，在日常生活中，家居中有许多生活必需但又影响环境的东西，如，柴、米、油、盐，待清洗的衣物以及用于清洁的工具等，需要设计空间把它们盛放起来以便寻找，同时也美化环境，使家庭环境不致杂乱无章。同时人们的家庭环境和自然规律一样也存在着四季的更替变换，随着季节的变化，生活中的日常用品和衣物，床上用品等也发生着变化，如夏天到了，冬天的被褥被更换成轻松的毛巾被，那么这些被褥应有一个空间来存放，冬天来了，夏天的雨伞、雨鞋之类也应有一个地方来放。据有关部门在大中城市所进行的抽样调查表明，一个普通市民家庭仅衣物、被褥、文具、杂物等储藏量，平均每人就需 0.83m^2 左右，而且随着生活水平的不断改善和提高，这个数值还有进一步加大的可能和趋势（图 10.1）。

综上所述，可以看出一个家庭无论从家庭日常生活的使用功能方面还是从美化家居环境的方面都需要一定比例的储藏空间，从现代的住宅设计的分析及趋势来看，合理地设置储藏空间是一个很重要的问题。而从室内设计的角度来看，挖掘现有空间潜力，把那些被人们忽视的空间加以合理利用，同时对储藏空间进行合理设计以提高其空间使用效率就显得愈加重要（图 10.2、图 10.3）。

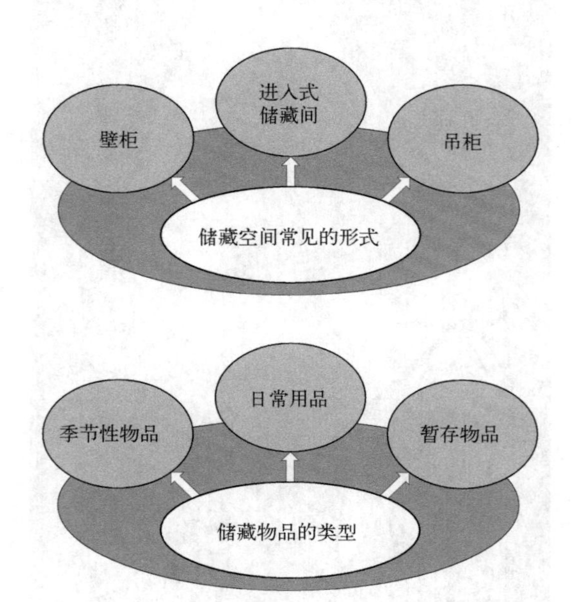

图10.1

图10.2

图10.3

10.2 储藏空间的设计

合理的安排收置日常用品并非一件易事，而需要掌握一些专门的技巧。虽然任何人从理论上讲，都具有储藏的条理性，而现实中却常常看到，诸如厨房中的柜架上被塞满许多杂乱无用的东西；卧室里的衣柜中各个季节的衣物与常用的服装堆挤在一起；卫生间的洗手台面上零乱不堪地码放着日用清洁品、化妆品等现象。所以设计师对储藏空间的设计应进一步分析，归纳其条理性与合理性，从而创造出多种储藏技巧。只有掌握了这些技巧使各类杂物既得以妥善收置，又方便使用，才会使人们的生活空间变得更为舒适、节俭，更有情趣。

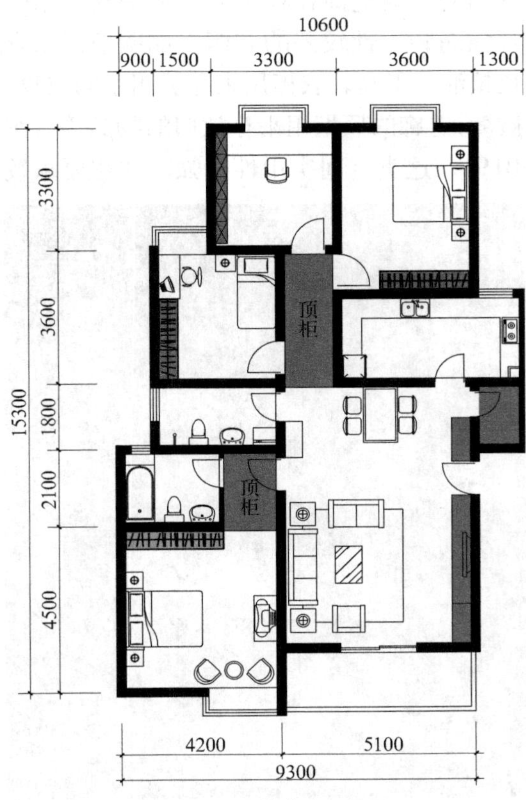

图10.4 储藏空间设置

设计储藏空间应在如下几方面认真分析、推敲，才能使其全面、合理、细致。

10.2.1 储藏的地点、位置

储藏的地点和位置直接关系到被储物品的使用是否便利，空间使用的效率是否高（图 10.4、图 10.5）。例如书籍的储藏地点宜靠近经常阅读活动的沙发、床头、写字台，而且位置应使人能方便地拿取；化妆、清洁用品的储藏地点宜靠近洗手台面、梳妆台面，并且使用者能在洗脸和梳妆时方便地拿到；而调味品的储藏地点则宜靠近灶台及进行备餐活动的区域。衣物的储藏（特别是常用的衣物）应靠近卧室（图 10.6、图 10.7）。

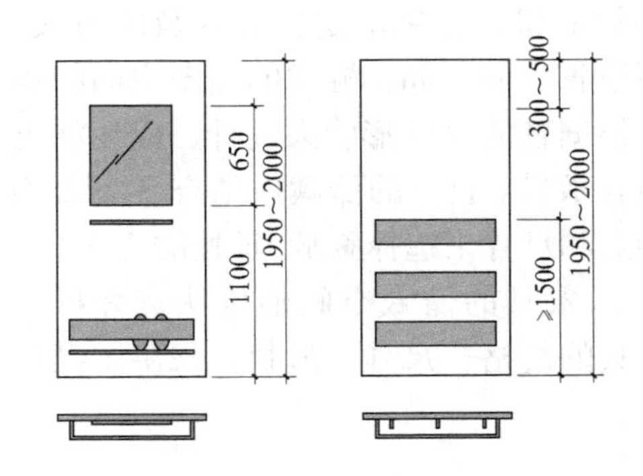

图10.5 壁柜门扇处理

注：1.壁柜门开向生活用房时，应注意壁柜的位置及门的开启方式，尽量保证室内使用面积的完整。
2.设计时应注意壁柜的防尘、防潮及通风处理，存放衣物的壁柜底面应高出室内地面50mm以上。
3.壁柜可根据需要组合成悬挂与叠放结合的形式。

图10.6

图10.7

10.2.2 储藏空间利用程度

利用程度即指储藏空间的使用效率，指任何一处储藏空间利用得是否充分，物品的摆放是否合理。任何一个储藏空间其使用主体是储藏的物件，因而空间应根据物件的形状尺寸来决定物品存放的方式，以便节省空间。如，鞋类的储藏空间的隔板应根据鞋的尺寸形状来没计，以便能更多地存放鞋；衣物的储藏应结合各类衣物的特点和尺寸来选择叠放、垂挂的方式（图10.8）。餐具的储藏空间则应认真分析各类餐具的规格、尺寸、形状，来决定摆放形式。

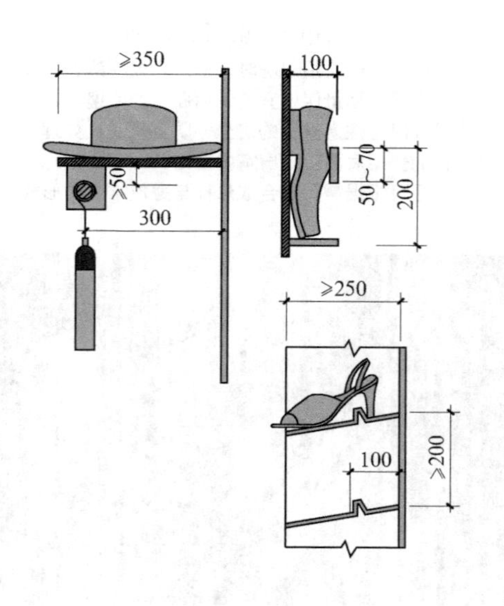

图10.8　吊柜剖面及细部处理

10.2.3 储藏的时间性

时间性有两方面的含义，首先是指对被储藏物品的使用周期的考虑，是季节性的还是每周一次，或是永久性珍藏类，或是每日都用的。据此，可以决定物品存放何处，同时对物品的取放是否容易有决定性的作用。另一方面，对于需要经常搬迁的家庭来说，储藏空间要考虑暂时性，最好是能方便地拆除和搬动，而不宜固定嵌于空间围合体上。而对于不经常搬家的家庭，则要考虑储藏空间的永久性，如固定于墙面“顶天立地”的壁柜、走廊里的顶柜、厨房里的吊柜等。这些储藏空间，如果设计合理、暂时性的，不仅可以弥补房间功能上的不足，其大小形状还可以随心所欲地变化，以适应不同居住者的生活习惯和不同空间的尺度。永久性的则将在形式上同整体空间格调浑然一体。

10.2.4 储藏空间的形式

储藏空间的样式千姿百态，但从类型上来分，可以归纳为开敞式和密闭式两种。密闭的储藏空间往往用来存放一些实用性较强而装饰性较差的东西，如壁柜用来存放粮油、工具，衣柜用来存放四季的衣物、被褥，走廊的顶柜用来存放旧的物品等（图10.9）。这类空间实用性很强，往往要求较

图10.9

图10.10

大的尺度，使用的装饰材料也较普通。而开敞式的储藏空间则用来陈列摆设那些具有较强装饰作用的物品，如酒柜用来陈列种类繁多、包装精美的酒具和美酒，书柜则用来展示丰实的藏书以及各类荣誉证书等(图 10.10)。这一类的储藏空间讲求形式、材质，甚至配合照明的灯光，是住宅装饰设计中的重要部分。

图10.11

10.3 住宅室内各部分的储藏空间设计

10.3.1 起居室

起居室是客人第一个接触的场所，会给客人留下一个直观的印象，也是主人的品位与住宅形象的体现。所以起居室的储藏物品要尽量整齐，有调理。在家具的选择上，可以选择有较好收纳功能的家具，利用家具的腹腔来解决多重收纳的问题(图 10.11、图 10.12)。

例如：多功能的茶几，可以方便收纳零碎的生活用品；多功能的电视柜可以将电视机、影碟机、音响等设备集中在起居室的一个立面上；也可以把隔板直接固定在墙面上，根据室内的整体风格，做成开

图10.12

放式的储藏空间。

10.3.2 餐厅

现代的餐厅往往与起居室形成同一个空间，餐厅的设计要与起居室的风格相协调，要根据整体风格来设计储物柜。设计储物柜之前应充分考虑使用者的实用要求，准确定位储物柜的尺度，以便合理的收纳物品。餐厅中的收纳空间还应该考虑展示功能，可以把隐藏于厨房餐柜中的精美餐具展示出来，不仅使用便捷，又不亚于装饰品的视觉美感（图 10.13）。

10.3.3 厨房

厨房的储藏空间可以分为三个部分，分别为顶部、中部和下部。顶部的吊柜适合摆放不经常使用的或季节性使用的物品。由于吊柜较高，注意从正面要能看到所收纳的物品，而且要考虑到使用者的范围。物品尽量摆放得轻巧些，以减轻吊柜的承重压力和保障取用物品的安全性。

中部为厨房操作台的界面，如随意杂乱无章的摆放厨房用具，如洗涤用品、油壶、调料盒等物品，会影响到厨房的使用效率。可对厨房用品分门别类的放置在置物架上，或利用粘挂钩的作用，将物品挂于立面，以便轻松取用。

灶台下部主要为较大的柜子及抽屉，可以储藏形状各异的厨房用品。注意水槽附近湿气较重，适合放置各种烹饪器具，其他柜子则可灵活摆放（图 10.14）

10.3.4 卧室

卧室的使用者分为成人和儿童，储藏空间的尺度可以根据不同使用者的需求来布置。

卧室的储藏首先要考虑是否能够有效地节省空间，一般采取壁橱的形式，通过隔板与吊杆来形成衣物所需的放置空间。部分较大的户型，常常采用衣帽间与主卧和主卫相连接的布局方式，能够使卧室具有更大的储藏收纳功能。衣帽间的内部布局形式一般采取三种，分别是 U 形、L 形和单墙布置。正方形的储藏间多采取 U 形的布置，长方形的常采取 L 形布置，相对狭长的常采取单墙布置（图 10.15、图 10.16）。

图10.13

图10.15

图10.14

图10.16

图10.17

图10.18

图10.19

图10.20

图10.21

儿童房的空间布置要充分考虑游乐空间的设置，所以储藏空间尽量靠墙布置，以提高使用效率。为了培养儿童的自理能力，适宜选择综合性的家具，让开放型与封闭型的储藏空间并存，让儿童也参与到物品的摆放与收纳中去（图 10.17、图 10.18）。

10.3.5 书房

书房的布置主要划分为工作区与阅读藏书区。工作区一般以书桌、电脑桌为主要家具。设计时要充分挖掘书桌边角的空间加以合理利用，以减轻书写用品等对书桌台面的占用。藏书区要为书籍的取阅预留较大的展示面，因此常常靠墙面布置以节约空间。（图 10.19、图 10.20）

10.3.6 卫生间

卫生间的开间和进深相对其他居室使用空间较小，为了节省空间，靠墙安置的储藏空间成为首要的选择。可以根据卫生间的实际情况设置成封闭式或开放式的储物柜。开放式的挂柜可以兼做陈列之用，常常设置在比较干爽的地方。洗脸盆下的空间与厨房的水槽的特点相同，湿气较重，如在其中设置储物柜，要注意物品的防潮性。挂钩与横杆等金属构件也是卫生间常见的辅助储藏用品，可以充分利用空间，存取方便（图 10.21）。

10.4　利用被忽视的空间

住宅是一种大规模工业化的产品，规范化带来了诸如施工便捷，规模化、产品化等优点，适应了社会对住宅日益增长的需求，同时也带来了呆板僵化的一些弊病，如空间层高单一，使用效率不高等问题。这些都对室内设计提出了新的课题，要求设计师在室内设计阶段，因地制宜，首先是充分利用空间解决好储物问题。具体地说，就是在不影响人们正常活动所需空间的同时，满足人们储藏日常生活的用品的需要。所谓被忽视的空间是指那些建筑师留给设计师的未被家庭活动影响，又没有实际价值的边边角角的空间部分，以及那些被家具占用的又浪费了的空间。如，走廊的顶部，沙发、床的下部，这些人们平常活动时难以接触到的部位。设计师应当向这些部位要面积、要空间。

开发利用这些空间首先碰到的问题，就是如何发现这些易被忽视的空间。通常将这些空间归纳为三种类型。

一是可重叠利用而未加利用的空间；

二是在室内布置家具设备时，形成的难以利用而闲置的角落；

三是未被利用的家具空腹。

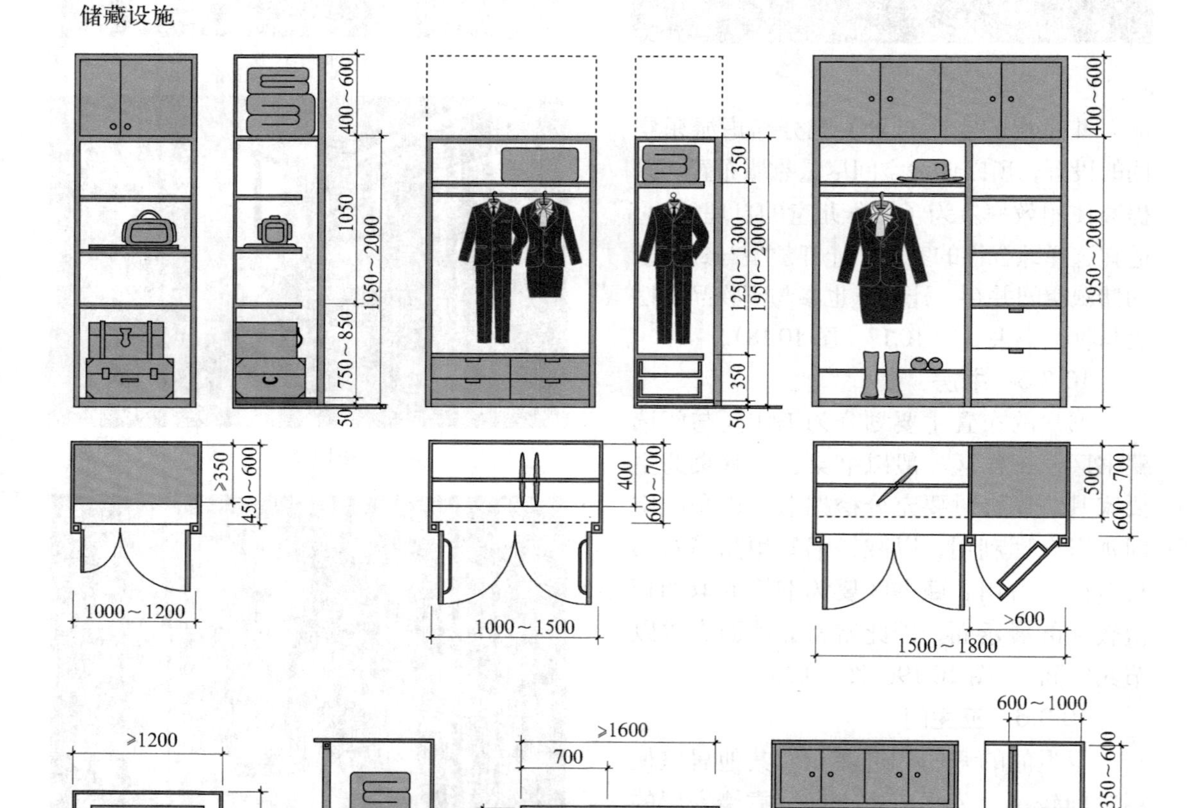

图10.22　壁柜的形式及尺度

因而在发掘过程中应当朝上看、朝下看，朝每一个方向看，不能轻易放弃任何一个角落，不能放过任何一件可被利用的物品，在不影响家居中人的正常活动的基础上，使室内储藏空间获得实质性的增加（图 10.22）。

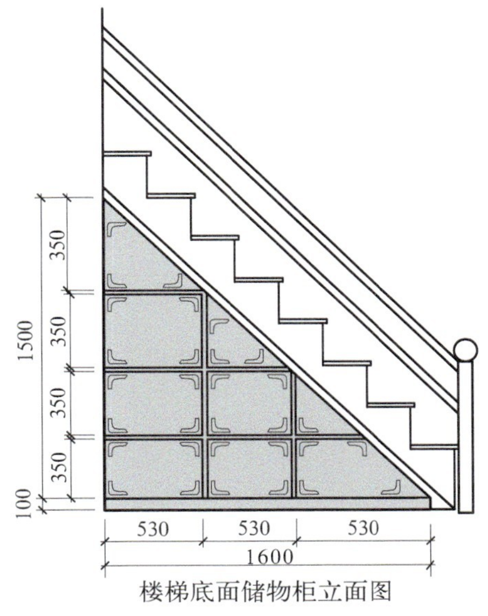

楼梯底面储物柜立面图

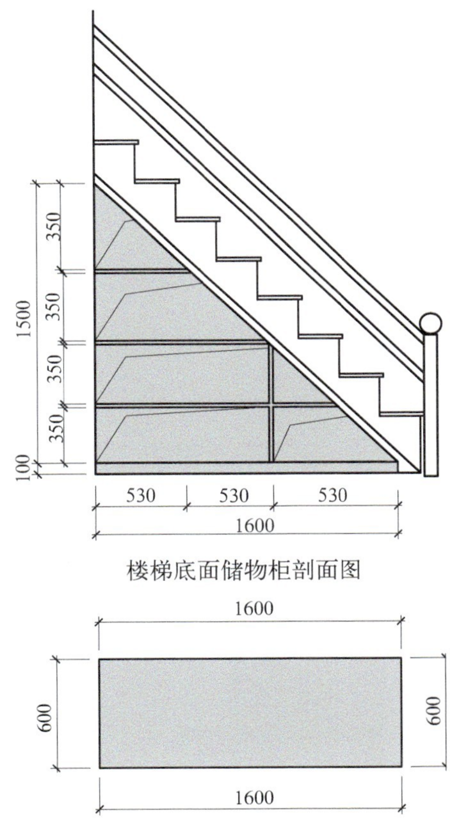

楼梯底面储物柜剖面图

楼梯底面储物柜俯视图

图10.23

10.4.1 楼梯的下部、侧部和端部

在住宅中楼梯的存在，解决了室内垂直交通问题，好的楼梯还赋予室内空间形式美感。但楼梯同时占去了立体的空间，而且形成了难以进行日常活动的角落。设计师就可以巧妙地利用这些角落（图 10.23）。利用合理的话，往往形成丰富的视觉变化（图 10.24）。

图10.24

10.4.2 走廊的顶部

由于工业化生产的要求，住宅的室内空间在标高上整齐一律，居室、卧室、卫生间、走廊等都是一样的高度，而走廊部位人们仅仅用以解决交通问题，它的高度就显得不那么重要，可以利用顶柜来处理顶棚，一方面用以储物；另一方面改善尺度，形成空间对比（图 10.25、图 10.26）。

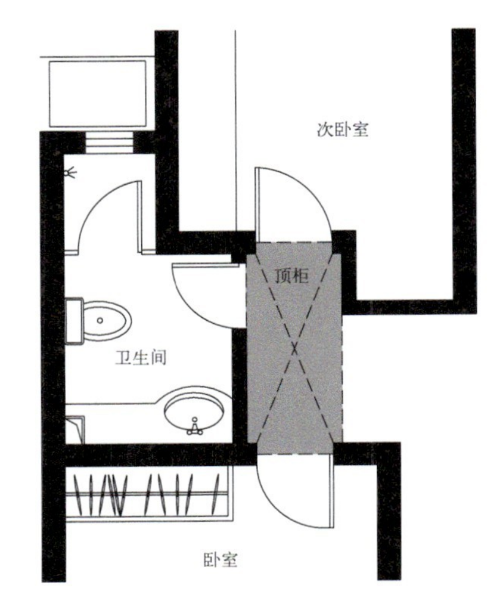

图10.25 过道上方的顶柜

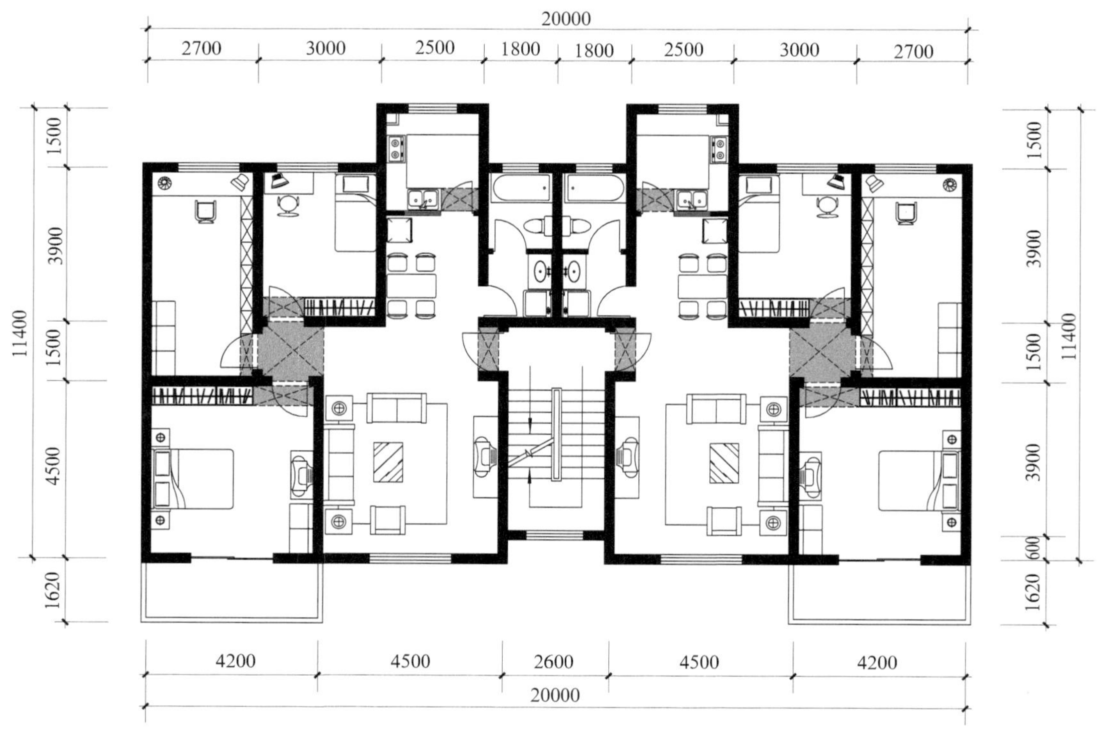

图10.26　走廊顶部的储藏方式

10.4.3　门的背部

门在住宅空间中具有一定的数量，同时具有经常开启的特性，那么如果门的背部具有一定大的立体空间时就应该考虑合理利用，这些空间的使用可以克服门简单开启的呆板性，同时有利于丰富整个室内空间效果，增加层次感。在不影响门的正常开启的前提下，这些空间的利用可以大大增加储藏空间（图 10.27 ～图 10.30）。

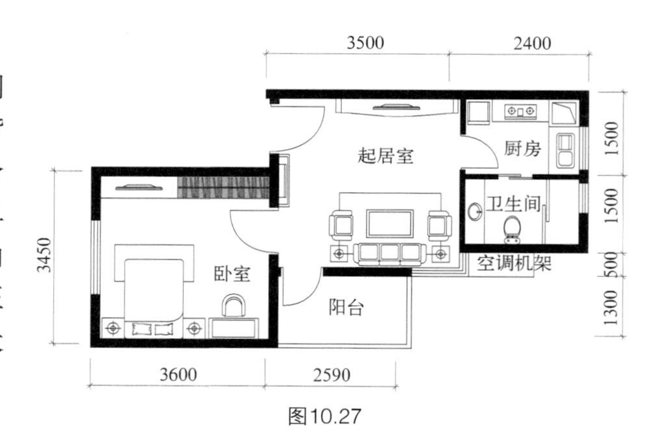

图10.27

10.4.4　阳台

阳台可分为功能性阳台和观景阳台两种。功能性阳台也就是所谓的工作阳台，现在许多住宅都将洗衣机设置在这一位置，功能使用较为单一。因此在这类储藏空间的设计上，要考虑竖向空间的使用，尽量增加吊柜的使用以加大储藏空间。对于观景类阳台，首先要满足其视觉方面的要求，储藏空间的设置在这里属于第二位的，在条件允许的情况下，根据实际情况进行合理利用，在达到丰富空间效果的同时有效地节约了空间（图 10.31）。

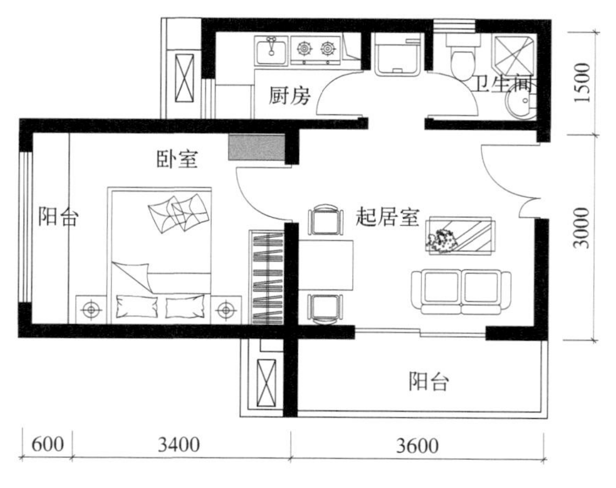

图10.28

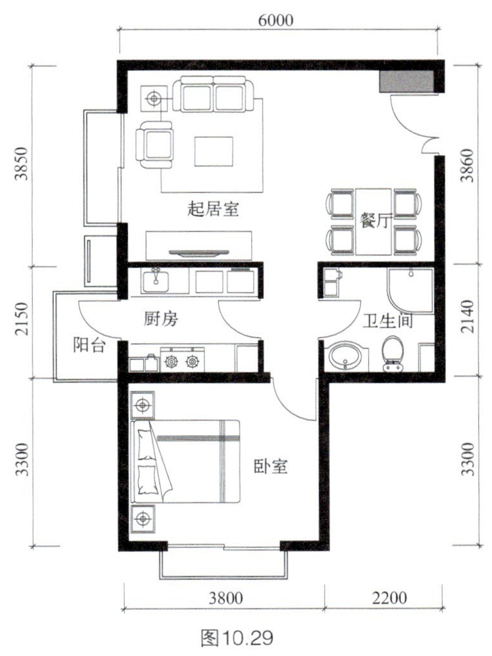

图10.29

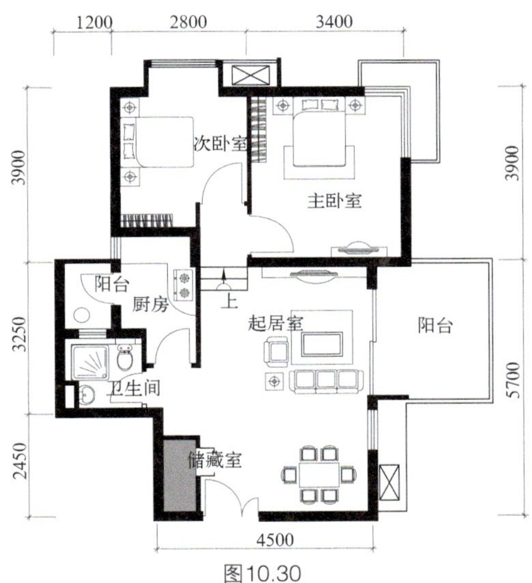

图10.30

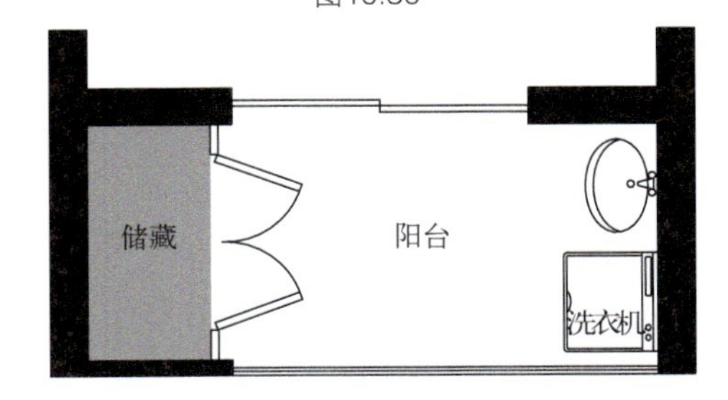

图10.31 生活阳台上的储藏和洗衣机

10.5 开发家具的多功能性

家具的多功能性表现在其本身的功能与利用其空腹作为储藏空间结合所表现出的多种用途上。如沙发的底部、床架的底托部分可以用来储藏过季的衣物。这些部位所储藏的物品大多是不频繁使用的东西，否则将给使用带来一系列的问题。同时也应注意具备这种储藏功能的家具往往是位置比较固定的。

10.6 储藏空间的美化

设计储藏空间要充分考虑到内部储藏物品的合理性与条理性，在加大储藏量的同时，储藏空间本身对整个空间构成造成重要的影响。开敞性的内部储藏空间要注重空间利用的秩序性，在使用尺度上要符合人体工程学的要求，外部则要兼顾造型上的比例以及考虑使用的材质与所储藏物品的对比统一。

对于封闭性储藏空间来讲，其外部的装饰材料的推敲需要十分细致，壁柜以及大面积的吊柜之类大尺度空间，需要考虑采用通透的材质以避免造成空间拥挤沉闷的感觉，而且在这种储藏空间的周围可以配合绿化和灯光的使用来创造使用方便、形式美感强的环境空间（图 10.32、图 10.33）。

图10.32

图10.33

第 11 章　照明设计

住宅是人们生活居住的主要空间，其光源环境的质量直接影响着人们的生活质量。住宅空间在使用上需要适当的光源环境，良好的光源环境可以提高人们的舒适感，提高使用者在感官上和心理上的愉悦度，是让住宅成为舒适空间的重要因素之一。合理的光环境设计需要设计者充分理解和把握使用者的需要，精心的进行设计。

照明设计是住宅室内设计的重要组成部分，住宅照明设计要有利于人的生活（表11.1）。在人们的日常生活中，光不仅仅是住宅照明的条件，更是表达空间形态、营造环境氛围的基本要素。住宅的灯光照明设计不仅在功能上要满足人们多种活动的要求，更要重视空间的照明效果。

环境和照度标准　　表11.1

环境名称	我国照度标准（lx）	日本工业标准Z9110[①]（lx）	常用光源
客厅	30~50	30~75	白炽灯、荧光灯
卧室	20~50	10~30	白炽灯
书房	75~150	50~100	荧光灯
儿童房	30~50	75~150	白炽灯、荧光灯
厨房	20~50	50~100	白炽灯
厕所、浴室	10~20	50~100	
楼梯间	5~15	30~75	

①日本工业标准Z9110照度值为一般照明的照度值，卧室、书房、儿童室用于读书、学习、化妆的局部照明的照度分别为300~750lx、500~1000lx、500~1000lx。

11.1　照明设计的概念

照明设计即是灯光设计，灯光是一个灵活并富有趣味的设计元素，是住宅空间的焦点及主题所在，加强现有装潢的层次感，需要设计师的精心设计和多工种的配合，是由建筑及室内设计师、电气工程师、灯具制造商及代理商等共同协作完成。灯光的设计可以分为直接灯光和间接灯光两种类型。这两种灯光恰当的配合，才能营造出完美的空间意境。在住宅照明设计上卧室要温馨，书房和厨房要明亮实用，起居室要丰富、有层次、有意境，餐厅要浪漫，卫生间要温暖、柔和。

11.2　照明设计的方式

1. 基础照明

基础照明指的是住宅空间在做照明设计时不考虑特殊的、局部的照明，而使作业面或室内各表面处于大致均匀照度的照明方式。多指安装在室内顶棚中央的吸顶灯、吊灯或带扩散格栅的荧光灯等灯源，照亮大范围空间环境的照明。照明要求明亮、舒适、照度均匀、无炫光等，也称作全局照明（图 11.1、图 11.2）。

图11.1

图11.2

2. 局部照明

局部照明指的是在基础照明提供全面照度的基础上对住宅空间中需要较高照度的局部工作活动区域增加的一系列照明，如梳妆台、厨具、书桌、床头等，有时也称为工作照明。它并不特别对周围环境照明，只对工作需要的、面积较小的地方或限定区域的局部进行照明的方式。为了获得轻松而舒适的照明环境，使用局部照明时，要有足够的光线和合适的位置并避免炫光，不宜产生强烈的对比（图 11.3、图 11.4）。

图11.3

图11.4

3. 重点照明

重点照明指的是为了强调住宅空间中特定的目标而采用的定向照明方式，多指某点或面积很小的面。在居住空间环境中，根据设计需要对绘画、照片、雕塑或绿化物等局部空间进行集中的光线照射，使之增加立体感、色彩鲜艳度或更加醒目的照明（图 11.5、图 11.6）。采用白炽灯、金属卤化物灯或低压卤钨灯等光源，灯具常用筒灯、射灯、方向射灯、壁灯等安装在远离墙壁的顶棚、墙、家具上，并形成独立

图11.5

图11.6

的照明装置。对立面进行重点照明时，从照明装置至被照目标的中央点需要维持适当的角度，以避免物体反射炫光。

4. 装饰照明

装饰照明指的是利用照明使住宅空间中的装置产生多样装饰效果及特色，增加空间环境的韵味和活力，并形成各种环境气氛和意境的照明方式。装饰照明不仅仅具有纯粹的装饰性作用，也可以兼顾功能性，要考虑灯具的造型、色彩、尺度、安装位置和艺术效果等，并要注意节能环保。

11.3 住宅各功能区域的照明设计

11.3.1 玄关

玄关虽小却是住宅给人的第一印象的重要场所，是住宅空间的门面，照明气氛应明快宜人。因此，要使用艺术性较强和照度较高的灯具。在较为狭小的玄关空间，通常选用筒灯和壁灯作为基本照明（图11.7）。为了减少空间的压抑感和提升空间的层次，也会采取透明或半透明玻璃的吸顶灯和壁灯并用的照明方式。由于经常开关，玄关常设置定时或多联开关，以方便节能使用。

11.3.2 起居室

起居室是个多功能的活动场所，是居家生活的中心，在其中的活动内容非常的丰富，照明设计应具备多功能性，应设置灵活多变的多用途照明方式，要将基础照明、局部照明和装饰照明结合起来（图11.8）。根据生活需要，基础照明至少要有

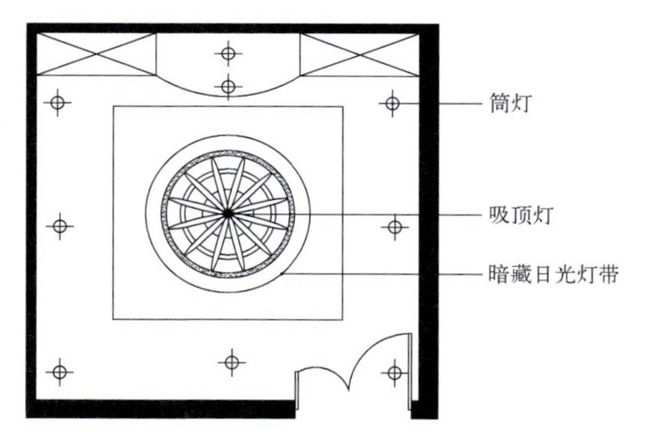

图11.7 门厅照明布置图

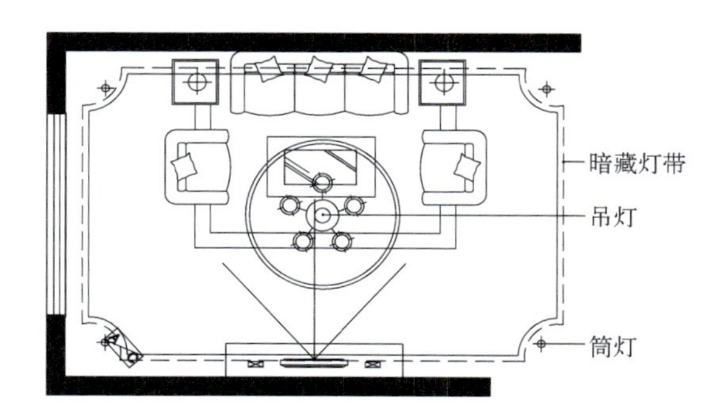

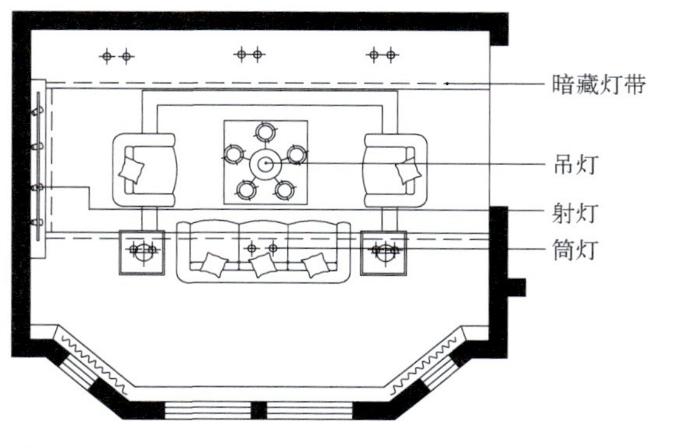

图11.8 起居室照明布置图

两个方案，一个是欢快大方的高亮度照明，另一个是温馨柔和的低亮度照明；并在体现主人兴趣和品位的局部空间采用少量装饰照明方式，以此增加空间的层次感和愉悦度，改善空间内的明暗关系；为阅读学习活动提供局部照明而布置在沙发旁的台灯也是起居室照明的重要内容；面积较大的起居室通常采用高亮度的花式吊灯照明；起居室空间高度较高时采用链吊式或管吊式吊灯，较低时采用吸顶式吊灯。重要的是起居室是住宅对外的一个窗口，同时也是家庭活动最常使用的空间，所以在考虑照明效果的同时也要考虑灯具的造型以及装饰性，要做到与家装整体的装饰风格协调统一（图 11.9、图 11.10）。

图11.9

图11.10

11.3.3 餐厅

餐厅内的照明应采用基础照明和局部照明相结合的方式（图 11.11），由于食物需要较好的显色性，餐厅宜采用白炽灯作为光源和吊灯做局部照明，悬挂在餐桌上方距离餐桌表面高度 1 ~ 2m，以突出餐桌表面为目的，吊灯支点可任意固定在其他位置，这种照明有中心感，气氛亲切和睦。基础照明的目的是使整个房间明亮起来，减少明暗对比，创作出清洁的感觉，这种照明方式容易营造自然、亲切的环境。随着吧台在家庭的普及，作为富有情趣的小酌休闲之处应设筒灯、射灯或小吊灯作为照明方式（图 11.12、图 11.13）。

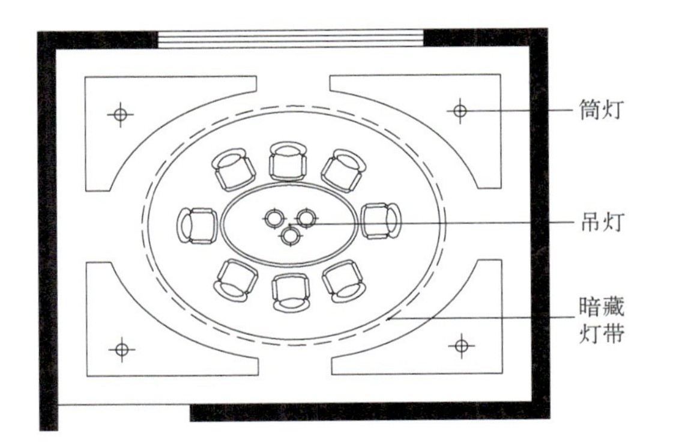

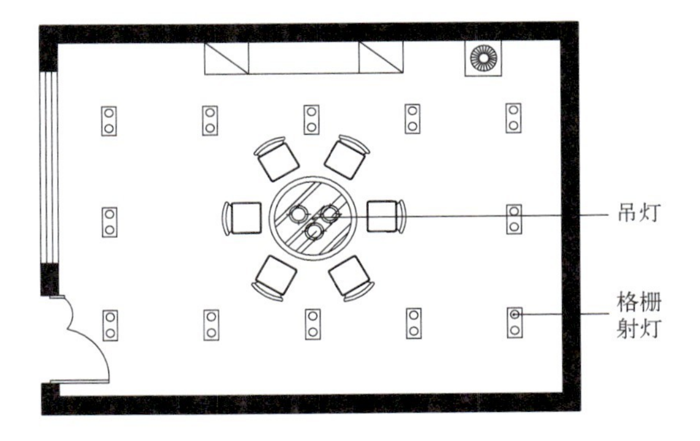

图11.11　餐厅照明布置图

图11.12

图11.13

11.3.4 厨房

厨房是家庭主妇的活动场所，是个高温和易污染的环境，一般选用白炽灯等显色性较高的光源和容易清污除垢的防尘型灯具，并吸顶式安装，不宜采用线杆式或不耐高温的塑料制品吊灯，使家庭主妇能够对菜肴的色泽做出准确的判断和愉悦而有效率地工作（图 11.14）。由于厨房的操作内容较多，需要较高的照度，通常把灯具嵌入安装在吊柜的下部设成局部照明，以满足备餐操作时的照明需求（图 11.15、图 11.16）。

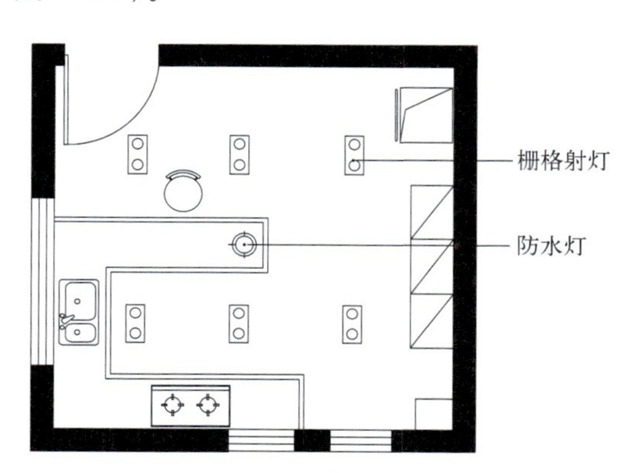

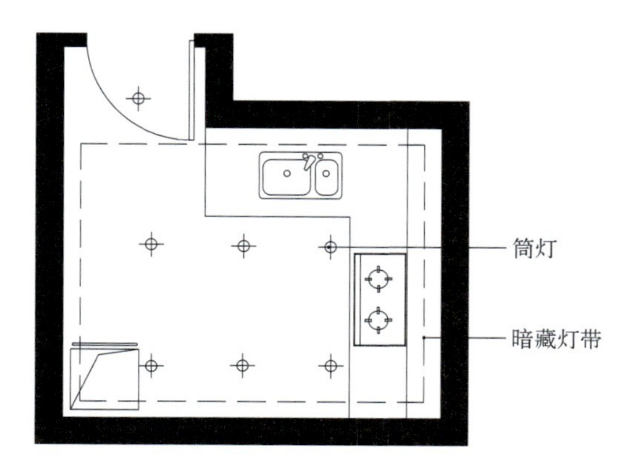

图11.14 厨房照明布置图

图11.15

图11.16

11.3.5 卧室

人的一生有三分之一的时间是在睡眠中度过的，睡眠质量的好坏，关系着人的身心健康，卧室作为睡眠的场所是家庭生活的重要内容，经常的开关灯这对灯管寿命影响较大，卧室的基础照明不一定采用很高的亮度，但局部照明要根据功能需要达到足够的照明度，光源要以暖光源为主，这样可以创造温馨的气氛，当空间高度较高时采用较短的吊杆或吊链的吊灯，低矮的空间采用吸顶灯（图 11.17）。

床头的局部照明可以采用背景墙的嵌入式筒灯、床头柜上的台灯或落地式台灯照明，采用可调光式的，开关设置在床头方便与触摸的地方，方便起夜。背景墙的筒灯可以照射墙面增加空间艺术气氛，又可为床头阅读学习照明，床头设台灯或落地灯的照明效果较好，灯具丰富了空间的物质形态，最佳的高度是灯罩的底部

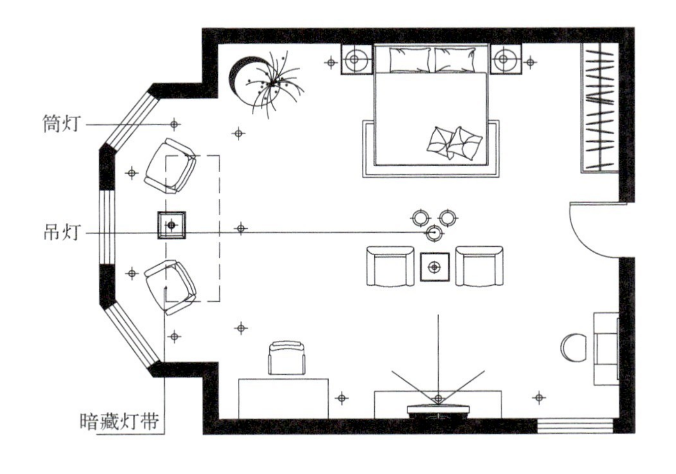

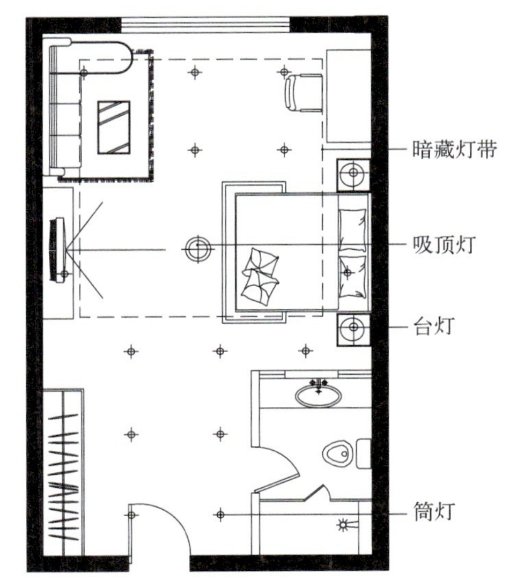

图11.17　卧室照明布置图

与人眼睛在一个水平线上（图 11.18、图 11.19）。

梳妆要求光色、显色性较好的高照度照明，最好采用白炽灯或显色指数较高的荧光灯。梳妆台灯具最好采用光线柔和的漫射光灯具，安装在梳妆镜的正上方，灯具应在水平视线的 60° 以上，灯光照射人的面部而不是射向镜内，以免对人的视觉产生炫光，使人的面部产生很重的阴影。

图11.18

图11.19

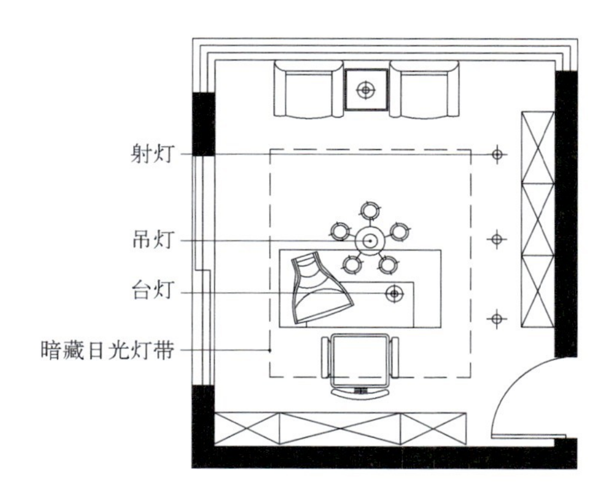

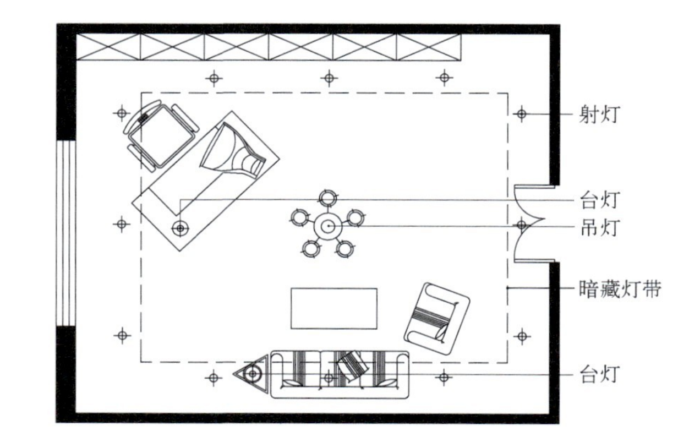

图11.20　书房照明布置图

11.3.6　书房

书房是阅读、学习、写作等视觉工作的主要场所，在照明设计时要协调基础照明和局部照明的关系（图 11.20），如需要柔和的光线，一般基础照明不应过亮，以便使人的注意力全部集中到局部照明作用的环境中去，如要求高雅幽静，且具有浓厚的书香之气，可采用筒灯、乳白玻璃灯等灯具。造型多样的台灯是为工作学习提供高照度的局部照明，但只有局部照明的工作环境是不可取的，这样的光环境明暗对比强烈，会使人在长时间的视觉工作中产生眼睛的疲劳；书房中的书法、绘画、壁挂和装饰柜宜设置局部重点照明，嵌入式可调方向的投射筒灯或导轨式射灯照明可以衬托环境，营造空间环境的文化品位（图 11.21、图 11.22）。

图11.21

图11.22

11.3.7 卫生间

在繁忙的生活中使用卫生间的时间主要集中在早晨和晚上，因此人工照明必不可少，特别是一些普通住宅卫生间中没有自然采光，白天也必须使用灯光照明（图11.23）。卫生间的照明除了满足化妆、洗漱、方便等要求以外，还是一个让身体舒展疲劳、消除精神疲劳的场所，所以要用明亮柔和的光线均匀地照亮整个房间。由于卫生间环境比较潮湿，通常采用吸顶或吸壁式的防潮性灯具，梳妆照明在考虑灯具防潮的前提下与卧室梳妆做法相同。

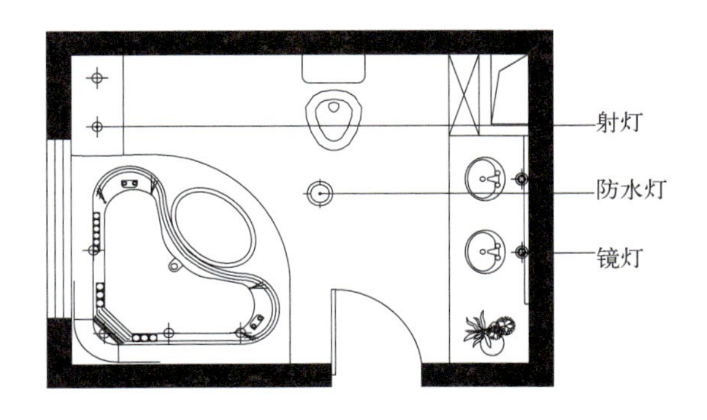

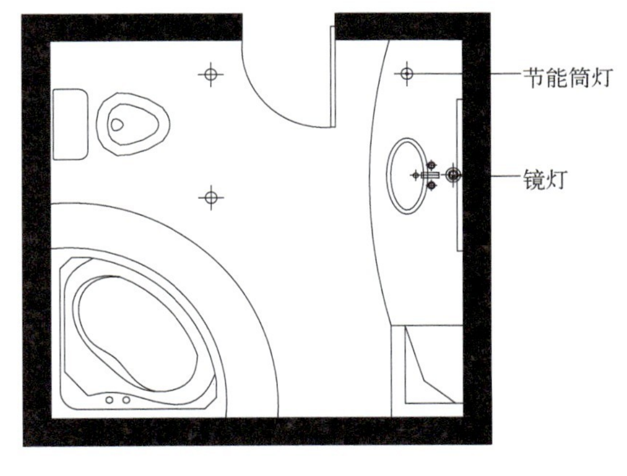

图11.23　卫生间照明布置图

1. 浴室

浴室空间的照明除了保证一定的照度以外，灯具的位置也很重要。要防止洗头、擦身子时背光，眼前光线暗，另外从私密性的角度考虑，应注意不要把自身的影子映在窗户上，一般把灯具设在窗侧或窗上方，理想的做法是设两盏灯，可以互相消除影子。

设在顶棚正上方的灯，容易造成人低头擦洗时，处在自身的影子中，另外顶棚容易结露，对灯具有损害，万一落下很容易伤人。不得不在顶棚设灯时，一定要严格注意构造和灯具的防水性。当然只要是设在浴室里的灯都应该确保防湿、防潮，应加设封闭型灯罩。浴室的灯具可以选白炽灯，也可选荧光灯，人在白炽灯下肤色显得比较自然而荧光灯的好处是比白炽灯照明效率高。浴室采用冷色调时，荧光灯能突出其清凉、静雅的气氛，银色的水龙头，五金具也显得更闪闪发光（图 11.24）。

图11.24

2. 盥洗室

盥洗室除了基础照明以外，更重要的是洗脸盆上方或镜面两侧的局部照明。基础照明可以采用吸顶灯、筒灯或装于高处的壁灯，局部照明中灯具的位置应保证在垂直于镜面的视线为轴的60° 立体角以外。灯光应照向人的面部，而不是映于镜子中，避免产生炫光。镜前的主要视觉工作是洗脸与化妆，镜内所看到的人像距离约是脸至镜子距离的两倍。由于需要观察较小的细部，在背景对比低的情况下，需要较高照度。一般选用红色光波较多的白炽灯，新型的荧光灯也常常被采用。此外，各种灯的灯罩最好选用漫射型乳白色玻璃灯罩，以使光线柔和（图 11.25）。

图11.25

图11.26

3. 厕所

独间的厕所空间较小，设置基础照明即可。灯具一般设于顶棚，如需设在墙壁上则要注意灯具的位置不能与内开门冲突。灯具设在便器的正上方或后方都不合适，容易造成自身挡光。由于在厕所中需要正确观察排泄物的颜色、状况，另外一些人喜欢在厕所中读书看报，因此厕所的照度不可太低，但是太亮也有缺点，特别是夜间上厕所会觉得很刺眼，最好选用可以调光的灯具，此外，厕所灯具开关频繁，需要瞬间能够点亮，因此一般情况下应选用白炽灯。开关应设在亮处，明显易找到的地方，通常设在厕所的外面、门的附近。可以把排风扇和照明的开关结合在一起，开灯时风扇便启动；关灯时，风扇在继续工作几分钟后自动停止（图 11.26）。

总之，卫生间的照明设计对提高卫生间的使用品质具有重要的作用。合理的照明设计有赖于设计师对卫生间的各种使用功能的深刻把握。在这个基础上调整光线的入射方向、角度、光线强度、光色等因素，从而营造一个良好的、怡人的光源环境，为使用者带来便利，带来愉悦的空间氛围。

11.3.8 走廊及楼梯

对于住宅中的走廊与楼梯间的照明应以满足最基本的功能要求为目的，不要过亮，不要过于强调照明效果或装饰性，以免破坏其他房间的照明效果。照明方式可以用顶部照明或壁灯的形式，但要注意避免炫光，光源一般采用白炽灯，并设节能定时开关或双控开关（图 11.27）。

图11.27

11.4 灯饰与灯具设计

灯具以多元化、小型化、轻便节能化为发展方向；光源以持久性、限时性、异型性和社会性为发展理念；光线以柔和、细腻、自然为发展目标。灯具灯饰极具装饰作用，但其最初的原始作用是发光照明。而一般住宅室内环境的风格和氛围好坏，很大的程度上取决于灯饰灯具的设计和灯光的布置。

11.4.1 灯具的分类

1. 吊灯

吊灯指的是由某种连接物将光源固定于顶棚上的悬挂式照明灯具，照明具有广谱性，能使地面、墙面及顶棚得到均匀的照明，还可以起到控制室内空间的高度、改善室内空间比例的作用。

2. 吸顶灯

吸顶灯指的是将照明灯具直接吸附在顶棚上的一种灯具。它在使用功能及特性上基本与吊灯相同，只是形式上有所区别，具有重点装饰性的作用，多用于较低的空间当中。吸顶灯适合于客厅、卧室、厨房、卫生间等处照明，可直接装在顶棚上，安装简易，款式简单大方，赋予空间清新明快的感觉。

3. 落地灯

落地灯指的是以某种支撑物来支撑光源，从而形成统一的整体，并运用在地面上。落地灯常用作局部照明，不讲全面性，而强调移动的便利，对于角落气氛的营造十分实用。落地灯的采光方式若是直接向下投射，适合阅读等需要精神集中的活动，若是间接照明，可以调整整体的光线变化。

4. 壁灯

壁灯指的是安装于墙壁上的灯具，它具有一定的功能性，设计得当可以创造出理想的艺术效果。壁灯适合于卧室、卫生间的照明。常用的有双头玉兰壁灯、双头橄榄壁灯、双头鼓形壁灯、双头花边杯壁灯、玉柱壁灯、镜前壁灯等。壁灯的安装高度，其灯泡应离地面不小于1.80m，避免产生炫光，一般使用低功率的光源，同时对光源要进行遮挡。

5. 台灯

台灯指的是以某种支撑物来支撑光源，从而形成统一的整体，并运用在台面上。主要是作为一种功能性照明，还可以作为一种气氛照明或基础照明的补充照明。

6. 筒灯

筒灯指的是一种除了保证整个空间的照明度之外，还要通过灯具的配置模式提高空间氛围的照明模式。一般装设在卧室、客厅、卫生间的周边顶棚上。这种嵌装于顶棚内部的隐置性灯具，所有光线都向下投射，属于直接配光。筒灯不占据空间，可增加空间的柔和气氛，如果想营造温馨的感觉，可试着装设多盏筒灯，减轻空间压迫感。

7. 射灯

射灯指的是嵌入到顶棚内的照明灯具。它能保持建筑装饰的整体统一与完美，不会因为灯具的设置而破坏吊顶艺术设计的完美统一，光源不外漏，不易产生炫光。射灯可安置在吊顶四周或家具上部，也可置于墙内、墙裙或踢脚线里。光线直接照射在需要强调的家具器物上，以突出主观审美作用，达到重点突出、环境独特、层次丰富、气氛浓郁、缤纷多彩的艺术效果。射灯光线集中，明暗对比强烈，使受光面更加的明亮，被照物体更加的突出，引人注意，得到比较安静的环境氛围（图11.28）。

11.4.2 灯具的选择

在住宅照明设计系统中，选择合适的灯具会有效改善空间的亮度、提升空间的设计品质，甚至影响使用者的情绪（图11.29、图11.30）。面对一个未添加灯具的空间，设计师可以根据以下几点原则来选择灯具：

1. 满足各项功能的照度。根据住宅

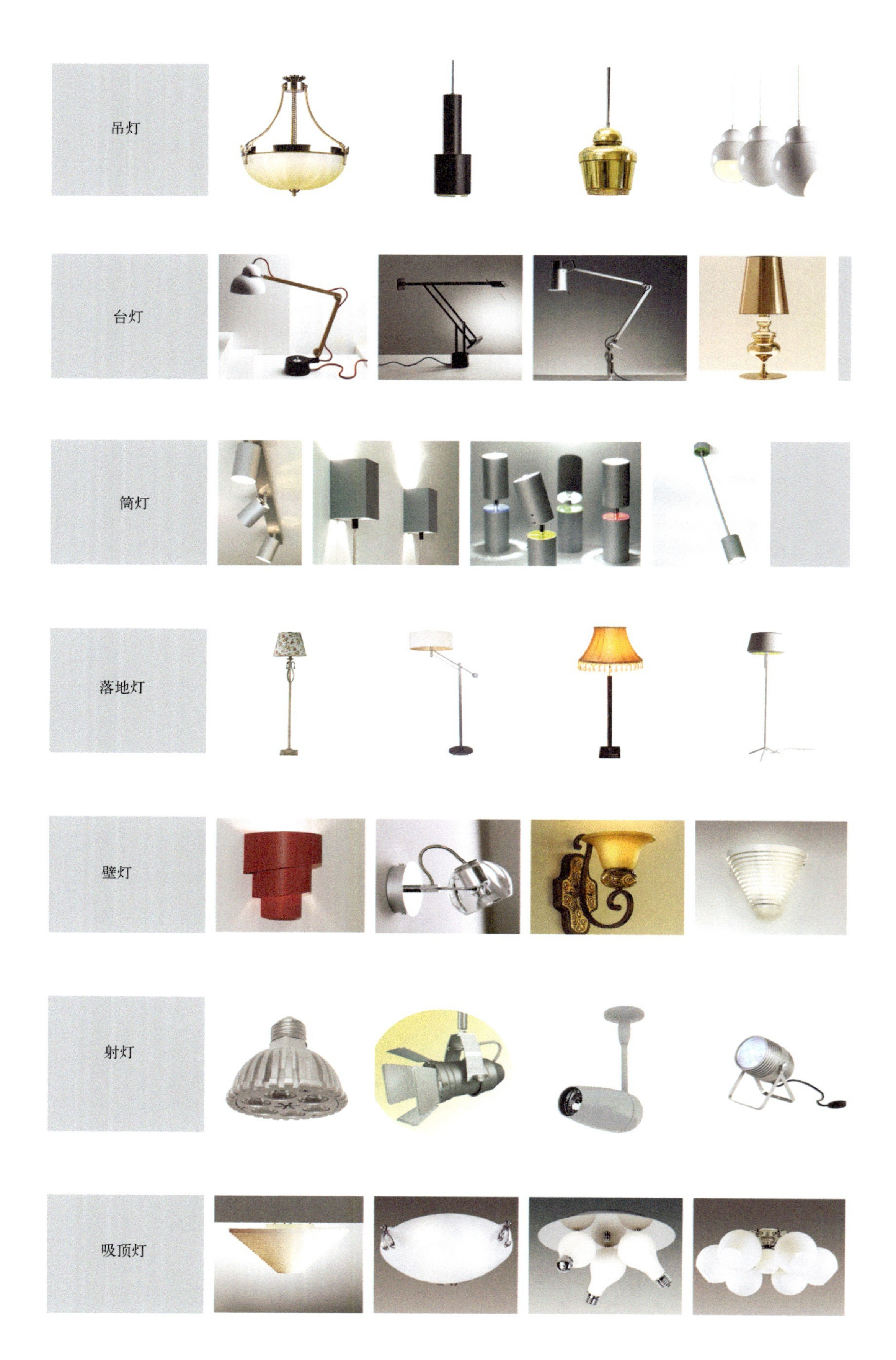

图11.28

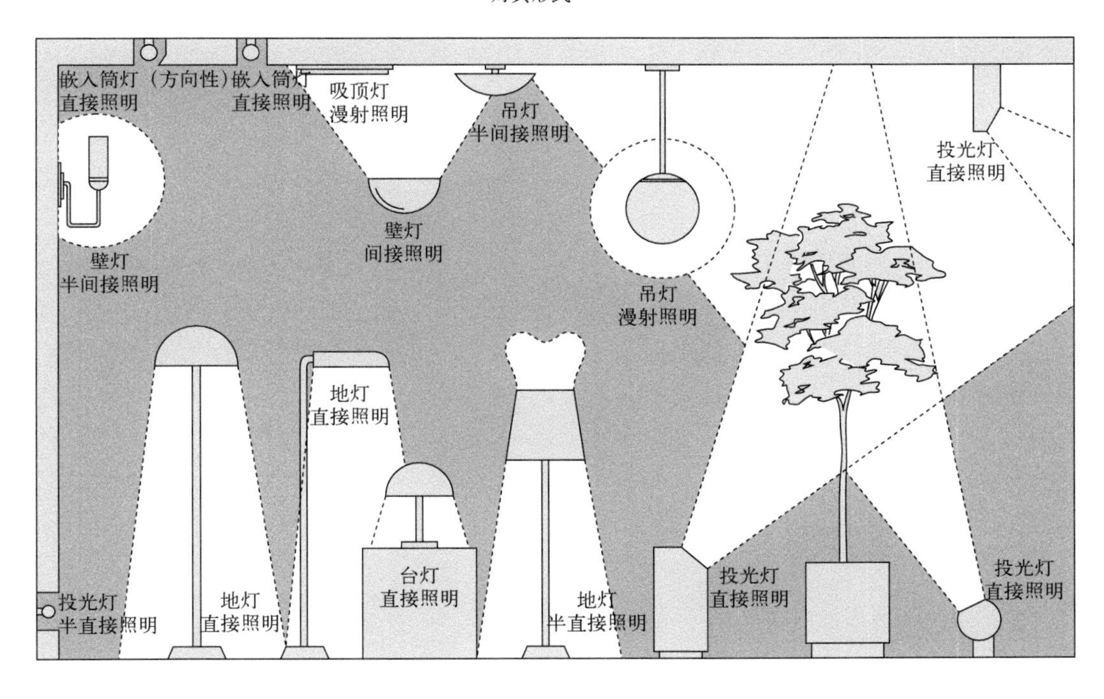
嵌入筒灯（方向性）
直接照明
嵌入筒灯
直接照明
吸顶灯
漫射照明
吊灯
半间接照明
投光灯
直接照明
壁灯
间接照明
壁灯
半间接照明
吊灯
漫射照明
地灯
直接照明
台灯
直接照明
投光灯
半直接照明
地灯
直接照明
地灯
半直接照明
投光灯
直接照明
投光灯
直接照明

图11.29

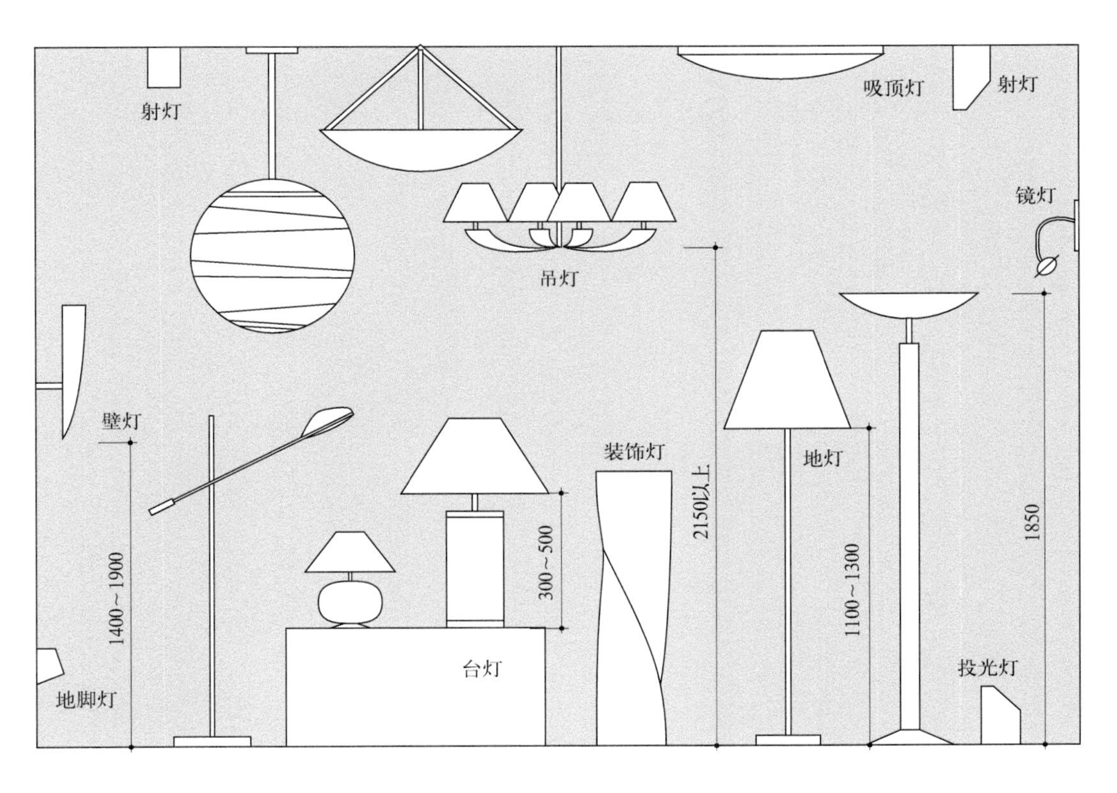
射灯
吸顶灯
射灯
镜灯
吊灯
壁灯
装饰灯
地灯
2150以上
300～500
1400～1900
1100～1300
1850
台灯
投光灯
地脚灯

图11.30

中空间的特点和使用者需求确定合适的光源，综合考虑光源的显色性、色温、发光效率、使用寿命等特点。

2. 照明设计要有一定的装饰性。根据住宅空间的设计特点，选择风格统一的灯具，避免因灯具造型太突兀而破坏整个空间的设计效果。灯具不仅要满足其照亮空间的功能，而且要满足人们的精神需要。

3. 保持空间各部分的亮度平衡。根据住宅空间的功能性特征，控制好光线在空间中的分布。如果需要光线分布均匀的空间时，我们最好选择泛光灯；要集中照亮某个物体时，则选择聚光。

4. 满足使用功能上的要求。根据建筑的特征和空间的尺度，确定灯具的安装方式以及位置，选择易拆装的照明灯具，如果灯具要固定在某个地方时，要考虑电线的长度、固定的牢固度、电源开关的位置要适当、维护要方便以及安全性等。

5. 满足客户资金上的要求。根据业主的预算，选择价格合适的灯具，市场上，同种功能同种造型的灯具价格不同，设计师应结合业主的经济实力，尽可能在价格、照明效果、造型等因素之间找到一个平衡点。

目前，国内的住宅照明设计，已由过去仅注重单光源过渡到追求多光源的效果。这样的变化表明，设计师已经意识到良好而健康的灯光设计对人们生活的影响。在单光源时代，起居室和卧室往往由一盏灯统领全局。而现在，多光源设计已经照顾到每一个使用者和每一种生活情境对灯光的需求。主光源提供的环境照明使室内都有均匀的照度；而展示灯、台灯等提供的重点照明或局部照明，则丰富了空间照明的层次。多光源的配合使得空间照明无论是浓墨重彩还是轻描淡写，都能形成美妙的空间氛围。

第12章 居室绿化

12.1 居室的功用

现代的住宅居室装饰潮流带有明显的时代特征。崇尚自然、回归自然的设计格调已成为家居不可缺少的一道风景。于是人们将绿树、鲜花、青草和泥土搬到居室中，分散点缀于不同的地方，创造着一个又一个的宁静怡人而又和谐的绿色空间，进而形成了独特的室内环境氛围（图 12.1、图 12.2）。

1. 居室的绿化设计具有很强的装饰性和观赏性。室内绿化所选择的植物的疏密、高低等因素和家居的布置、家具的选择及灯光的利用是相辅相成的。其中所形成的明暗对比、动静对比、感性与理性的对比构成了住宅居室装饰整体格调的协调统一，使绿化环境变化带来了空间感觉上的差异。因而利用植物装饰居室是室内装饰设计的不可少的素材，是室内装饰设计的必要补充。

2. 居室绿化具有心理安慰功能。绿色是自然界的永恒主题，它象征着生命与和平。人们将自然带回居室，是由于在信息化社会迅速发展的冲击下，心理上强烈地渴望自然的回归与同化。人和自然的联系对于长期生活和工作在室内的人来讲，仅仅体现于室内的绿色植物上。绿色植物带来的温度、湿度、气味、色彩等变化有利于清新、调节居室空气，促进人们怡心养智、消除疲劳，让身心投入到平和、安宁的气氛当中，同时能带给人以视觉、听觉和嗅觉的美妙的综合感受。

3. 室内绿化还具有调整景观的功能。一般情况下，住宅室内装饰不宜太过复杂，

图12.1

图12.2

尤其是对于空间结构上存在一些问题的居室，如有些空间凸凹等，给居室的布设造成一定的难度，其设计风格更应简洁而生动。那么巧设绿化就显得特别的重要，它能调整人们的观察视角，改变居室的色彩、照度，还可以填补空间的死角，平衡、缓和室内空间略显不足的结构。因此室内绿化能改变部分单一、呆板的空间，起到变化、丰富空间效果的作用。

12.2 适合室内装饰的植物种类

一般来说，设计室内绿化时要考虑选择花卉的色彩应与室内主调相配，植物的形态、气味要合适，尺寸大小要适宜等因素。从观赏的角度讲，室内绿化大致分赏花、赏叶、赏果和散香四种，有的兼而有之（表 12.1、图 12.3 ~ 图 12.5）。赏花类的有菊花、茶花、月季、杜鹃、鹤望兰、火鹤花、马蹄莲、八仙花、水仙、紫鹃兰等；赏叶类的有玉针松、万年青、棕竹、水竹、文竹、铁线蕨、蜈蚣草、绿萝、常春藤、富贵竹、一叶兰、龟背竹等，常用的较大植物有南洋杉、巴西铁、散尾葵、针葵、棕竹、变叶木、马尾铁树等；赏果类的有金橘、葡萄、石榴、橘子等；散香类的有茉莉、米兰、兰花、仙人掌、文竹、秋海棠等，散香类的植物发出的自然芳香具有一定的杀菌作用，能清洁空气、维护居室环境。另外，散香类的还有插花（图 12.6）。插花艺术从材质上可分为鲜花插花、干花插花、干鲜花混合插花和人造花插花等几种。在风格上，又分西式和东方式两种。对于一般家居来说，鲜花昂贵，且保持时间不长，所以干花插花与人造花插花更适合一般家庭。就风格而言，西式插花注重形式美和色彩美，追求块面和群体的艺术效果，简单、大方、凝练，构图比较规矩对称，色彩艳丽浓重，表现出热情奔放、雍容华贵的风格。而东方插花选材简练，善于利用花的自然美来表达其意境美。

室内常用植物选用表　　表12.1

类别	名称	高度（m）	叶	花	光	最低温度（℃）	湿度	用途		
								盆栽	悬挂	攀缘
树木类	诺和科南洋杉	1～3	绿		中、高	10	中	○		
	巴西铁树	1～3	绿		中、高	10～13	中	○		
	竹榈	0.5～3	绿		中、高	10～13	中	○		
	散尾葵	1～10	绿		中、高	16	高	○		
	孔雀木	1～3	绿褐		中、高	15～18	中	○		
	白边铁树	1～3	深绿		低－高	10～15	中	○		
	马尾铁树	0～3	绿红		中、高	10～13	低	○		
	熊掌木	0.5～3	绿		中、高	6	中	○		
	银边铁树	0.5～3	绿		低－高	3～5	中			
	变叶木	0.5～3	复色		高	15～18	中			
	垂叶榕	1～3～	绿		中、高	10～13	中			
	印度橡胶榕	1～3～	深绿		中、高	5～7	中			
	琴叶榕	1～3	浅绿		中、高	13～16	中			
	维奇氏露兜树	0.5～3	绿黄		中、高	16	中	○		
	棕竹	3～	绿		低、高	7	低	○		
	鸭脚木	3～	绿		低、高	10～13	低	○		
	针葵	1～5	绿		中、高	10～13	高	○		
	鱼尾葵	1～10	绿		中、高	10～13	高	○		
	观音竹	0.5～1.5	绿		低、高	7	高	○		
观叶类	铁线蕨	0～0.5	绿		中、高	10	高	○	○	
	细班粗肋草	0～0.5	绿		低－高	13～15	中	○		
	粤万年青	0～0.5	绿		低、中	13～15	中	○		
	花烛				低、中	10～13	中	○		
	火鹤花		深绿		低、中	10～13	高	○		
	文竹	0～3～	绿		中、高	7～10	中	○		○
	天门冬	0～1	绿		中、高	7～10	中	○	○	
	一叶兰	0～0.5	深绿		低	5～7	低	○		
	蟆叶秋海棠	0～0.5	复色		低－高	7～10	中	○		
	花叶芋	0～0.5	复色		中	20	高	○		
	箭羽纹叶竹芋	0～1	绿		中	15	高	○		
	吊兰	0～1	绿白		中	7～10	中	○	○	
	花叶万年青	0～0.5	绿		低－高	15～18	中	○		
	绿萝	0～1	绿		低、中	16	高	○	○	○
	富贵竹	0～1	绿		低、中	10～13	中	○		
	黄金葛	0～1	暗绿		中	16	高	○	○	○
	洋常春藤	0.5～3	绿		低－高	3～5	中	○	○	○
	龟背竹	0.5～3	绿		中	10～13	中	○		○
	春羽	0.5～1.5	绿		中	13～15	中	○	○	
	琴叶蔓绿绒	0～1	绿		中	13～15	中	○	○	○
	虎尾兰	0～1	绿黄		低－高	7～10	低	○		
	豹纹竹芋	0～0.5	绿		低－高	16～18	中	○		
	鸭跖草	0～3	绿、紫		中	10	中	○	○	
	海芋	0.5～2	绿		中	10～13	中	○		
	银星海棠	0.5～1	复色		中	10	中	○		
观花类	珊瑚凤梨	0～0.5	浅绿	粉红	高	7～10	中	○		
	大红芒毛苔苣	0.5～3	绿	红	高	18～21	高	○	○	
	大红鲸鱼花	0.5～3	绿	鲜红	中	15	中		○	
	白鹤芋	0～0.5	深绿	白	低－高	8～13	高	○		
	马蹄莲	0～0.5	绿	白、黄、红	中	10	中	○		
	瓜叶菊	0～0.5	绿	多色	中、高	15	中	○		
	鹤望兰	0～1	绿	红、黄	中	10	中	○		
	八仙花	0～0.5	绿	复色	中	13～15	中	○		

赏花类
八仙花
茶花
杜鹃
鹤望兰
赏叶类
常春藤
富贵竹
龟背竹
绿萝
赏果类
金橘
橘子
葡萄
石榴
散香类
茉莉
秋海棠
仙人掌
文竹

图12.3

图12.4

图12.5

图12.6

12.3　如何利用植物装饰居室

一般来说，住宅的绿化设计，除了必须充分发挥植物的特征外，还要考虑到摆放位置和排列方式，如光照、间隔、高低等问题都不能忽视。下面简要介绍一下室内绿化设计的一些基本手法。

1. 应首先了解一下，什么样的植物适合室内的布置。因为植物的生长要有适宜的光照、温度和湿度，因此要根据室内的这些条件来选择适宜的植物。一般情况下，选择能长期或较长期适应室内生长的植物，主要是性喜高温多湿的观叶植物和半耐阴的开花植物。其中株叶大的植物适合单独摆置。

2. 根据居室面积和陈设空间的大小来选择绿化植物。由于房间的大小，形状、功能等各不相同，因此必须巧用心思，尽量利用居室环境的特点及室内装饰的原则来进行绿化，进而达到美化居室环境的目的。

3. 绿化的陈设方式

室内绿化植物的摆放要注意空间的整体关系，把握好植物与其形象的比例尺度，尤其是与人的动静关系，要合理的把植物置身于人的视域的合适位置。

室内大尺度的植物，一般多靠近实体的墙面等较为安定的空间来布置，与主要的交通活动空间保持一定的距离，保证能让人观赏到植物的干、枝、叶的效果；室内中等尺度的植物可选择放在窗、桌、柜等略低于人视线的位置，便于观赏植物的叶、花、果的效果；室内小尺度的植物往往以小巧出奇制胜，盆栽容器的选择也需别具一格，往往置于橱柜与隔板之上或悬挂空中，让人全方位的观赏。

从室内空间的位置来看，室内绿化的形式一般分为水平和垂直两种形式。由于植物的乔、灌花草各具形象特色，常常以树干形态、枝叶色泽或以花叶来吸引人。室内绿化的配置应该抓住这些形象特色，以不同的格局摆放来创造丰富的绿化效果（图 12.7、图 12.8）。

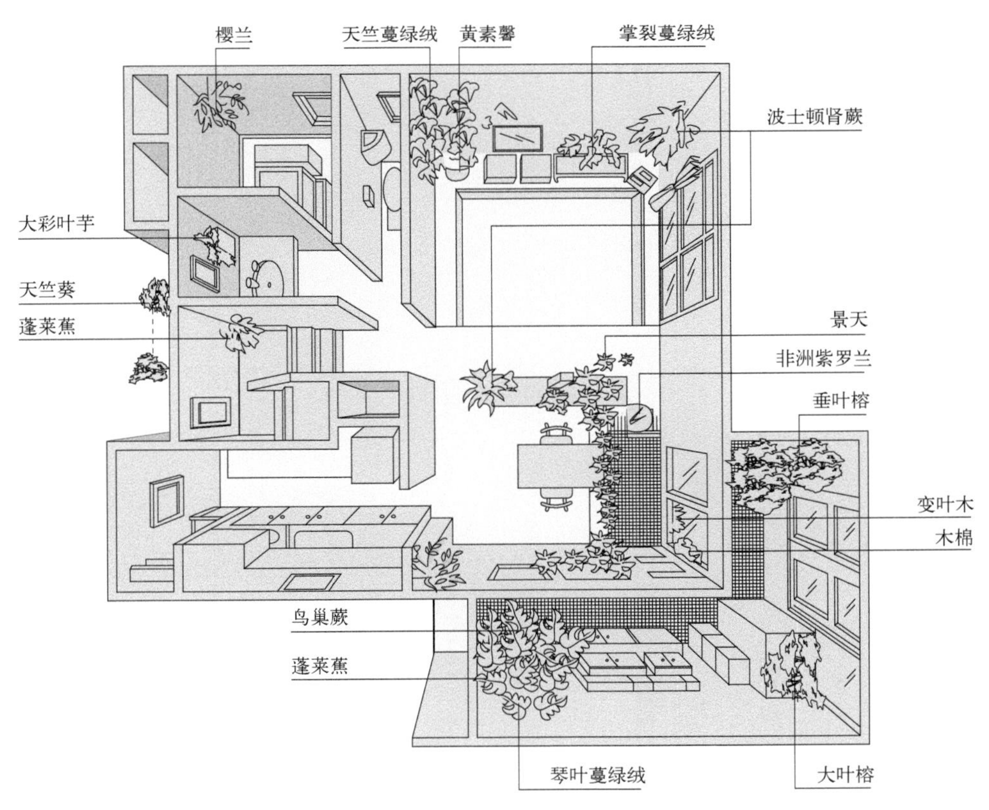

图12.7　居室的绿化设计

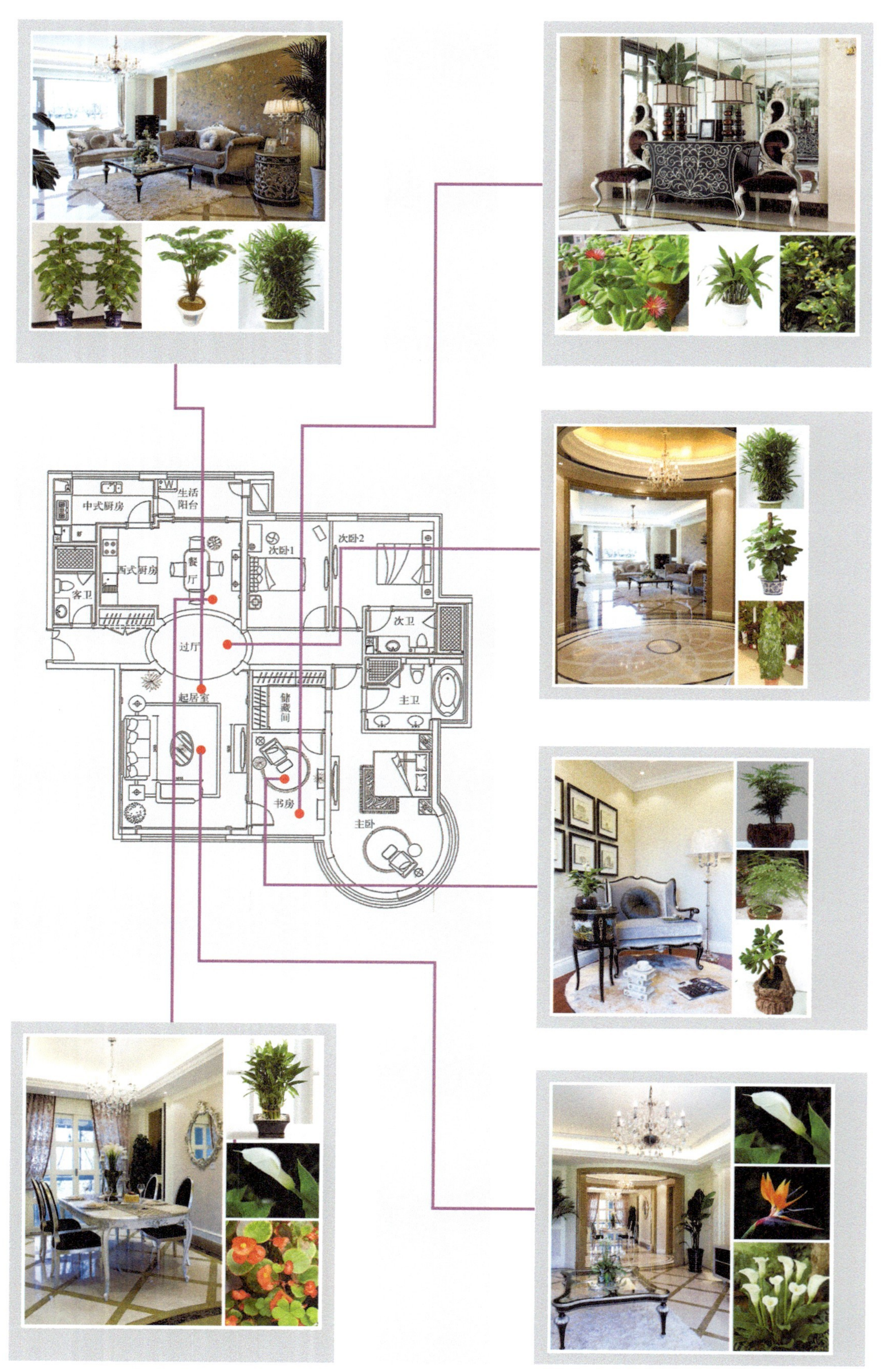

图12.8

12.3.1 起居室的绿化

起居室是家庭会客、团聚、休闲、娱乐等活动的场所，是家庭活动中心。其公共性强且面积较大，这个空间的绿化可处理得多姿多彩又不乱不俗。首先宜在角落里或沙发旁边放置大型的植物，一般选择大盆观叶植物如棕榈树、橡皮树、龟背竹等长度体量较大，枝叶茂盛，色彩浓郁的植物为宜。这类植物一般适宜放在室内空间和家具形体都相对较大的居室且多靠近室内实体的墙、柱等较为安定的空间，让人观赏到植物的干、枝、叶的整体效果。沙发质地柔软，尺度较大又趋低矮，和高大茂盛的枝叶形成强烈对比，统一和谐，成为一个富有变化的空间，整个室内呈现出淡雅自然的格调。而窗边可摆设四季花卉，枝叶纤细而浓密的波丝草、文竹等植物或在壁面悬吊小型植物作装饰，都能产生意想不到的效果。另外在起居室以对称式位置陈设一些色彩艳丽、色调浓重大方的插花，可表现主人的持重与好客，使客人有宾至如归的感觉。对于家庭内部成员来说，这也是家庭和睦温馨的一种象征。起居室的绿化布置切忌过多，要有重点，否则会显得杂乱无章，俗不可耐（图 12.9、图 12.10）。

图12.9

12.3.2 餐厅的绿化

餐厅的绿化设计应着重考虑视线的位置。绿化装饰毕竟是以给人以欣赏为目的的，为了更有效地体现绿化的价值，在布置中应该更多地考虑任何角度的可欣赏性。在餐厅用餐时，椅子和坐的位置中视觉最容易集中的某一个点，便是最佳配置点。一般最佳的视觉效果，是在距地面约 2m 的视线位置，这个位置从任何角度来讲，都有美好的视觉效果。另一方面，若想集中配合几种植物来欣赏，就要从距离排列的位置来考虑，在前面的植物，以选择细叶而株小、颜色鲜明的为宜，而深入角落的植物，就应是大型且颜色深绿的。放置时应有一定的倾斜度，视觉效果才有美感。而盆吊植物的高度，尤其是以视线仰望的，

图12.10

图12.11

图12.12

其位置和悬挂方向一定要讲究，以直接靠墙壁的吊架、盆架置放小型清淡素净或浓艳鲜明的植物效果更佳。因为悬吊的植物是随风飘动的，如视线角度能恰到好处，就能别有一番情趣。餐厅中插花，以鲜花为最好。可使人进餐时心情愉快，增加食欲。宜选用黄色、橘子色等有助于促进食欲的颜色。小型或微型的花卉盆景可以随意陈设（图 12.11、图 12.12）。

12.3.3 书房的绿化

书房的绿化，可注重选配清香淡雅、颜色明亮的花卉。应选择喜阴的植物，如龟背竹、棕竹、文竹、水竹、君子兰等。书房陈设花卉，最好集中在一个角落或视线所及的地方。倘若感到稍为单调时，再考虑分成一两组来装饰，但仍以小巧者为佳，小的可一只手托起五六个，称为微型盆景和挂式盆景，这类盆景适合书房陈设和在近处观赏。书房插花则可不拘形式。一束枯枝残花，也可表现主人的高洁清雅。书房中的插花，可随主人的喜好，随意为之，但不可过于热闹，否则会分散注意力，干扰学习气氛，效果适得其反（图 12.13、图 12.14）。

图12.13

图12.14

12.3.4 卧室的绿化

卧室中的绿化应体现出房间的空间感和舒适感。如果把植物按层次集中放置在居室的角落里，就会显得井井有条并具有深度感。注意绿化要与所在场所的整体格调相协调，把握其与人的动静关系，把它置于人的视域的合适位置。中等尺度的植物可放在窗、桌、柜等略低于人视平线的位置，便于人们观赏植物的叶、花、果；小尺度的植物往往以小巧精致取胜，其陈设位置也需匠心，可置于橱柜之顶、搁板之上或悬吊空中，便于人们全方位观赏。卧室的插花陈设，则须视不同的情况而定，书桌、梳妆台和床头柜等处可以选择茉莉、米兰之类的盆花或插花。中老年的卧室以白色或淡色为主调，使人愉快、安静且赏心悦目。年轻人，尤其新婚夫妻的卧室，则适合色彩艳丽的插花，但以一种颜色为主最好，花色杂乱不能给人宁静的感觉。单色的一簇花可象征纯洁永恒（图 12.15）。

图12.15

12.3.5 门厅和走廊的绿化

门厅和走廊面积较小，只宜放点小型植物，或利用空间悬吊植物作装饰。可用照明法来表现其的深度感。这种室内植物照明法，对于室内植物处于光线不充足的地方是适用的，利用部分的照明可增加光和影子的变化效果。白天一般是不采用照明的，但晚间用照明时，就会显出奇特的构图及剪影效果，颇为有趣。这种利用灯光反射出的逆光照明，可使门厅和走廊变得较为宽阔。可选用吊兰、常春藤等类植物，它们的长势向下垂伸又参差不齐，给人以一种动感，一般可置于立式柜体家具之上，还可放在麻织编袋或藤编篮中，悬挂在角隅处（图 12.16）。

图12.16

12.3.6 阳台的绿化

阳台有很多功能，它可为主人提供一定的活动空间。阳台面积很小，绿化美化要因地制宜。阳台上不宜栽种较大的花木，而石榴、金橘、葡萄等一些观果植物；月季、菊花等观花植物；松、柏、杉树等小观叶植物均可根据个人的喜好加以选择，对美化阳台则可起重要的作用。如果再配置一些海棠、文竹、吊兰、茉莉花、月季、君子兰等花卉，就可使家庭四季有花，春意盎然。还可种一些丝瓜、眉豆、紫藤的栽种，可以遮蔽烈日的暴晒，隔热降温，调节居室的小气候，又能获得美味的菜蔬（图 12.17）。

图12.17

第 13 章　住宅空间的室内设计程序

13.1　住宅空间设计的目的及主要内容

13.1.1 住宅空间设计的目的

住宅空间设计的目的之一就是要达到住宅的使用功能，合理提高室内环境的物质生活水平；另一目的就是要起到抚慰人心、陶冶情趣的作用，使人从精神上得到满足，提高住宅室内空间的生理和心理环境质量。人类一生中有一半左右的时间是在住宅中度过的，住宅环境封闭而单调，会使人们失去许多强烈的向往。随着现代社会生活节奏的加快和工作竞争的加剧，人的精神压力也不断加大，加上城市生活的喧闹，使人们更加渴望生活的宁静与和谐，所以人们都希望拥有一块属于自己的温馨舒适的小天地。这个愿望可以通过住宅空间设计来实现，从而达到放松身心、维持心理健康的作用（图 13.1）。

13.1.2　住宅空间设计的主要内容

1. 平面设计——以人们在住宅空间的生活行为作为基础，达到舒适、安全、方便、经济、卫生等功能的需要（图 13.2、图 13.3）。

2. 空间组织——住宅空间分布的丰富性是其建筑区别于其他艺术形式的主要特点之一，空间的比例、尺度要充分的考虑建筑与人的关系，以满足人们的要求（图 13.4 ～图 13.7）。

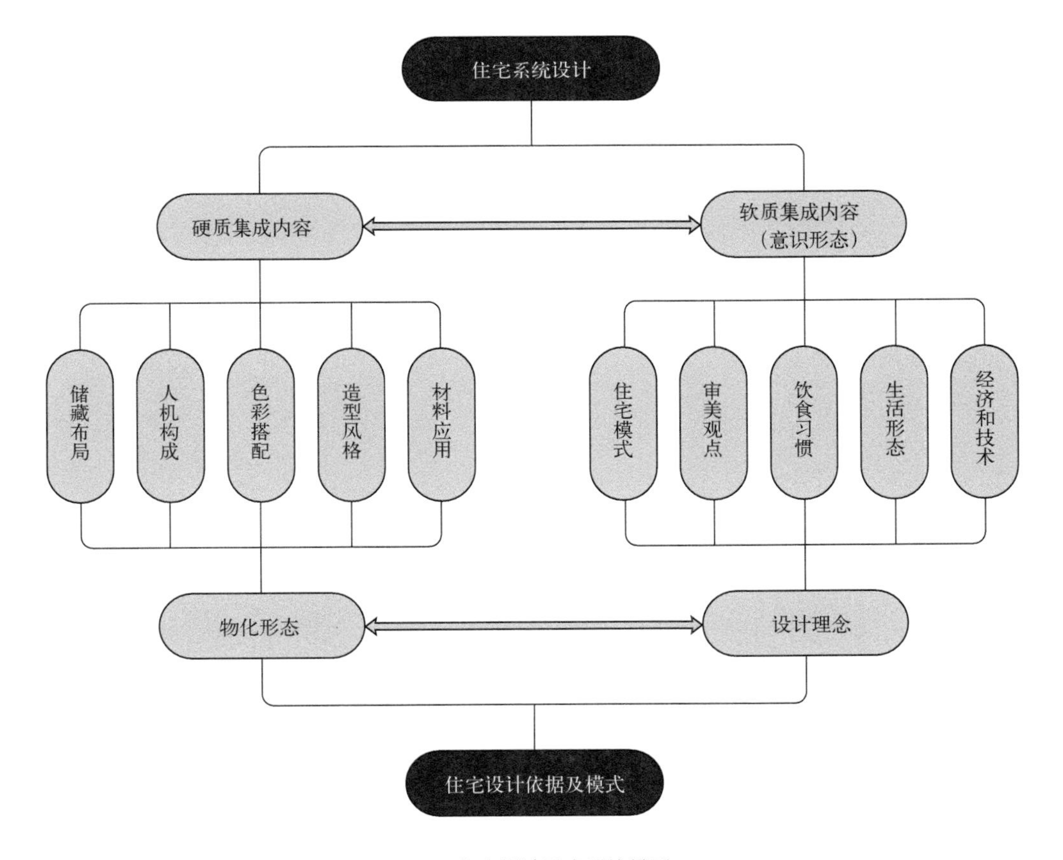

图13.1　住宅设计因素系统模型

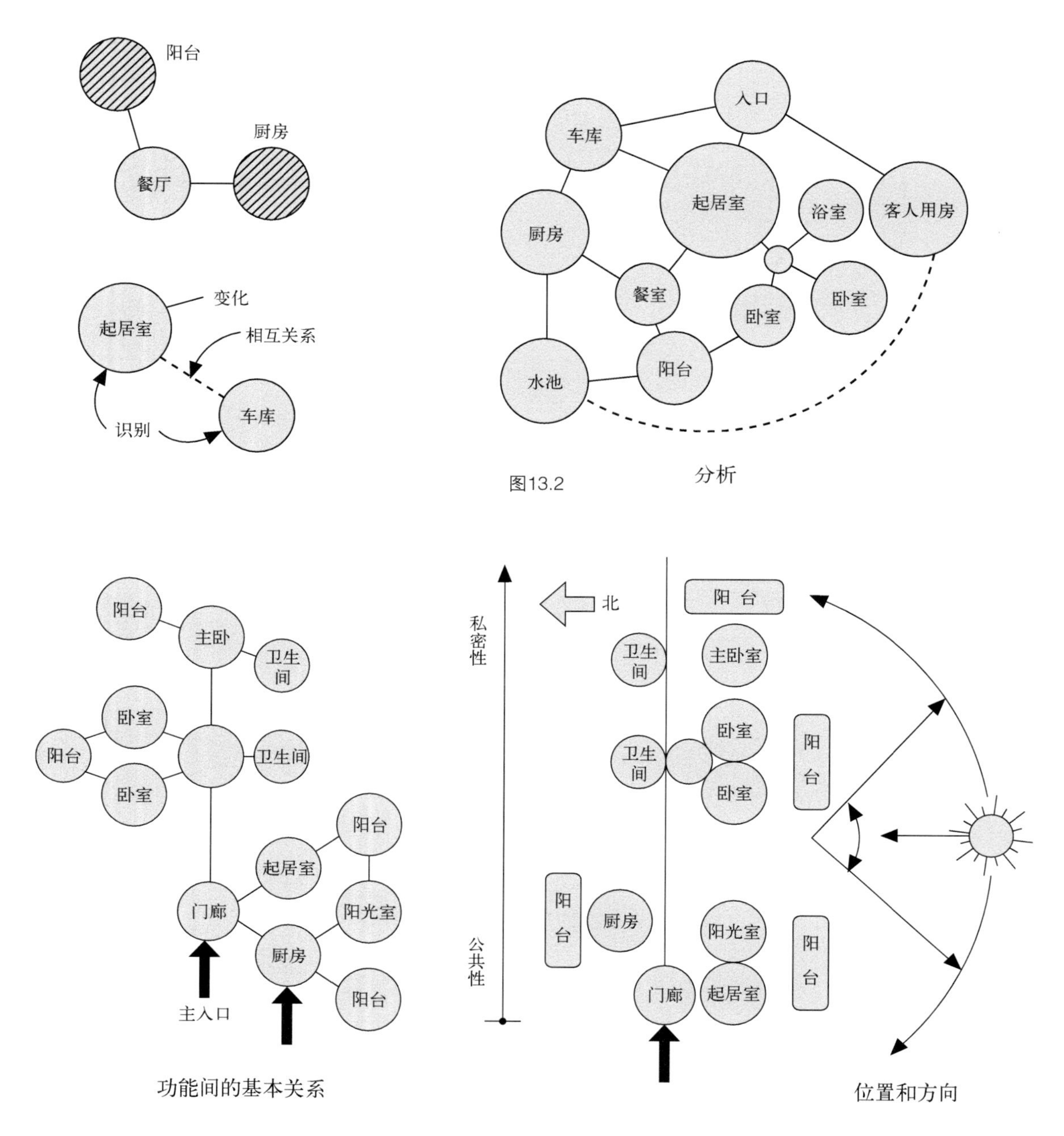

图13.2

图13.3

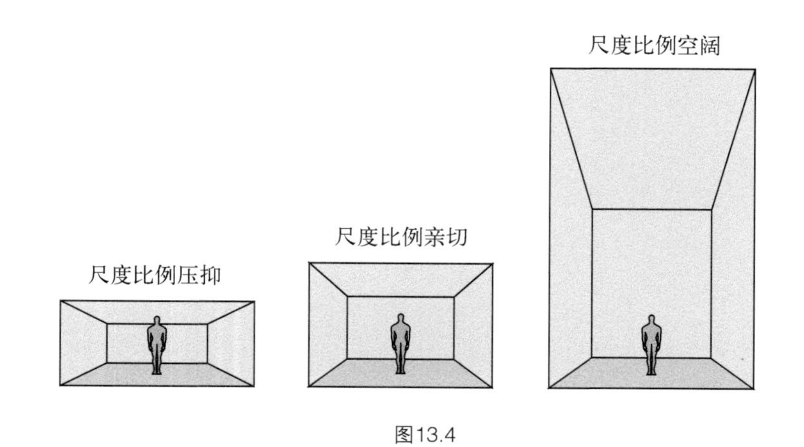

图13.4

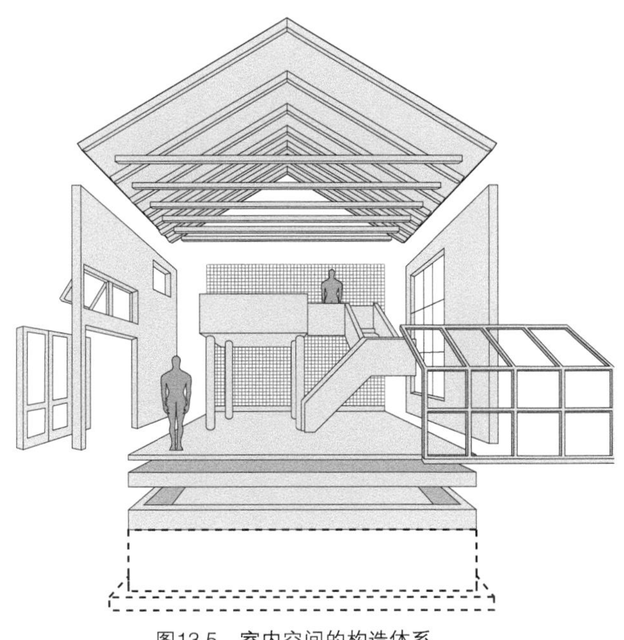

图13.5　室内空间的构造体系

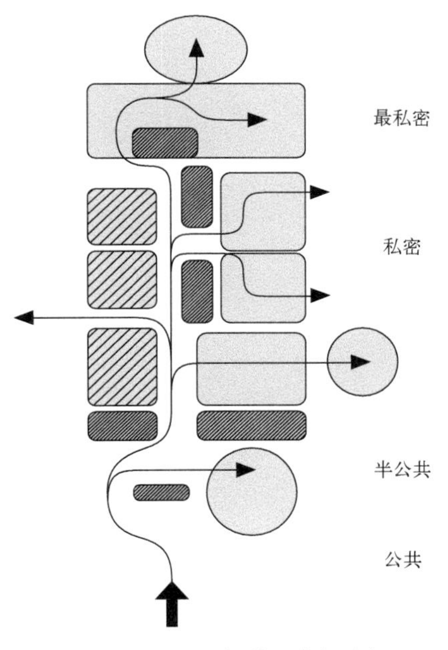

图13.6　空间的尺度和形式

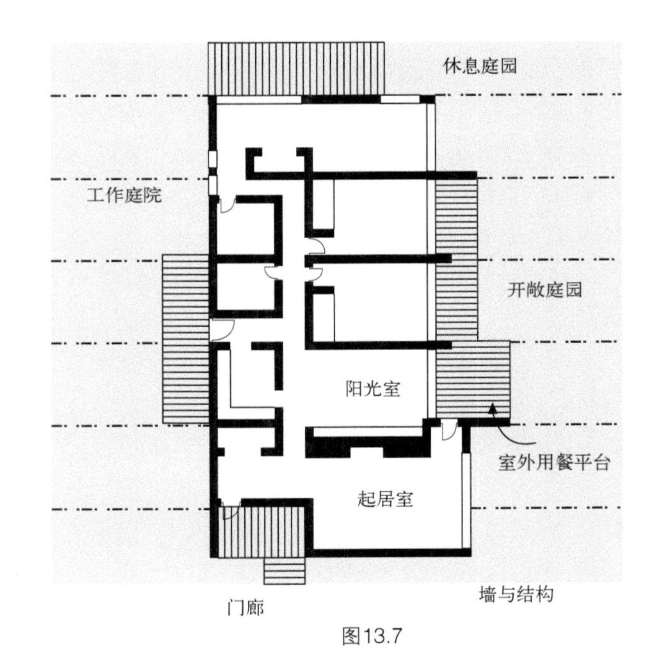

图13.7

3. 色彩设计——运用不同的颜色来渲染和塑造住宅室内空间的最佳气氛。

4. 照明设计——通过光源环境设计表现空间的形体、色彩和质感，创造住宅空间内不同功能需求的光源环境。

5. 材料选择——材料质感和色彩要运用得当，做到既可调节空间感，又能在微观中产生更多的情趣，既要注意环保，又要考虑防火。

6. 家具配置——在满足功能实用的前提下，增加情趣和艺术效果，创造室内空间的整体文化氛围。

7. 装饰和陈设——在体现空间个性和气氛的同时，起到画龙点睛的作用。

8. 植物配置——使人们在室内就能享受到大自然的乐趣，与室外绿化相呼应。

9. 声音处理——声音在室内的传播应就房间的形状、材料的选取，对不同的房间有不同的考虑。

10. 防火及功能——必须符合有关规定。

13.2 住宅空间设计的基本程序

住宅空间设计是一门实践性非常强的、要最终实现其存在价值的、改善和提高人类居住环境的设计活动，是人类有目的地系统地指导解决住宅环境矛盾的活动过程。因此，住宅设计是指包括资料信息收集、测量尺寸、设计构思及方案、设计表现及提交、施工现场协调材料、艺术陈设设计、施工与指导评价等几个步骤的系统实践过程（图 13.8）。

13.2.1 前期测量相关尺寸阶段

设计师带领本组其他成员到达现场，复印好 1 : 100 或 1 : 50 的建筑框架平面图 2 张，一张记录地面情况，一张记录顶棚情况，并尽可能带上设备图，备带卷尺、皮拉尺、铅笔、红色笔、绿色笔、橡皮、涂改液、数码相机、电子尺等相关工具，穿行动方便的服装和鞋子，如果进入在建新房现场，应佩戴工地安全帽。

实地了解建筑结构，详细测量现场的各个空间总长、总宽尺寸，墙柱跨度的长、宽尺寸，记录现场尺寸与图纸的出入情况，标明混凝土墙、柱和非承重墙的位置尺寸，标注门窗的实际尺寸、高度，开合方式、边框结构及固定处理结构，幕墙结构的间距、框架形式、玻璃间隔，通常测量为净空尺寸，记录采光、通风及户外景观的情况；测量天面的净空高度、梁底高度，测量梁高、梁宽尺寸，测量梯台结构落差等。地平面标高要记录现场情况并预计完成尺寸，记录雨水管、排水管、排污管、洗手间下沉池、管井、消防栓、收缩缝的位置及大小，结构复杂地方测量要谨慎、精确；复检建筑的位置、朝向，所处地段，周围的环境状态。

测量的数据要完整清晰，尺寸标注要符合制图原则，图例要符合规范，要有方向坐标指示。顶棚要有梁、设备的准确尺寸、标高、位置。

13.2.2 客户沟通阶段与构思阶段

与客户进行沟通充分了解客户的生活方式、文化水平、宗教信仰、风俗习惯等，收集客户的需求、特征、经济能力、进行家庭因素和居室条件分析、确定主题、充分沟通住宅的功能与风格。

住宅空间设计的根本首先是资料的占有率，是否有完善的调查、横向的比较、大量的搜查资料，归纳整理、寻找欠缺、发现问题，进而加以分析和补充，这样的反复过程会让设计师在模糊和无从下手当中渐渐清晰起来（图 13.9）。

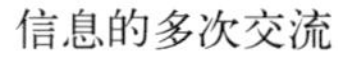

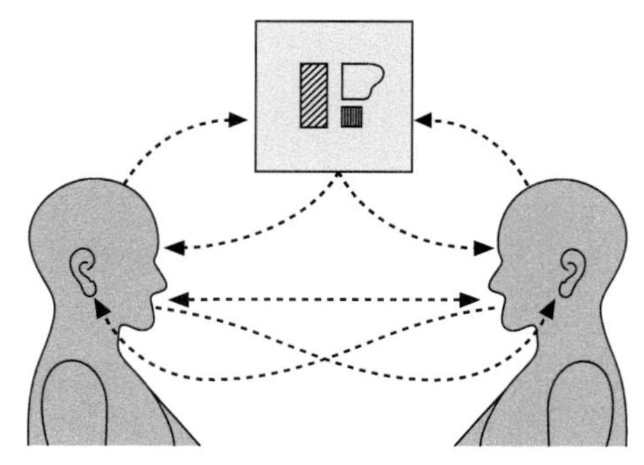

图13.9

13.2.3 设计方案与设计表现提交阶段

方案草图是方案构思的延伸，是运用图解语言表达构思的总过程，是设计师与业主沟通时最有效的表达手段之一。要满足空间使用功能的分布，在建筑框架的局限中去寻求空间利用的最大可能性，并不断进行方案的分析与比较，逐步地深入和完善方案。

平面图的表现内容包括功能分区、交通流线、家具和陈设在内的所有内容，精细的平面图甚至要表现材质和色彩等；立面图也是同样的要求。剖面图用以表示房屋内部的结构或构造形式、分层情况和各部位的联系、材料及其高度等，是与平、立面图相互配合的不可缺少的重要图样之一。此外，住宅本身是一个立体的建筑空间，在进行方案构思时应该一直保持立体空间的思维方式（图 13.10 ~ 图 13.19）。

前期测量相关尺寸阶段
1
2
客户沟通与构思阶段
3
设计方案与设计表
现提交阶段
4
施工现场材料样板等
协调阶段
5
施工指导评价阶段
装饰、陈设及植物摆设阶段
6

图13.8

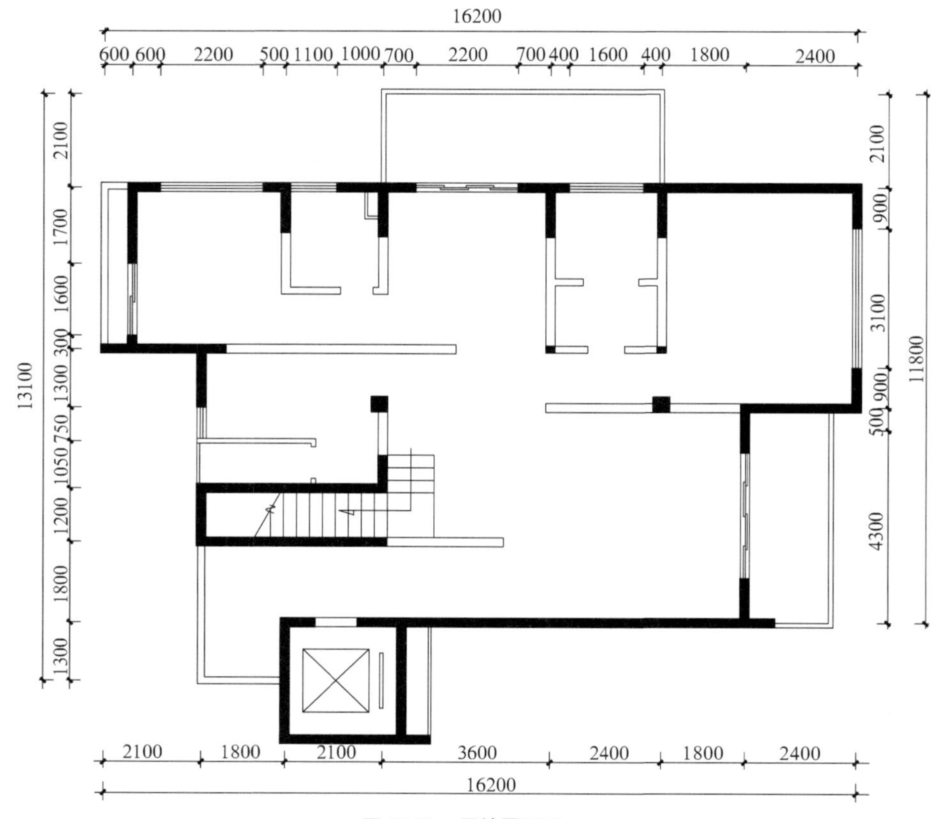

图13.10　原始平面图

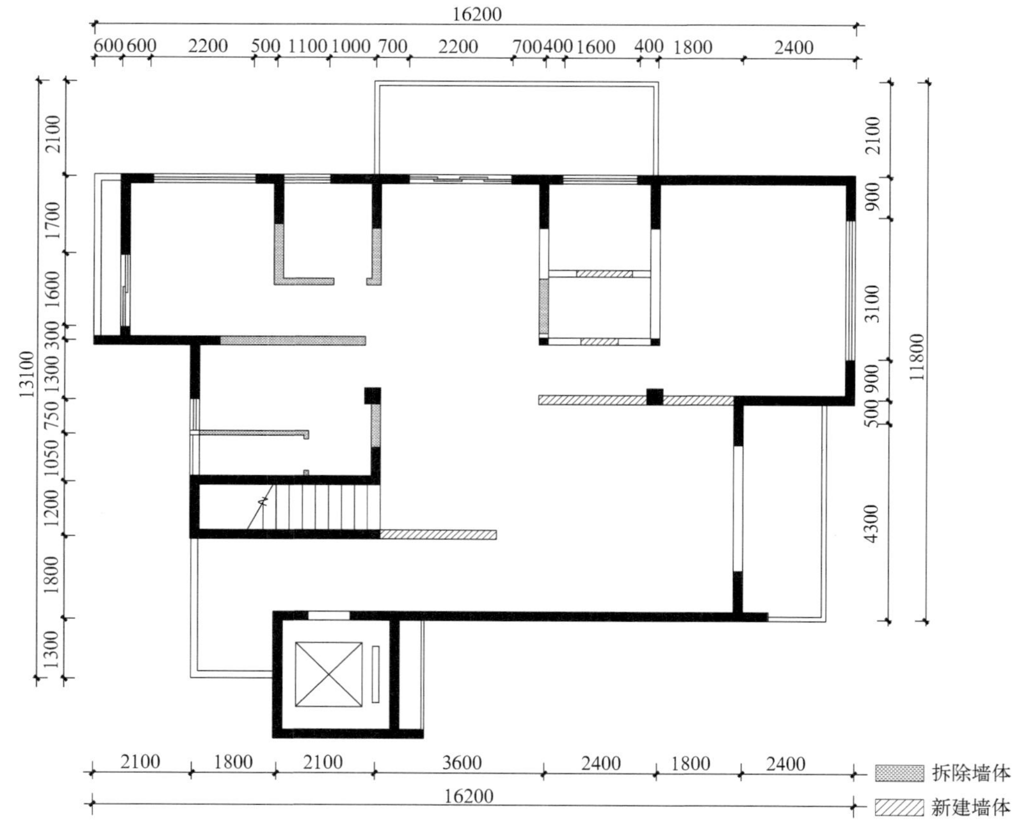

图13.11　结构改动尺寸示意图

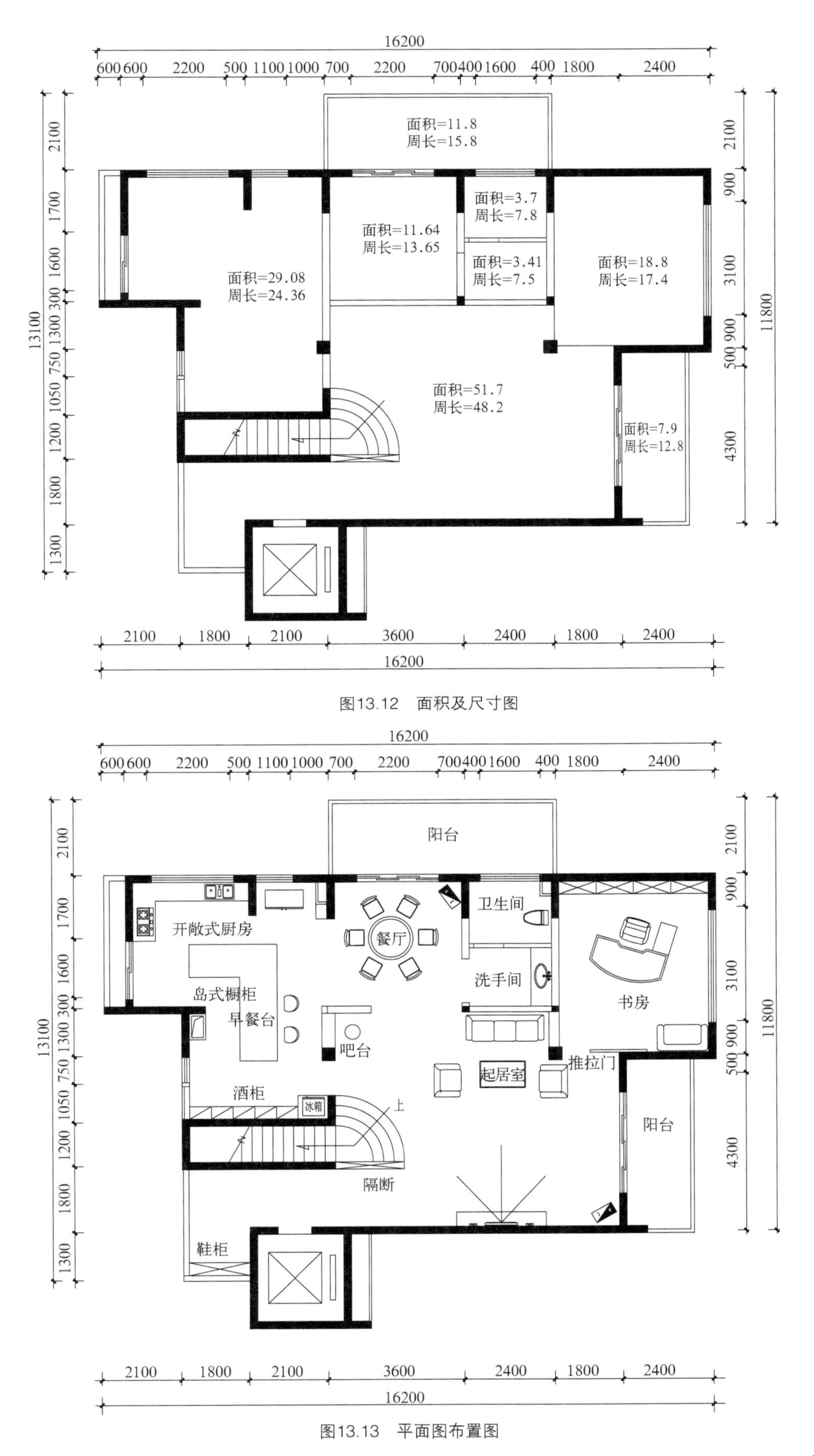

图13.12 面积及尺寸图

图13.13 平面图布置图

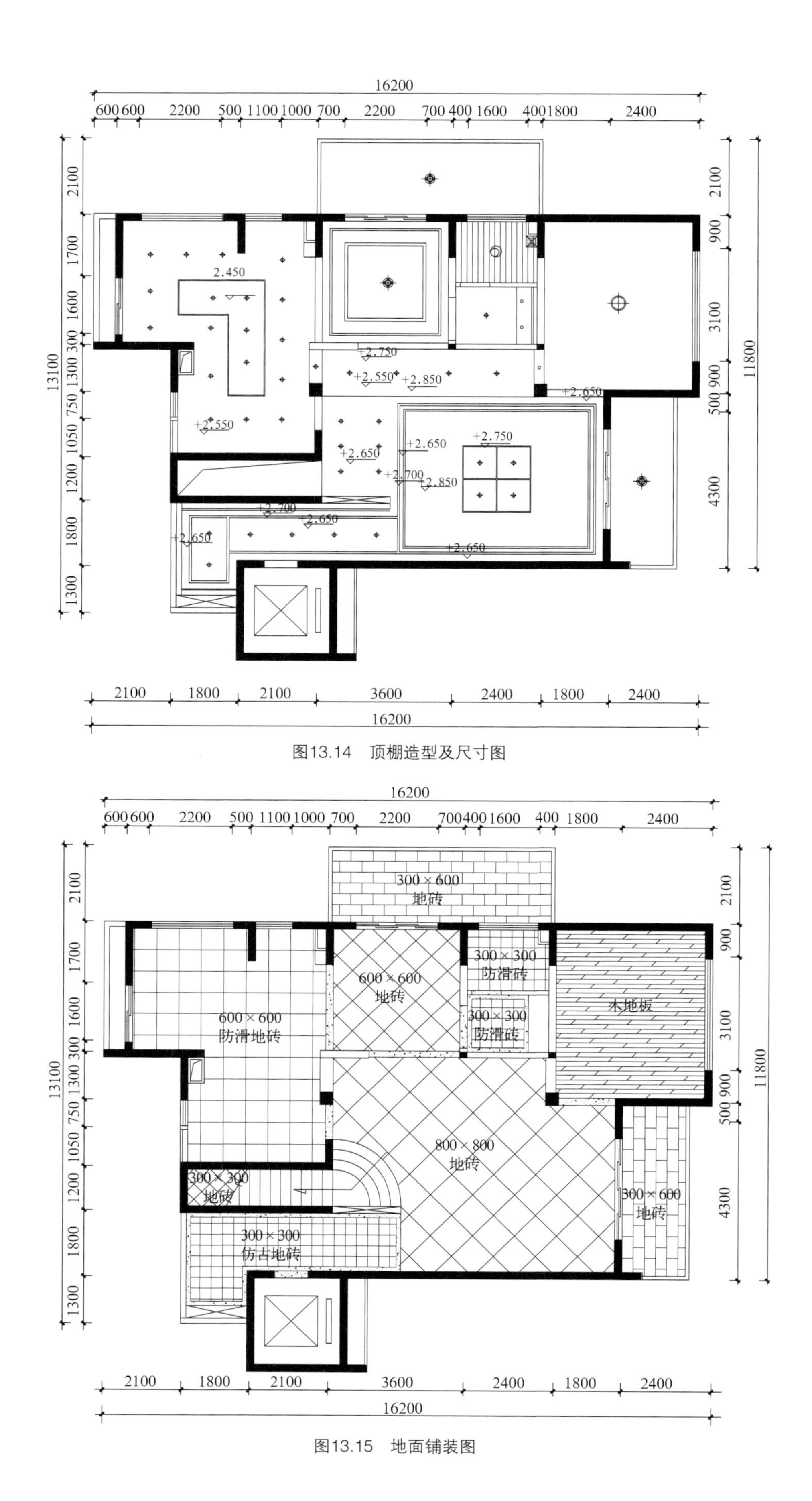

图13.14 顶棚造型及尺寸图

图13.15 地面铺装图

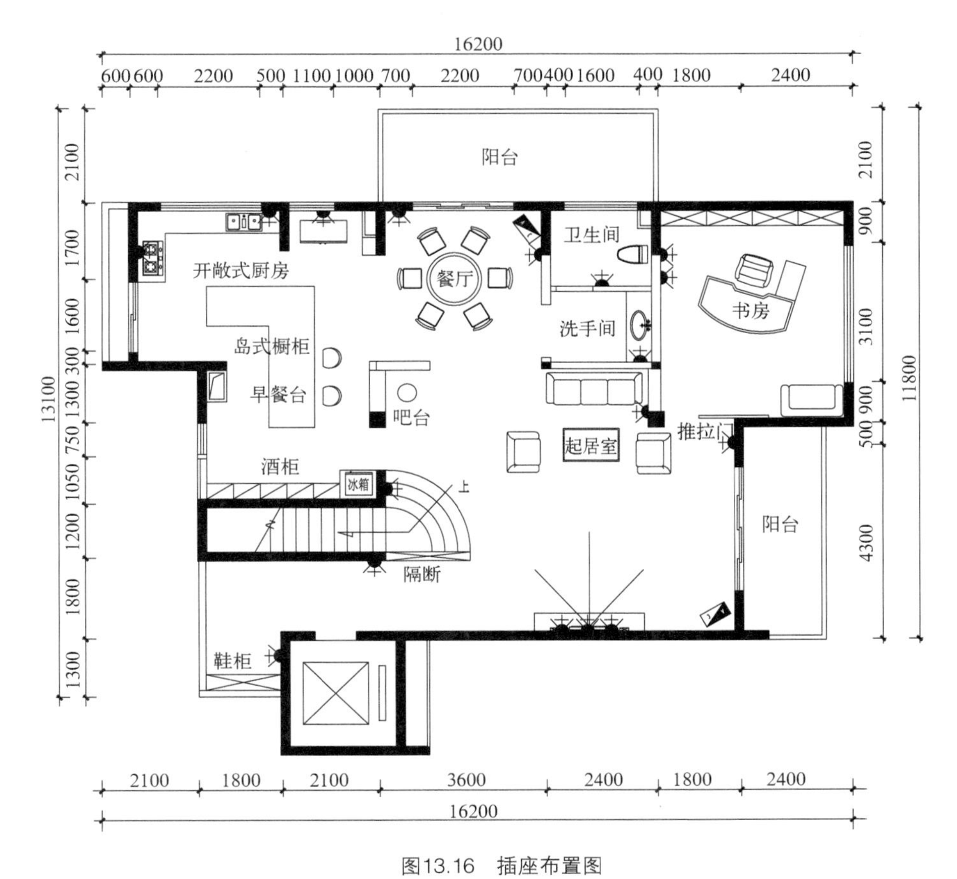

图13.16 插座布置图

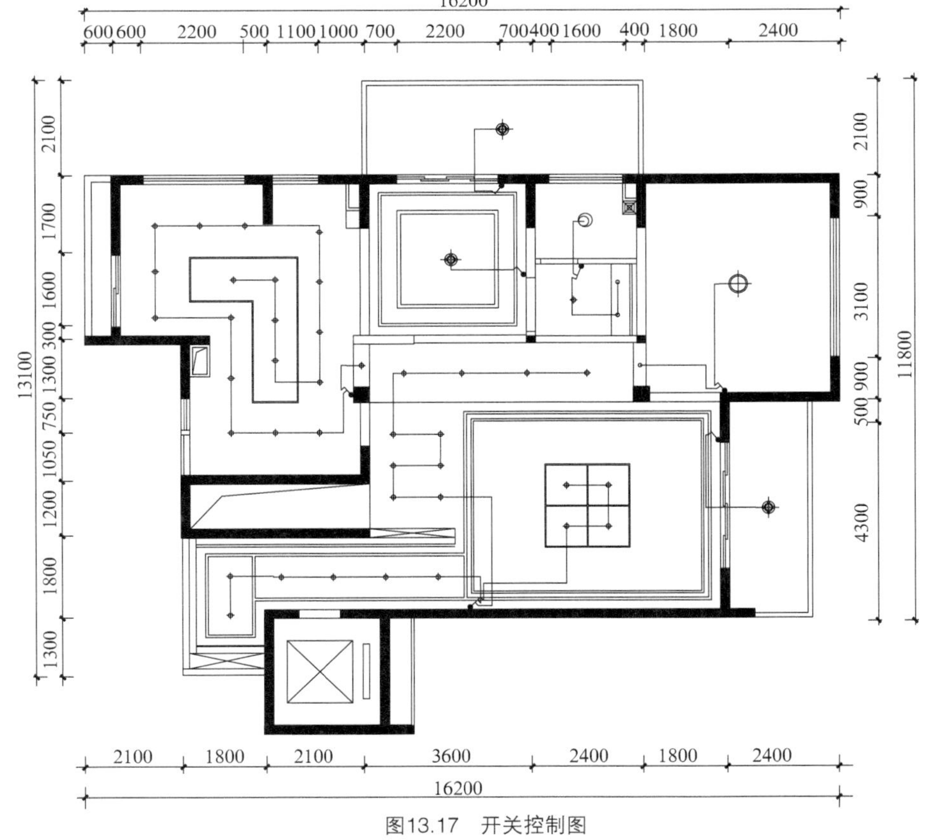

图13.17 开关控制图

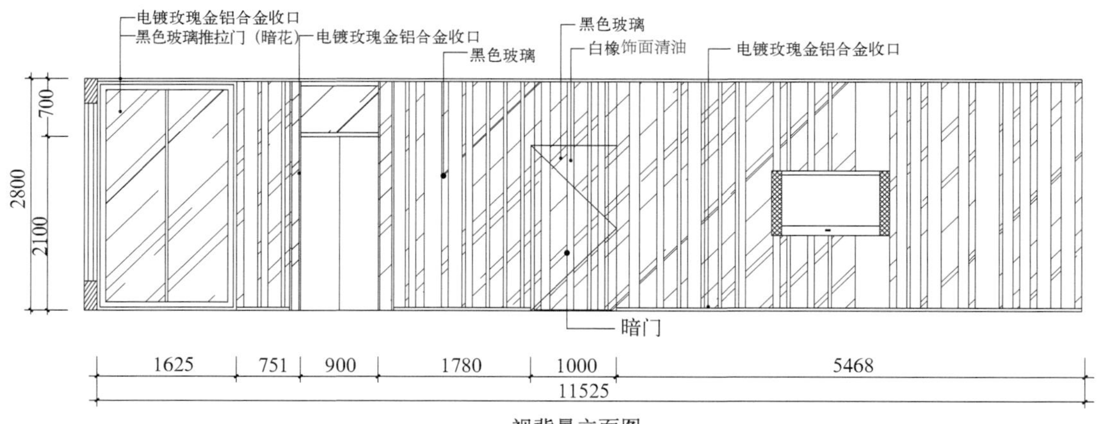

视背景立面图

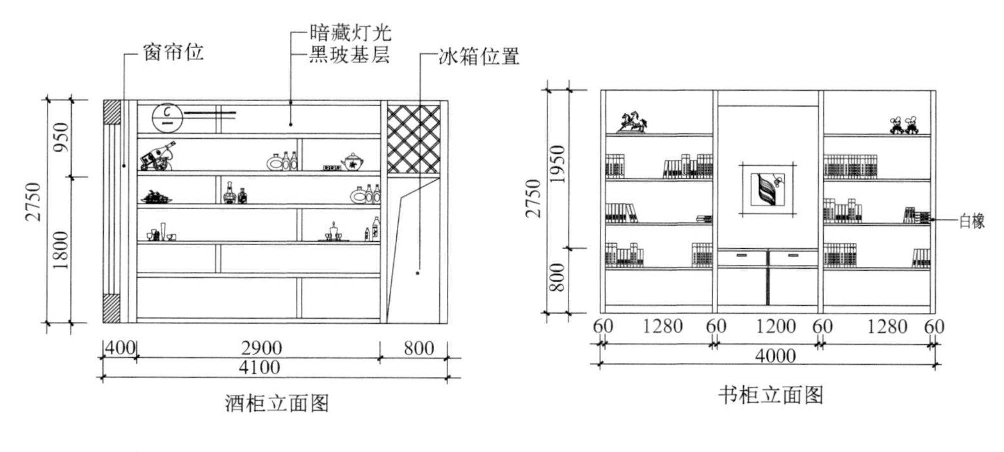

酒柜立面图

书柜立面图

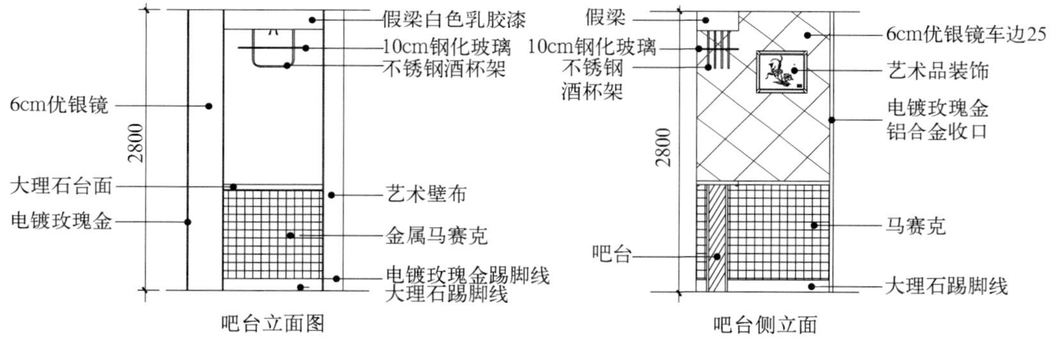

吧台立面图

吧台侧立面

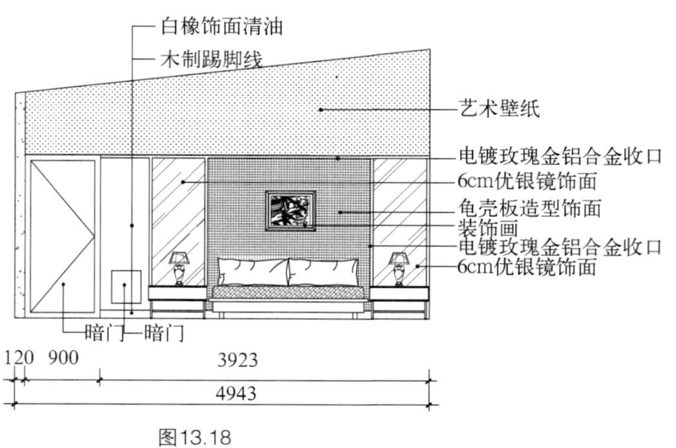

图13.18

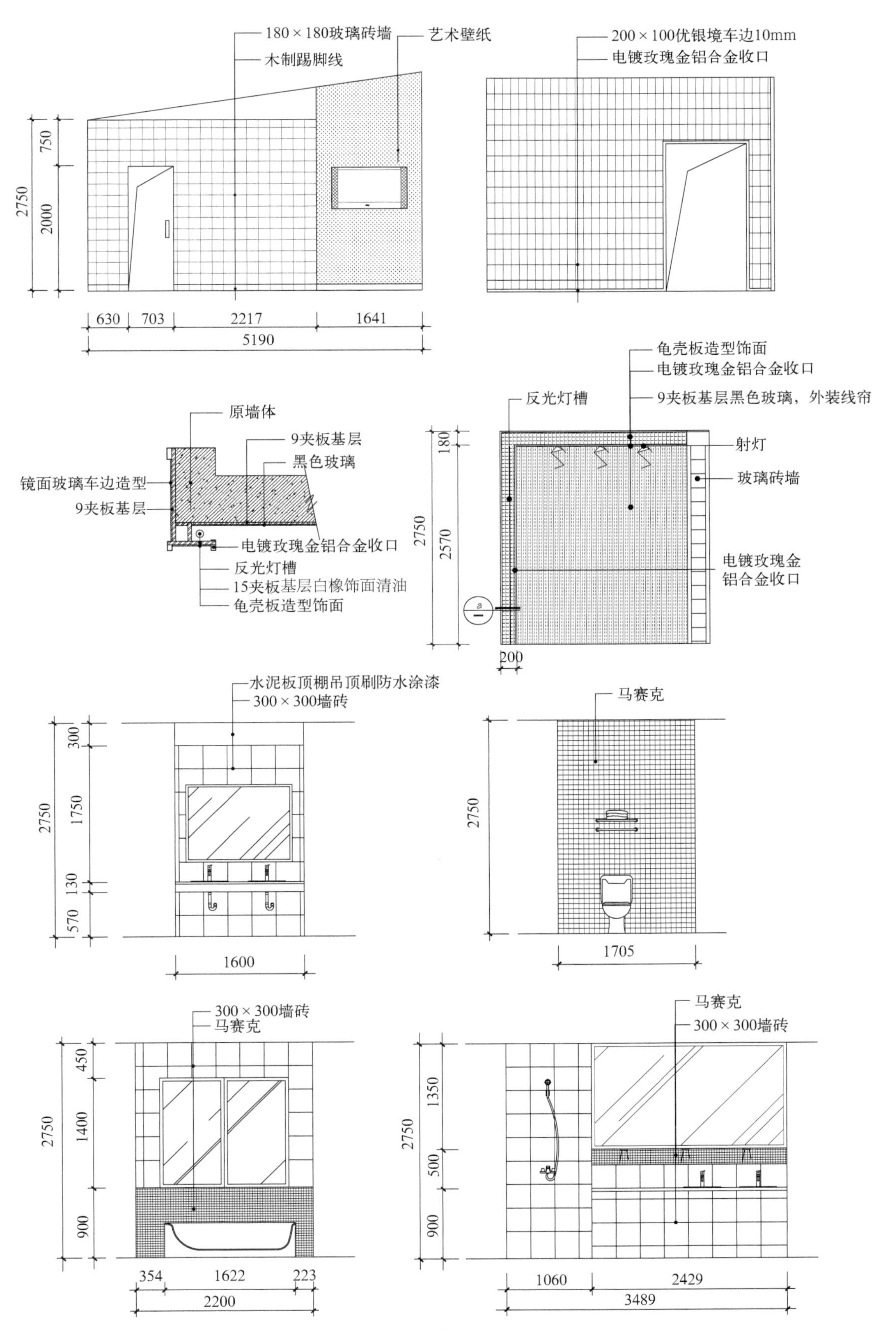
180×180玻璃砖墙
艺术壁纸
木制踢脚线
2750
750
2000
630
703
2217
1641
5190
200×100优银境车边10mm
电镀玫瑰金铝合金收口
龟壳板造型饰面
电镀玫瑰金铝合金收口
反光灯槽
9夹板基层黑色玻璃，外装线帘
原墙体
9夹板基层
黑色玻璃
镜面玻璃车边造型
9夹板基层
电镀玫瑰金铝合金收口
反光灯槽
15夹板基层白橡饰面清油
龟壳板造型饰面
射灯
玻璃砖墙
电镀玫瑰金
铝合金收口
180
2570
200
水泥板顶棚吊顶刷防水涂漆
300×300墙砖
300
1750
130
570
1600
马赛克
1705
300×300墙砖
马赛克
450
1400
900
354
1622
223
2200
马赛克
300×300墙砖
1350
500
900
1060
2429
3489

图13.19

图13.20

图13.21

图13.22

效果图是设计构思的虚拟再现，是为了表现设计方案的空间效果而作的一种三维阐述，通过立体影像模拟真实设计效果情景。对于业主来说，效果图也是理解图纸的一种最有效方法。效果图往往作为项目成功的敲门砖，有着直观的沟通作用，它实现了从平面向三维空间的转换过程，传递了设计师的意图及对空间创作的深刻感悟。但是，效果图只是设计师表现方案的一种方法手段，并不是设计工作的全部，效果图的目的是让业主能直观了解设计构思的综合表现，但效果图难免与施工后的效果有所出入，这是设计师应该预先向业主说明的，避免业主只依赖效果图来评判设计的好坏，不可作为业主验收的标准（图13.20～图13.22）。

13.2.4 施工现场材料样板等协调阶段

材料的选择是项目实施阶段的主要工作，材料选择受到类型、价格、产地、厂商、质量等要素的制约，同时也受到流行时尚的困扰。就设计师来讲，材料是进行室内装修设计最基本的要素，单一的或复杂的材料是因设计概念而确定。虽然低廉但合理的材料应用要远远强于豪华材料的堆砌，当然优秀的材料可以更加完美的体现理想设计效果，但不等于低预算不能创建合理的设计，关键是如何选择。材料的色彩、图案、质地是选择的重点，在实际的项目工程中选择材料要注重实地选材不迷信材料样板；注意天然材料在色彩与纹样上的差异。

作为设计师要在施工的关键阶段亲临现场指定，尤其是需要现场体验材料样板的构造、尺度、色彩、图案等问题。关于所选取的技术规范，包括国家颁布的标准规定，具体施工所用的物料性能说明、工艺程序、建造参数说明等，可根据国家建设法规或供应商提交的合格证明文件进行。

13.2.5 施工和指导评价阶段

如果说草图阶段以“构思”为主要内容，平、立、剖面图及效果图阶段是以“表现”为主要内容,那么施工图就是以“标准”为主要内容。施工是实施设计的重要环节，为了使设计的意图更好的贯彻实施于设计的全过程之中，在施工之前，设计师应及时向施工单位介绍设计意图，解释设计说明及图纸的技术交流，在实际的施工阶段中，要按照设计图纸进行核对，并根据现场实施情况进行设计的局部修改和补充；指导和评价是在整个过程中的一个不间断的潜在行为，在某一阶段突出地表现出来，施工结束后，协同质监部门进行工程验收。

为了使设计取得预期的成果，设计师必须抓好各个阶段的环节，充分重视设计、材料、施工、设备等各个方面，并熟悉、重视与原建筑物的建筑设计、设施设计的衔接，同时还需协调好与建筑单位和施工单位之间的相互关系，在设计意图和构思方面取得沟通与共识，以期取得理想的设计工程结果。

13.2.6 装饰、陈设及植物摆设阶段

在住宅的施工完成后，设计师要进行艺术陈设的设计，根据不同空间利用家居物品的不同摆设而形成不同的格局，灯饰、家居、艺术品以及绿化植物等的摆设使整个住宅空间的艺术效果、风格提升及统一。艺术陈设美化住宅空间要符合艺术规律，不能妨碍日常的室内活动。摆设布局应与周围环境形成一个整体，选择物品的尺寸应根据建筑空间的大小而定，既满足空间活动的条件，又满足人的视觉感受，否则会造成空间压抑感。

陈设对住宅环境的美化有着极其重要的作用，主要有两个方面：一是其本身的造型、色彩的美；二是通过它们与室内环境恰当地组合，有机地配置，从色彩、形态、质感等方面产生鲜明的对比，而形成美的环境。

家具的摆放是住宅室内陈设装饰最主要的内容，通过与人相适应的尺度和优美的造型样式，成为住宅空间与人之间的一种媒介性过渡要素，使虚空的房间便于适合人们居住、工作、活动。家具的摆放位置奠定了住宅陈设装饰的基调。

灯具的主要作用是用于室内的照明，灯具的光照与造型同时对室内装饰起到重要的作用。例如，用白炽灯照明室内，空间层次丰富，立体感强。而它的外形也是一种装饰与家具的呼应，会更好的协调统一这个住宅空间。

室内摆放的艺术品本身的作用就是装饰。但也不是任何一件艺术品都适合特定的室内，也不是越多越好，墙面上多用绘画与摄影作品，台面上多用雕塑或工艺品，只要空间的视觉感觉舒适即可。它的主要作用是点缀，过多过滥反而不美观。

绿化植物的自然形态有助于打破室内装饰直线条的呆板与生硬，通过植物的柔化作用补充色彩，美化空间，使室内空间充满生机。绿化陈设是现代住宅室内设计可持续发展的方向，随着人民生活水平的逐步提高，生态环境意识的进一步觉醒，绿化设计将成为现代室内设计不可或缺的重要组成部分之一，将会受到更多使用者的关注。

13.3 住宅空间设计施工图纸的技术要求

完整的施工设计图纸，应包括：封面，目录，平面图类（总平面布置图、间墙平面图、地花平面图、顶棚平面图、顶棚安装尺寸施工图），立面图类，大样图类，水

电设备图类（弱电控制分布图、给水排水平面图、电插座平面图、开关控制平面图）等以及各类物料表。施工图的技术要求应严格按照国家或行业《建筑装饰装修制图标准》执行。

1. 封面

封面的内容包括：项目名称，图纸性质（方案图、施工图、竣工图），时间，档号，公司名称等。

2. 目录

目录包含项目名称、序号、图号、图名、图符、图号说明、图纸内部修订日期、备注等。

3. 平面图类

平面图通常比例为 1：50、1：100、1：150、1：200，平面图中的图例，要根据不同性质的空间，选用规范图例。包括有总平面布置图；间墙平面图，它通常是现场核准时的原建筑框架平面图和拆改后的间墙平面图，应与总平面布置图配合展示，以方便业主对照；地花平面图；顶棚平面布置图；顶棚安装尺寸施工图；开关平面图；插座平面图；给排水平面图。

4. 立面图类

立面图常用的比例为 1:20、1:25、1:30、1:50。包括投影方向可见的室内轮廓线、墙面造型，及尺寸、标高、工艺要求；反映固定家具、装饰物、灯具等的形状及位置；立面要根据顶棚平面画出其造型剖面；在立面图的左侧和下侧标出立面图的总尺寸及分尺寸；上方或右侧标注材料的编号、名称和施工做法；尽量在同一张图纸上画齐同一空间内的各个立面，并于立面图上方或下方插入该空间的分平面图，让观者清晰了解该立面所处的位置；所有的立面比例应要统一，并且编号尽量按顺时针方向排列；单面墙身不能在一个立面完全表达时，应在适宜位置用折断符号断开，并用直线连接两段立面；图纸布置要比例合适、饱满、序号应按顺时针方向编排；注意线型的运用，通常前粗后细；标出剖面、大样索引；立面编号用英文大写字母符号表示。

5. 大样图类

大样图的常用比例为 1：20、1：10、1：5、1：2、1：1。有特殊造型的立面、顶棚均要画局部剖面图及大样图，详细标注尺寸、材料编号、材质及做法；反映各面本身的详细结构、材料及构件间的连接关系和标明制作工艺；反映室内配件设施的安装、固定方式；独立造型和家具等需要在同一图纸内画出平面、立面、侧面、剖面及节点大样；剖面及节点标注编号用英文小写字母符号表示，并为双向索引；所有的剖面符号方向均要与其剖面大样图相一致。

6. 水电设备图类

空调、水、电、采暖、消防等相关配套专业图纸。

7. 物料表

材料表、门窗表、洁具表、家具表、灯具表、艺术品陈设表等。

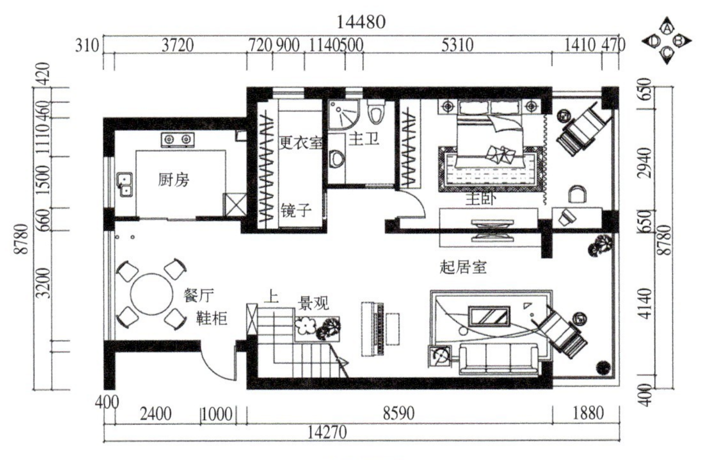

一层平面图

设计说明：

整套设计方案主题稳重、大气、清爽，功能具有兼容性。地面以木地板为主，门以棕色的实木门为主，卫生间和厨房采用磨砂玻璃推拉门。空间主色调为稳重的棕色，黑色家具与黄色灯光、绿植为点缀色。

一层起居室沙发、餐桌、吊灯都采用重色。只有电视背景墙有简单的造型，其余墙面都是简单的白色，棚顶中间部分的吊顶划分了起居室和餐厅的空间界限，两侧也是空调的排风口，客厅顶棚的两条光带虚化了墙面和顶棚的边界并且为起居室营造出了柔和的灯光效果。楼梯下面做了一个实用的储藏柜，楼梯中间的植物不仅活跃了空间气氛，作为空间的中心部分，也是一种景致，顶棚的吊灯从楼梯洒下像天光一样柔和的光线。

二层充分体现了功能的兼容性。阳光房利用地台的手法很好地将棋牌与洗衣功能独立。通透的磨砂玻璃背景墙遮挡视线，将阳光房与女儿书房独立分割又相互联系。女儿书房与女儿卧室均采用清爽的中性色调以方便主人以后居住。男主人书房简洁的线条和厚重的家具以及稳重的中性色调充分体现了男主人的豪爽。

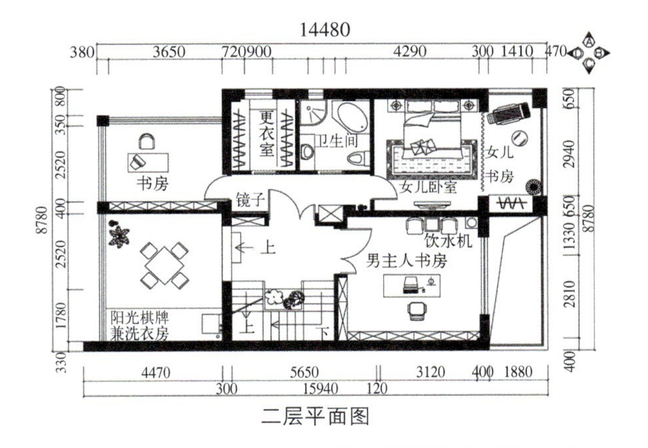

二层平面图

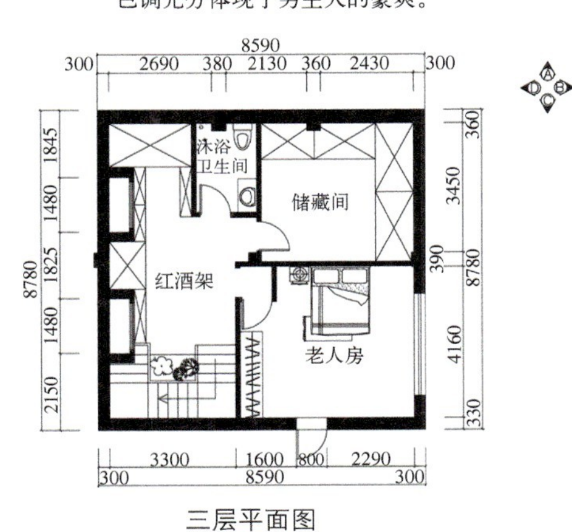

三层平面图

起居室效果图

女儿卧室效果图

女儿书房效果图

男主人书房效果图

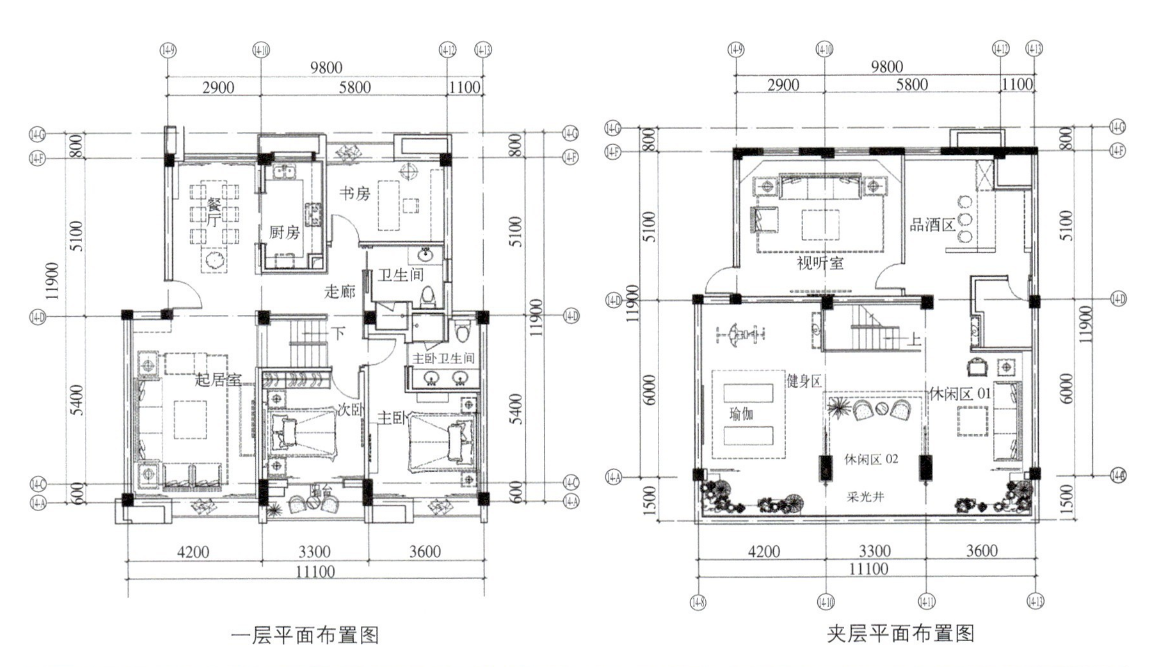

一层平面布置图　　　　夹层平面布置图

品酒区效果图

视听室效果图

夹层大堂效果图

实际案例

主卧室效果图

餐厅效果图

女儿房效果图

书房效果图

主要参考文献

[1] 张绮曼，郑曙旸主编．室内设计资料集．北京：中国建筑工业出版社，1991.

[2] 康海飞主编．室内设计资料图集．北京：中国建筑工业出版社，2009.

[3] 建筑设计资料集编委会编．建筑设计资料集．北京：中国建筑工业出版社，1994.

[4] 周燕珉等著．住宅精细化设计．北京：中国建筑工业出版社，2008.

[5]【美】卢安•尼森，雷•福克纳，萨拉•福克纳等著．美国室内设计通用教材．陈德民，陈青，王勇等译．上海：上海人民美术出版社，2004.

[6]【美】约瑟夫•德•基亚拉，朱利叶斯•帕内罗，马丁•泽尔尼克著．住宅与住区设计手册．宗国栋等译．北京：中国建筑工业出版社，2009.

[7] 郑曙旸编著．室内设计程序．北京：中国建筑工业出版社，1999.

[8] 王晖编著．住宅室内设计．上海：上海人民美术出版社，2011.

[9] 刘旭著．图解室内设计分析．北京：中国建筑工业出版社，2007.

[10] 杜异编著．照明系统设计．北京：中国建筑工业出版社，1999.

[11] 黄艳，吴爱莉编著．照明设计．北京：中国青年出版社，2007.

[12] 李文华编著．室内照明设计．北京：中国水利水电出版社，2007.

[13] 马丽编著．室内照明设计．北京：中国传媒大学出版社，2011.

[14] 谭长亮编著．居住空间设计．上海：上海人民美术出版社，2006.

[15] 广州市唐艺文化传播有限公司编著．国际风格样板房．香港：唐艺设计资讯集团有限公司，2010.

[16] 国家室内环境与室内环保产品质量监督检验中心，中国标准出版社第二编辑室编．室内环境质量检测与评价标准规范汇编，室内环境标准与检测卷．北京：中国标准出版社，2009.

[17] 中华人民共和国国家质量监督检验检疫总局，中国国家标准化管理委员会．住宅厨房及相关设备基本参数．北京：中国标准出版社，2009.

[18] 中华人民共和国国家质量监督检验检疫总局，中国国家标准化管理委员会．住宅卫生间功能及尺寸系列．北京：中国标准出版社，2009.